中国科学院近海海洋观测研究网络 黄海站、东海站观测数据图集XII

刘长华　王春晓　贾思洋　王　旭　著

海洋出版社

2025年·北京

图书在版编目（CIP）数据

中国科学院近海海洋观测研究网络黄海站、东海站观测数据图集. Ⅻ / 刘长华等著. -- 北京：海洋出版社，2025. 1. -- ISBN 978-7-5210-1482-2

Ⅰ. P717

中国国家版本馆CIP数据核字第20255QK010号

中国科学院近海海洋观测研究网络
黄海站、东海站观测数据图集Ⅻ
ZHONGGUO KEXUEYUAN JINHAI HAIYANG GUANCE YANJIU WANGLUO
HUANGHAI ZHAN, DONGHAI ZHAN GUANCE SHUJU TUJI Ⅻ

策划编辑：赵　娟
责任编辑：赵　娟
责任印制：安　淼

海洋出版社 出版发行

http://www.oceanpress.com.cn
北京市海淀区大慧寺路8号　　邮编：100081
鸿博昊天科技有限公司印刷　　新华书店经销
2025年1月第1版　　2025年1月第1次印刷
开本：889mm×1194mm　1/16　印张：12.5
字数：300千字　　定价：168.00元

发行部：010-62100090　总编室：010-62100034
海洋版图书印、装错误可随时退换

本数据图集出版得到以下项目支持

- 中国科学院野外站终点科技基础设施"三锚式浮标立体智能观测系统"（KFJ-SW-YW047）

- 中国科学院科研仪器设备研制项目"原位可视化海洋多参数高精度观测系统"（YJKYYQ20210027）

- 中国科学院网络安全和信息化专项"基于黄、东海浮标观测数据的数'字孪生海洋'信息模型应用示范"（CAS-WX2021SF-0503）

序

　　党的十八大以来，我国提出了建设海洋强国的战略目标，党的二十大更是作出"发展海洋经济，保护海洋生态环境，加快建设海洋强国"的战略部署。海洋浮标作为海洋观测和监测的重要工具，是实现这一目标的重要支撑之一，必将为实现海洋强国的战略目标贡献更大的力量。海洋浮标如同漂浮在海面上的"哨兵"，通过搭载的各种传感器和仪器，实时监测海洋环境参数，为海洋科学研究、海洋预报、海洋资源开发、海洋工程建设和现代国防等提供了宝贵的连续数据支持，已成为推动海洋经济可持续发展、保障海洋国家安全及权益的重要基石。目前，海洋浮标可常规监测大气中的风、气压、温度、湿度和能见度等，同时还可监测波浪、海流、水温和盐度等水文参数，还可监测pH值、溶解氧、海水二氧化碳分压和叶绿素等化学生态参数。回顾过去，海洋观测技术的每一次进步，都伴随着人类对海洋认知的深化，甚至导致海洋科学颠覆性重大创新认知的出现，比如声呐以及磁力仪的出现，地球板块学说的海底扩张和俯冲得到科学的验证，导致地球板块理论的形成与发展。从最初的海洋单点或单航次简单观测，到如今的立体化、网络化、智能化观测，海洋观测技术的不断革新，为我们提供了更丰富、更准确的海洋观测数据。这些数据，如同海洋的"密码"，揭示了海洋的复杂变化和内在规律，为海洋资源环境利用、海洋生态环境的保护以及海洋灾害的预测预警提供了重要的科学依据。

　　中国科学院近海观测研究网络黄海海洋观测研究站和东海海洋观测研究站（简称"黄海站和东海站"），作为我国海洋综合立体观测网络的重要组成部分，自2009年正式投入运行以来，一直承担着对东海、黄海以及渤海海域的长期定点综合观测任务，通过浮标、潜标、气象站等多种观测手段，获取了大量、长时间序列的海洋气象、水文、水质等基础观测资料。为最大化发挥这些宝贵资料的作用，黄海站和东海站一直在做各种努力和尝试，其中分年度出版系列数据图集被证实是一种非常有效的方式，使更多的科研人员和业务化专业人员以及决策者能够便捷地获取和使用这些宝贵资源，既能促进观测数据的开放共享应用，也可促进台站观测水平的提升，通过对观测方式、观测流程以及数据标准化处理与时俱进的探索，优化和改进浮标观测的技术体系，提升观测数据的准确性和可靠性。

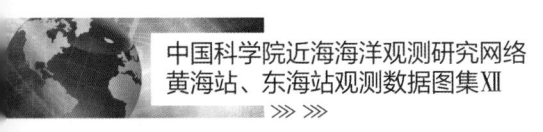

2017年至今，经过不懈的努力，黄海站和东海站已经出版了10册常规观测数据图集。这本2021年度的第十一册数据图集，从整体内容来看，2021年的观测数据丰富且质量高，多数浮标获取有效观测数据的天数超过330天，需要特别指出的是本图集还包括了2021年黄海站和东海站新增两个浮标（23号和22号）的观测数据图谱，展现了该年度两个台站浮标观测取得的卓越成果。

最后，衷心祝贺本册数据图集的出版发行。期望该图集在助力我国海洋探究、海洋经济可持续发展和保障海洋国家安全及权益等领域发挥重要的作用。

2024年11月20日

前 言

当下全球海洋正面临着多重压力，包括海平面上升、海洋酸化、生物多样性丧失以及污染加剧等，这不仅影响着海洋生态系统本身，也对全球气候、人类社会经济活动乃至地球未来的可持续发展产生着深远的影响。根据《2021年度全球海洋变暖报告》与《中国气候变化海洋蓝皮书（2022）》的权威数据显示，2021年海洋升温持续，过去80年中，海洋每个十年都比前一个十年更加温暖，地中海、北大西洋、南大洋、北太平洋海区温度均创历史新高。尤其值得警惕的是，近40年来，中国近海海温和海平面上升速率均高于全球平均水平，极值高潮位和最大增水均呈增加趋势，海洋热浪趋频趋强。2021年，高海平面抬升风暴增水的基础水位，加重了致灾程度。

在此背景下，海洋观测的重要性愈发凸显。准确、连续的海洋观测数据不仅是理解海洋变化机制、预测未来趋势的基础，也是制定有效应对策略、保护海洋生态系统、减轻灾害风险的关键。通过加强海洋观测网络建设，提升观测技术与数据分析能力，我们能够更好地把握海洋变化的脉搏，为应对全球气候变化、保障人类社会的可持续发展提供科学依据和决策支持。因此，加大对海洋观测的投入与研究，已成为国际社会共同面临的紧迫任务，特别是在当前这个海洋变化日益显著的时代背景下，更是刻不容缓。

在我国，海洋观测事业已经取得了长足进步。从近海的浮标、潜标观测网络到远洋的自动观测站，从传统的物理海洋参数监测到新兴的海洋生态系统、生物地球化学过程研究，海洋观测体系日益完善，为科学研究、环境保护、灾害预警提供了宝贵的数据资源。作为国家战略科技力量的中国科学院从2007年开始，面向我国近海海洋战略，部署建设了近海海洋观测研究网络，其中黄海海洋观测研究站和东海海洋观测研究站（以下简称"黄海站和东海站"），是极具代表性的两个海洋观测网络台站，以各类海洋观测浮标为主体针对中国近海海域开展定点联网观测，其观测范围北起北黄海长山群岛海域，西至渤海秦皇岛外海海域，南至东海舟山群岛海域，东至东经124°中韩中间线附近，以北黄海的长山群岛附近海域、山东外海海域和东海的长江口及其邻近海域为重点观测范围，建设目标是获取我国近海关键海域长序列、稳定、连续、高质量的海洋气象、水文、水质等数据。黄海站和东海站到目前已经拥有25套观测设施，主要包括国内首套三锚式浮标综合观测平台、单锚式浮标、潜标、海岛自动气象站和海洋调查船等，现已形成了观测范围广阔、站位布局合理、技术手段丰富的网络化综合观测体系，可长期、稳定地为我国近海海洋科学研究提供高质量的基础观测数据支撑。

黄海站和东海站从2017年开始将各个浮标观测的原始数据进行整理、分析和处理，按要素绘制变化图形，以年为单位出版观测数据图集。本图集是关于黄海站和东海站的观测数据集第十二分册（总第十二卷，编号Ⅻ），数据起止时间为2021年1月1日至2021年12月31日，为一个年度周期浮标的数据累积成果。综合考虑数据的质量和区域代表性，本图集共选取了8套浮标的观测数据，主要观测项目包括海洋气象、水文、水质，各浮标情况介绍以及具体使用的观测设备和获取的观测参数等内容可参见技术说明部分。

本图集选取典型站位浮标的观测数据进行曲线绘制，并针对每个参数全年的变化特征进行简要概括描述和分析，同时就该观测参数所记录的特殊天气现象进行专题描述，如寒潮和台风等。图集正文图文并茂地展示了黄海站和东海站的数据获取情况、数据质量情况以及数据变化情况，旨在吸引广大海洋科研工作者深入挖掘数据或者是申请我们已经获取的长序列观测数据，以支持其相关研究。通过促进数据应用及共享，大力提倡开放数据、共享数据。

基于上述图集编写的目的，在观测站点的选择上我们仍然秉承有所取舍，不面面俱到，没有对所有获取的原始数据进行全部处理、质量控制和成图，我们认为这些工作应该让深入研究海洋的各位学者去开展，其效果会事半功倍，而且针对其研究内容就会目的性更加明确。我们需要做的仅仅是坦露数据家底，引起众多的海洋科研工作者的关注，通过合作或直接申请的方式大力推动数据共享和应用。

本年度数据获取情况整体评价为优秀。2021年是非常特殊的一年，新冠疫情防控进入常态化，出行开展浮标维护、维修成了一件需要克服重重困难才能完成的工作，尽管如此，黄海站和东海站仍能积极应对，采用新的浮标维护方式，克服重重障碍，全力保障浮标运维工作的稳定开展，多套浮标获取有效观测数据天数超过330天，这对于基于浮标开展长期观测而言，是一项了不起的记录。这一年，黄海站观测范围进一步拓展，在渤海海域新增一套直径6 m的圆盘型综合海洋观测浮标（23号浮标），以获取秦皇岛外海海域的长期海洋多要素观测数据，实现了对渤海的观测布局突破；东海站完成了国内首套三锚式浮标综合观测平台（22号浮标）的正式布放和运行，以获取舟山浪岗海域的长期海洋表层和水体剖面多要素观测数据，这项工作是黄海站和东海站全体技术人员积累近7年的心血完成的一项非常重要的创新工作，具有完全的自主知识产权，真正克服了我国近海剖面长期连续数据获取不易的难题，而且这套三锚式浮标综合观测平台其智能化充分代表了新一代观测浮标的发展趋势。

2021年度浮标获取整体情况我们给出了列表（表0-1），整体展示了本图集涉及浮标获取参数的情况，以供参考。

表0-1　2021年度黄海站、东海站典型浮标获取主要参数的时长列表

浮标	大致位置	观测参数	获取时长/d	主要时间段	备注
02	北黄海长海县附近海域	表层水温	365	全年	传感器故障导致盐度数据缺失
		有效波高、有效波周期			
		表层盐度	214	1月1日至3月16日 4月1日至6月9日 10月8日至12月31日	

浮标	大致位置	观测参数	获取时长 /d	主要时间段	备注
05	北黄海长海县附近海域	有效波高、有效波周期	327	1月1日至11月23日	浮标供电系统故障导致数据缺失
06	东海海礁附近海域	气温、气压 风速、风向 表层水温、盐度 有效波高、有效波周期	345	1月1日至4月21日 5月12日至12月31日	浮标大修导致数据缺失
09	黄海灵山岛附近海域	气温、气压 风速、风向 表层水温、盐度 有效波高、有效波周期	365	全年	
20	黄海六横岛附近海域	气温、气压 风速风向 有效波高、有效波周期	314	2月1日至12月11日	浮标通信系统不稳定导致数据缺失
21	东海东半洋礁附近海域	气温、气压 风速、风向 有效波高、有效波周期	363	1月1日至5月21日 5月24日至12月31日	浮标通信系统故障或传感器故障导致数据缺失
21	东海东半洋礁附近海域	表层水温	346	1月1日至5月21日 5月24日至8月12日 8月30日至12月31日	浮标通信系统故障或传感器故障导致数据缺失
21	东海东半洋礁附近海域	表层盐度	299	1月1日至5月21日 5月24日至7月25日 8月30日至10月17日 11月16日至12月31日	浮标通信系统故障或传感器故障导致数据缺失
22	东海浪岗附近海域	气温、气压 风速、风向 表层水温、盐度 有效波高、有效波周期	349	1月14日至5月21日 5月25日至12月31日	浮标通信系统故障导致数据缺失
23	渤海秦皇岛附近海域	气温、气压 风速、风向 表层水温、盐度 有效波高、有效波周期	250	4月26日至12月31日	浮标于4月26日首次布放

根据本年度观测数据的具体情况可以基本概括出几个观测海域2021年的环境特征。

北黄海海域通过02号浮标获取的水温、盐度数据得到年度水温平均值为13.91℃，年度盐度平均值为30.32，年度最高水温和最低水温分别为31.0℃和1.3℃，年度最高盐度和最低盐度分别为31.4和27.4。通过获取的波浪数据，得到年度有效波高平均值为0.68 m，年度有效波周期平均值为4.73 s，年度最大有效波高为4.1 m，对应的有效波周期为8.0 s。

南黄海海域通过09号浮标获取的气温、气压数据得到年度气温平均值为14.49℃，年度气压平均值为1 017.79 hPa，年度最高气温和最低气温分别为29.9℃和 −13.6℃，年度最高气压和最低气压分别为1 044.5 hPa和995.9 hPa。通过获取的风速风向数据，可以看出，该海域冬季盛行北风或西北风，夏季盛行东风和东南风。通过获取的水温、盐度数据，得到年度水温平均值为15.58℃，年度盐度平均值为31.32，年度最高水温和最低水温分别为28.8℃和4.5℃，年度最高盐度和最低盐度分别为32.7和29.9。通过获取的波浪数据，得到年度有效波高平均值为0.58 m，年度有效波周期平均值为4.77 s，年度最大有效波高为3.2 m，对应的有效波周期为7.7 s。

东海长江口附近海域通过21号浮标获取的气温、气压数据得到年度气温平均值为18.25℃，年度气压平均值为1 016.24 hPa，年度最高气温和最低气温分别为31.6℃和 −4.1℃，年度最高气压和最低气压平均值为1 039.0 hPa和978.3 hPa。通过获取的风速风向数据，可以看出，该海域6级以上大风天数较黄海海域明显偏多，全年冬季盛行偏北风，且6级以上大风天数较多，夏季盛行东南风，6级以上大风天数也不少。通过获取的水温、盐度数据，得到年度水温平均值为18.77℃，年度盐度平均值为29.34，年度最高水温和最低水温分别为29.2℃和7.4℃，年度最高盐度和最低盐度分别为34.3和22.7。通过获取的波浪数据，得到年度有效波高平均值为1.15 m，年度有效波周期平均值为6.54 s，年度最大有效波高为8.8 m，对应的有效波周期为11.2 s。

基于黄海站和东海站长期获取的观测数据，我们经过整合、质量控制、计算、分析，最终得到了2010/2011—2021年10余年来3个代表性海域每个年度的平均气温、平均水温和平均盐度，其中北黄海海域主要选取01号浮标作为典型代表，南黄海海域主要选取09号浮标作为典型代表，东海海域主要选取06号浮标作为典型代表。某些年份中，有的浮标某个参数观测数据不全甚至全年无数据，则尽量选取附近浮标或气象站获取的数据进行弥补，各海域的气温、水温、盐度的历年平均值及数据获取情况详见表0-2至表0-4。

表0-2　北黄海海域气温、水温、盐度2010—2021年历年平均值及数据获取情况

年份	平均气温 / ℃	平均水温 / ℃	平均盐度	备注
2010	10.00	12.07	31.52	气温数据由01号浮标和獐子岛气象站获取，水温和盐度数据由01号浮标获取
2011	10.89	12.03	31.11	气温数据由01号浮标和獐子岛气象站获取，水温和盐度数据由01号浮标获取
2012	10.90	12.34	30.83	气温数据由01号浮标和獐子岛气象站获取，水温和盐度数据由01号浮标获取
2013	11.67	13.16	30.83	气温数据由01号浮标和獐子岛气象站获取，水温和盐度数据由01号浮标获取

续表

年份	平均气温/℃	平均水温/℃	平均盐度	备注
2014	12.15	13.72	30.98	气温、水温和盐度数据均由 01 号浮标获取
2015	12.24	13.94	31.84	气温数据由 01 号浮标和獐子岛气象站获取，水温和盐度数据由 01 号浮标获取
2016	11.72	13.96	31.76	气温数据由 01 号浮标和獐子岛气象站获取，水温和盐度数据由 01 号浮标获取
2017	11.12	14.25	31.91	气温数据由 01 号浮标和獐子岛气象站获取，水温和盐度数据由 01 号浮标获取
2018	11.19	13.77	31.25	气温和水温由 01 号浮标获取盐度数据，盐度由 01 号浮标和 05 号浮标获取
2019	11.86	13.84	31.57	气温数据由 01 号浮标和獐子岛气象站获取，水温由 01 号浮标和 05 号浮标获取，盐度由 01 号浮标、04 号浮标和 05 号浮标获取
2020	11.37	13.32	31.45	气温数据由獐子岛气象站获取，水温数据由 05 号浮标获取，盐度数据由 02 号浮标和 05 号浮标获取
2021	11.51	13.91	31.41	气温数据由獐子岛气象站获取，水温数据由 02 号浮标获取，盐度数据由 02 号浮标和 05 号浮标获取

表 0-3　南黄海海域气温、水温、盐度 2011—2021 年历年平均值及数据获取情况

年份	平均气温/℃	平均水温/℃	平均盐度	备注
2011	12.04	13.94	31.24	气温、水温和盐度数据均由 09 号浮标和 07 号浮标获取
2012	—	—	—	因该年度南黄海海域各浮标运行时间太短，无法进行年平均值的计算
2013	12.99	14.14	30.62	气温、水温和盐度数据均由 09 号浮标获取
2014	13.84	14.92	30.09	气温、水温和盐度数据均由 09 号浮标获取
2015	13.87	15.08	31.21	气温和水温数据由 09 号浮标获取，盐度数据由 09 号浮标和 07 号浮标获取
2016	13.55	15.16	30.95	气温、水温和盐度数据均由 09 号浮标获取
2017	14.19	16.09	31.26	气温和水温数据由 09 号浮标和 18 号浮标获取，盐度数据由 09 号浮标和 07 号浮标获取
2018	13.43	15.16	31.33	气温和水温数据由 09 号浮标获取，盐度数据由 17 号浮标和 18 号浮标获取
2019	14.8	16.2	31.62	气温、水温和盐度数据均由 09 号浮标和 18 号浮标获取
2020	14.01	15.51	31.52	气温、水温和盐度数据均由 09 号浮标、18 号浮标和 19 号浮标获取
2021	14.49	15.58	31.32	气温、水温和盐度数据均由 09 号浮标获取

表 0-4 东海海域气温、水温、盐度 2010—2021 年历年平均值及数据获取情况

年份	平均气温 / ℃	平均水温 / ℃	平均盐度	备注
2010	16.85	18.53	31.04	气温、水温和盐度数据均由 06 号浮标获取
2011	16.48	18.61	31.75	气温、水温和盐度数据均由 06 号浮标获取
2012	15.94	18.78	31.52	气温和水温数据由 14 号浮标获取，盐度数据由 06 号浮标获取
2013	17.34	19.02	31.78	气温数据由花鸟山气象站获取，水温和盐度数据由 06 号浮标获取
2014	16.00	19.11	30.89	气温数据由 06 号浮标和 12 号浮标获取，水温和盐度数据由 06 号浮标获取
2015	16.22	19.2	31.18	气温数据由 06 号浮标和 11 号浮标获取，水温和盐度数据由 06 号浮标和 20 号浮标获取
2016	16.88	18.99	31.05	1 至 4 月的气温、盐度和水温数据均由 11 号浮标获取，5 月至 12 月的气温、盐度和水温数据均由 06 号浮标获取
2017	17.08	20.86	31.22	气温数据由 06 号浮标和 12 号浮标获取，水温数据和盐度数据由 06 号浮标和 20 号浮标获取
2018	16.87	20.19	31.66	气温数据由 06 号浮标获取，水温和盐度数据由 06 号浮标和 20 号浮标获取
2019	17.80	20.14	31.92	气温数据由 06 号浮标和 12 号浮标获取，水温数据由 06 号浮标和 20 号浮标获取，盐度数据由 06 号浮标获取
2020	18.01	20.15	30.76	气温、水温和盐度数据均由 06 号浮标获取
2021	18.25	20.42	31.13	气温数据由 21 号浮标获取，水温和盐度数据由 06 号浮标和 21 号浮标获取

通过 3 个代表性海域的长期观测数据情况以及变化曲线图（图 0-1）可以看出，我国近海海洋环境在这 12 年（2010—2021 年）来大致的变化情况，各海域的气温和水温总体呈现出上升的趋势，东海海域气温和水温相差的幅度最大，南黄海海域气温和水温相差的幅度最小；东海海域的盐度变化幅度相对较大，北黄海海域和南黄海海域的盐度变化幅度相对小一些，另外，南黄海海域的盐度总体上也呈现出上升的趋势，而北黄海海域和东海海域的盐度则呈现出不规则的波动。

上述内容对 2021 年度获取数据的情况进行了简单概述，并对截至 2021 年黄海站和东海站布放海域气温、水温以及盐度的年度变化进行了简单分析，详细信息各位读者可参照系列图集的具体内容，根据需要做深入分析，更加深入的研究尚有待于进一步开展，敬请各位海洋专业人士深入探究。可通过中国科学院海洋所海洋大数据中心进行原始数据的申请（网址：http://msdc.qdio.ac.cn/）。

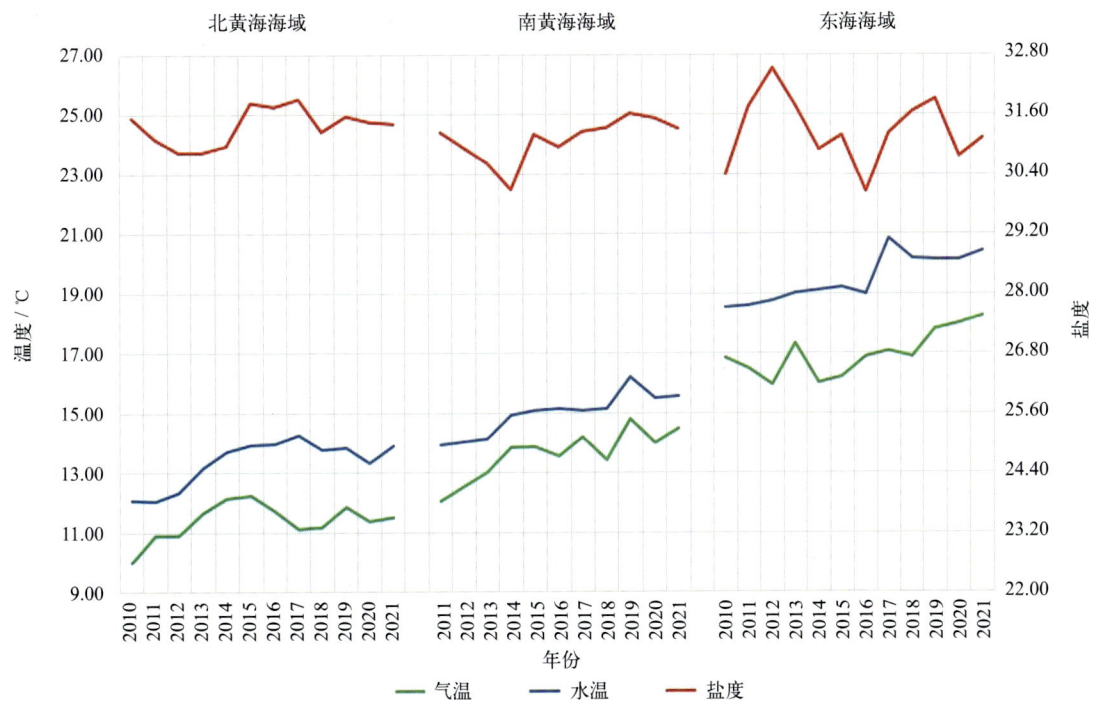

图 0-1　2010/2011—2020 年黄海站和东海站观测海域年度气温、水温和盐度平均值变化

本图集工作是集体劳动成果的结晶。数据部分来自合作共享的观测浮标，主要有青岛市气象局、舟山市气象局和上海市气象局，在此一并表示感谢。黄海站和东海站自 2007 年开始筹备建设以来，中国科学院科技促进发展局给予了充分支持与指导。中国科学院海洋研究所的几十位管理与技术人员付出了艰辛的努力，他们均付出了大量精力，先后指导或参与此项工作的实施；2021 年度具体实施的技术人员包括刘长华、贾思洋、王春晓、王旭、王彦俊等。同时，相关兄弟单位的管理和技术人员也给予了无私的帮助和关心，是大家的无私奉献成就了此项工作，特此一并表示深深的感谢！

本图集具体由刘长华、王春晓、贾思洋和王旭等撰写完成，刘长华负责图集整体构思、前言部分的撰写和统稿，王春晓和贾思洋负责数据的整理、技术说明的撰写及通稿的审校，王春晓和王旭负责曲线绘制和数据概述的撰写。

中国科学院大学海洋学院副院长、国家杰出青年科学基金获得者、青岛海洋试点国家实验室原副主任宋金明研究员，在百忙之中欣然为本图集作序，这是他为该系列图集撰写的第 11 个序言，这一点足以证明他多年来对我们这项工作给予的鼓励和充分肯定，而且还时时督促我们要以持之以恒的热情将该工作持续开展下去，对图集板块组成、图件表达样式等都提出了非常宝贵的修改建议，使图集的质量得到了大幅度提升，在此对他表示特别的感谢！

本图集虽然在以往出版的图集基础上针对曲线绘制的细节和数据概述的内容等方面做了进一步的优化，但是整体上仍有较大的进步空间，尤其是获取数据的质量和连续性以及采用的数据获取技术方法，均有诸多欠缺和不足，敬请读者不吝赐教，批评指正！

刘长华
2024 年 11 月于青岛栖霞路 12 号

中国科学院近海海洋观测研究网络黄海站、东海站观测数据图集Ⅻ

技术说明

《中国科学院近海海洋观测研究网络黄海站、东海站观测数据图集Ⅻ》根据黄海站和东海站对黄海海域、东海海域长期累积的观测数据编制完成。观测内容包括海洋气象、海洋水文、水质等参数。本图集系 2021 年 1 月至 12 月间月度、年度所积累的观测数据，并选择部分具有代表性海域浮标的气温（10 min 平均）、气压（10 min 平均）、风速（10 min 平均）、风向（10 min 平均）、海表水温、海表盐度、有效波高和有效波周期等要素进行绘图。

黄海站、东海站主要通过布放在海上的锚泊式海洋观测研究浮标系统进行海洋参数的采集，黄海站、东海站布放的浮标系统 20 余套，各浮标的位置分布可参考《中国科学院近海海洋观测研究网络黄海站、东海站观测数据图集Ⅹ》"技术说明"中的浮标分布图。浮标系统主要搭载了风速风向仪、温湿仪、气压仪、能见度仪、声学多普勒流速剖面仪、波浪仪、温盐仪、叶绿素-浊度仪、溶解氧仪等观测设备，浮标的数据采集系统控制上述设备对中国近海海域的海洋气象参数、水文参数和水质参数等进行实时、动态、连续的观测，并通过 CDMA/GPRS 和北斗通信方式将观测数据传输至陆基站接收系统进行分类存储。

海洋观测浮标系统的设计参照海洋行业标准《小型海洋环境监测浮标》（HY/T 143—2011）和《大型海洋环境监测浮标》（HY/T 142—2011）执行；观测仪器的选择参照《海洋水文观测仪器通用技术条件》（GB/T 13972—1992）执行。重要海洋气象、水文、水质等参数的观测工作参照《海洋调查规范》（GB/T 12763—2007）和《海滨观测规范》（GB/T 14914—2006）执行。

一、浮标情况介绍

黄海站、东海站布放的浮标包括多种类型，每一个浮标可观测的参数也有所不同，各浮标具体情况介绍以及获取参数的详细技术指标参见表 0-5 和表 0-6。

表 0-5 黄海站、东海站浮标情况

站位	浮标	开始运行时间	布放位置	观测参数类型	备注
黄海站	01 号	2009 年 6 月	大连獐子岛附近海域	气象、水文、表层水质	直径 3 m 钢制浮标
	02 号	2009 年 6 月	大连獐子岛附近海域	水文、表层水质	直径 2 m 钢制浮标
	03 号	2009 年 6 月	大连獐子岛附近海域	气象（风）、水文、表层水质	直径 2 m 钢制浮标
	04 号	2009 年 6 月	大连獐子岛附近海域	水文、表层水质	直径 2 m 钢制浮标
	05 号	2009 年 6 月	大连獐子岛附近海域	水文、表层及剖面水质	直径 2 m 钢制浮标
	07 号	2010 年 7 月	荣成楮岛附近海域	气象、水文、表层水质	直径 3 m 钢制浮标
	荣成水质	2014 年 7 月	荣成楮岛附近海域	表层水质	直径 1 m 钢制浮标
	09 号	2010 年 12 月	青岛灵山岛附近海域	气象、水文、表层水质	直径 3 m EVA 浮标
	16 号	2018 年 5 月	荣成楮岛附近海域	气象、水文、表层及剖面水质	直径 2.3 m EVA 浮标
	17 号	2014 年 10 月	青岛仰口外海海域	气象、水文、表层水质	直径 10 m 钢制浮标
	18 号	2014 年 10 月	青岛董家口外海海域	气象、水文、表层水质	直径 10 m 钢制浮标
	19 号	2014 年 8 月	日照近海海域	气象、水文、表层水质	直径 3 m 钢制浮标
	23 号	2021 年 4 月	秦皇岛外海海域	气象、水文、表层水质	直径 6 m 钢制浮标
	24 号	2022 年 6 月	秦皇岛近海海域	气象、水文、表层水质	直径 3 m EVA 浮标
东海站	06 号	2009 年 8 月	舟山海礁附近海域	气象、水文、表层水质	直径 10 m 钢制浮标
	10 号	2013 年 9 月	长江口崇明岛附近海域	气象、水文、表层水质	直径 3 m 钢制浮标
	11 号	2010 年 4 月	舟山花鸟岛附近海域	气象、水文、表层水质	直径 10 m 钢制浮标
	12 号	2010 年 5 月	舟山黄泽洋附近海域	气象、水文、表层水质	长度 10 m 船型浮标
	13 号	2010 年 5 月	舟山小洋山附近海域	气象、水文、表层水质	直径 3 m 钢制浮标
		2018 年 9 月	长江口崇明附近海域		
	14 号	2011 年 3 月	舟山长江口外海海域	气象、水文、表层水质	长度 10 m 船型浮标
	15 号	2012 年 7 月	东海 124°E 附近海域	气象、水文、表层水质	直径 10 m 钢制浮标
	20 号	2012 年 6 月	舟山六横岛附近海域	气象、水文、表层水质	直径 10 m 钢制浮标
	21 号	2020 年 12 月	舟山东半洋礁附近海域	气象、水文、表层水质	直径 10 m 钢制浮标
	22 号	2018 年 7 月	舟山衢山岛附近海域	气象、水文、表层及剖面水质	直径 15 m 钢制浮标
		2021 年 1 月	舟山浪岗附近海域		
	25 号	2024 年 4 月	舟山葫芦岛附近海域	气象、水文、表层及剖面水质	直径 12 m 钢制浮标

表 0-6　黄海站、东海站浮标观测参数技术指标列表

类型	测量参数	测量范围	测量准确度	分辨率
气象参数	风速	0～100 m/s	±0.3 m/s 或读数的 1%	0.1 m/s
	风向	0°～360°	±3°	1°
	气温	−50～50℃	±0.3℃	0.1℃
	气压	500～1 100 hPa	±0.2 hPa（25℃），±0.3 hPa（−40～60℃）	0.01 hPa
	相对湿度	0～100% RH	±2% RH	1% RH
	能见度	10～20 000 m	±10%～±15%	1 m
水文参数	水温	−3～45℃	±0.01℃	0.001℃
	电导率	2～70 mS/cm	±0.01 mS/cm	0.001 mS/cm
	波高	0.2～25.0 m	±[0.1 m+（5% 或 10%）H]，H 为实测波高值	0.1 m
	波周期	2～30 s	±0.25 s	0.1 s
	波向	0°～360°	±5° 或 ±10°	1°
	流速	±5 m/s	±0.5%V±0.5 cm/s，V 为实测流速值	1 mm/s
	流向	0°～360°	±10°	1°
水质参数	叶绿素浓度	0.1～400 μg/L	±1%	0.01 μg/L
	浊度	0～1 000 FTU	±0.2%	0.03 FTU
	溶解氧含量	0～200%	±2%	0.01%

二、数据采集设备介绍

（一）温湿仪

观测气温使用的设备为美国 RM Young 公司生产的 41382LC 型温湿仪（图 0-2），在浮标上使用时配备多层辐射防护罩可保护温度和相对湿度传感器免受产生太阳辐射和降水的影响，气温测量采用高精度铂电阻温度传感器，观测范围为 −50～50℃，观测精度为 ±0.3℃，响应时间为 10 s。

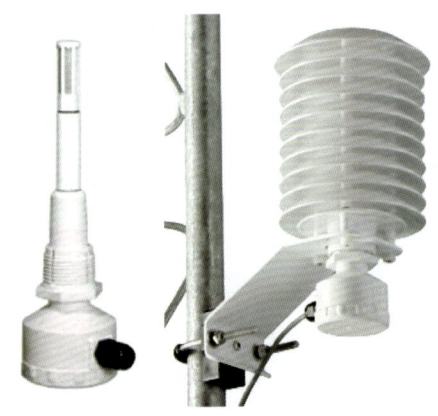

图 0-2　41382LC 型温湿仪及防辐射罩

（二）气压仪

观测气压使用的设备为美国 RM Young 公司生产的 61302V 型气压仪（图 0-3），在浮标上使用时配备防风装置保证数据的稳定可靠，观测范围为 500～1 100 hPa，观测精度为 ±0.2 hPa（25℃），±0.3 hPa（-40～60℃）。

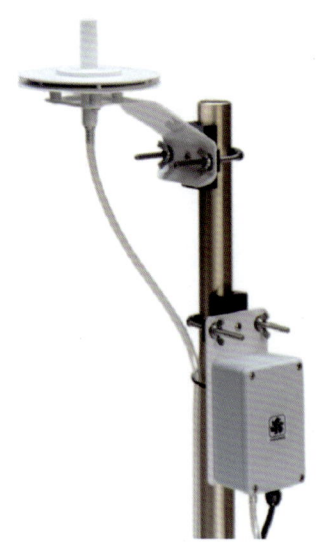

图 0-3　61302V 型气压仪及防风装置

（三）风速风向仪

观测风速风向使用的设备为美国 RM Young 公司生产的 05106 型风速风向仪（图 0-4），是专门为海洋环境设计的增强型风速风向仪，能够适应海洋上高湿度、高盐度、高腐蚀性的环境，具有卓越的性能和优异的环境适应性，能够适应各种复杂的测量环境。该风速风向仪的风速测量范围为 0～100 m/s，精度为 ±0.3 m/s 或读数的 1%，启动风速为 1.1 m/s；风向测量范围为 0°～360°，精度为 ±3°，启动风速（10° 位移）为 1.1 m/s。

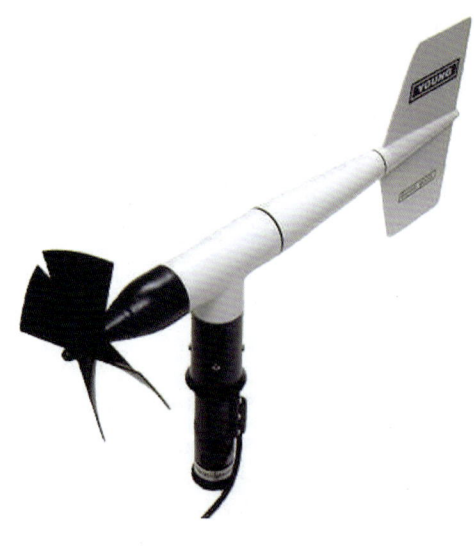

图 0-4　05106 型风速风向仪

（四）温盐仪

观测表层水温、盐度的设备为日本JFE公司生产的ACTW-CAR型温盐仪（图0-5），该设备的电导率测量采用七电极探头并安装有可自动上下移动的防污刷，在每次测量时，活塞式防污刷自动清洁探头内壁，从而有效防止生物附着，保证2～3个月不用维护也能获得稳定的测量数据。该设备水温测量范围为 $-3 \sim 45^{\circ}\text{C}$，精度为 $\pm 0.01^{\circ}\text{C}$；电导率测量范围为 $2 \sim 70$ mS/cm，精度为 ± 0.01 mS/cm。

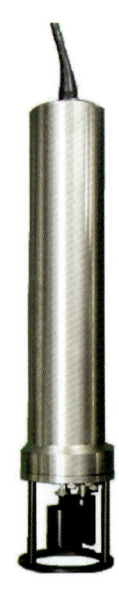

图0-5　ACTW-CAR型温盐仪

（五）波浪测量仪

2012年8月之前，黄海站01～05号浮标使用国产OSB型波浪测量仪，该设备利用重力测波的基本原理进行波高测量，在倾角罗盘的配合下，经过复杂计算，可提供波向数据。该设备波高的测量范围为 $0.2 \sim 25.0$ m，精度为 $\pm(0.1\text{ m} + 5\% H)$，$H$ 为实测波高值；波周期的测量范围为 $2 \sim 30$ s，准确度为 ± 0.25 s；波向的测量范围为 $0° \sim 360°$，准确度为 $\pm 5°$。

自建站之初，黄海站07号浮标和09号浮标，以及东海站的06号浮标上安装的获取波浪相关（波高、波向和波周期）数据的设备为国产SBY1-1型波浪测量仪（图0-6），采用最先进的三轴加速度计与数字积分算法，具备高可靠性、低功耗和稳定性好等特点。该设备波高的测量范围为 $0.2 \sim 25.0$ m，精度为 $\pm(0.1\text{ m} + 10\% H)$，$H$ 为实测波高值；波周期的测量范围为 $2 \sim 30$ s，准确度为 ± 0.25 s；波向的测量范围为 $0° \sim 360°$，准确度为 $\pm 10°$。为方便数据处理和保障数据观测的一致性，自2012年8月开始，黄海站、东海站的全部浮标均统一为国产SBY1-1型波浪测量仪。

浮标在位运行过程中，若遇到风平浪静或波周期极短的情况，实际波高或波周期数据超出设备测量范围时，两种波浪仪均只给出参考值，如波高0.0 m或0.1 m以及波周期小于2.0 s的参考数据。考虑到数据准确性问题，本图集对超出设备测量范围的波高和波周期仅用于曲线绘制，参考值不参与平均值计算。

图 0-6　SBY1-1 型波浪测量仪

三、数据采集方法及采样周期

常规观测参数采集频率为每 10 min 1 次（波浪参数每 30 min 1 次），数据传输间隔可设置为 10 min、30 min、60 min（可选）。

（一）气象观测

1. 风

采用双传感器工作。每点次进行风速、风向观测，观测参数为：每 1 min 风速和风向、最大风速、最大风速的风向、最大风速出现的时间、极大风速、极大风速的时间、瞬时风速、瞬时风向、10 min 平均风速、10 min 平均风向、2 min 平均风速和 2 min 平均风向。风速单位：m/s。风向单位：（°）。参见表 0-7。

表 0-7　风速和风向采样方式

项目	采样长度/min	采样间隔/s	采样数量/次
10 min 平均风速	10	1	600
10 min 平均风向	10	1	600

2. 气温与湿度

每 10 min 观测 1 次。参见表 0-8。

表 0-8　气温和湿度采样方式

项目	采样长度/min	采样间隔/s	采样数量/次
气温	4	6	40
湿度	4	6	40

3. 气压与能见度

每 10 min 观测 1 次。参见表 0-9。

表 0-9 气压和能见度采样方式

项目	采样长度/min	采样间隔/s	采样数量/次
气压	4	6	40
能见度	4	6	40

（二）水文观测

1. 波浪

波浪测量仪安装在浮标重心所在位置，每 30 min 观测 1 次，观测内容：有效波高和对应的周期、最大波高和对应的周期、平均波高和对应的周期、十分之一波高和对应的周期及波向（每 10° 区间出现的概率，并确定主要波向）。

2. 剖面流速流向

剖面流速流向的观测采用直读式声学多普勒海流剖面仪，从水深 3 m 开始，每 2 m 水深一层，水下每 10 min 观测 1 次，每次 Ping 数 60。

3. 水温、盐度

表层水温、盐度传感器安装于水深约 2 m 的位置，每 10 min 观测 1 次。

（三）水质观测

表层水质观测包括浊度、叶绿素浓度、溶解氧含量 3 项，传感器安装于水深约 2 m 的位置，每 10 min 观测 1 次。

四、英文缩写范例（表 0-10）

表 0-10 图集涵盖要素英文缩写

气温：AT，Air Temperature	风速：WS，Wind Speed
气压：AP，Air Pressure	风向：WD，Wind Direction
水温：WT，Water Temperature	有效波高：SignWH，Significant Wave Height
盐度：SL，Salinity	有效波周期：SignWP，Significant Wave Period

五、典型浮标海上运行照片（图 0-7 至图 0-16）

图 0-7　02 号浮标（北黄海海域）

图 0-8　05 号浮标（北黄海海域）

图0-9 06号浮标（东海海域）

图0-10 09号浮标（南黄海海域）

图0-11　20号浮标（东海海域）

图0-12　21号浮标（东海海域）

图 0-13　22 号浮标（东海海域）

图 0-14　23 号浮标（渤海海域）

图 0-15　24 号浮标（渤海海域）

图 0-16　25 号浮标（东海海域）

中国科学院近海海洋观测研究网络
黄海站、东海站观测数据图集XII

目　录

1 气象观测 1

2021年度06号浮标观测数据概述及曲线（气温和气压） 2
2021年度09号浮标观测数据概述及曲线（气温和气压） 9
2021年度20号浮标观测数据概述及曲线（气温和气压） 16
2021年度21号浮标观测数据概述及曲线（气温和气压） 23
2021年度22号浮标观测数据概述及曲线（气温和气压） 30
2021年度23号浮标观测数据概述及曲线（气温和气压） 37
2021年度06号浮标观测数据概述及玫瑰图（风速和风向） 43
2021年度09号浮标观测数据概述及玫瑰图（风速和风向） 48
2021年度20号浮标观测数据概述及玫瑰图（风速和风向） 53
2021年度21号浮标观测数据概述及玫瑰图（风速和风向） 58
2021年度22号浮标观测数据概述及玫瑰图（风速和风向） 63
2021年度23号浮标观测数据概述及玫瑰图（风速和风向） 68

2 水文观测 ... 73

2021年度02号浮标观测数据概述及曲线（水温和盐度） ... 74
2021年度06号浮标观测数据概述及曲线（水温和盐度） ... 81
2021年度09号浮标观测数据概述及曲线（水温和盐度） ... 88
2021年度21号浮标观测数据概述及曲线（水温和盐度） ... 95
2021年度22号浮标观测数据概述及曲线（水温和盐度） ... 102
2021年度23号浮标观测数据概述及曲线（水温和盐度） ... 109
2021年度02号浮标观测数据概述及曲线（有效波高和有效波周期） ... 115
2021年度05号浮标观测数据概述及曲线（有效波高和有效波周期） ... 122
2021年度06号浮标观测数据概述及曲线（有效波高和有效波周期） ... 129
2021年度09号浮标观测数据概述及曲线（有效波高和有效波周期） ... 136
2021年度20号浮标观测数据概述及曲线（有效波高和有效波周期） ... 143
2021年度21号浮标观测数据概述及曲线（有效波高和有效波周期） ... 150
2021年度22号浮标观测数据概述及曲线（有效波高和有效波周期） ... 157
2021年度23号浮标观测数据概述及曲线（有效波高和有效波周期） ... 164

1 气象观测

2021年度06号浮标观测数据概述及曲线
（气温和气压）

2021年，06号浮标共获取345天的气温和气压长序列观测数据。获取数据的主要区间共两个时间段，具体为1月1日00:00至4月21日16:00和5月12日22:00至12月31日23:50。通过对获取数据质量控制和分析，06号浮标观测海域2021年度气温、气压数据和季节数据特征如下。

年度气温平均值为18.20℃，年度气压平均值为1 017.09 hPa；测得的年度最高气温和最低气温分别为30.3℃和−3.5℃；测得的年度最高气压和最低气压分别为1 038.7 hPa和957.7 hPa。以2月为冬季代表月，观测海域冬季的平均气温是10.38℃，平均气压是1 022.84 hPa；以5月为春季代表月，观测海域春季的平均气温是19.82℃，平均气压是1 010.08 hPa；以8月为夏季代表月，观测海域夏季的平均气温是27.34℃，平均气压是1 008.00 hPa；以11月为秋季代表月，观测海域秋季的平均气温是16.28℃，平均气压是1 022.49 hPa。

2021年，06号浮标观测海域月度气温、气压变化特征与该海域常年季节气候变化特点基本吻合。06号浮标观测海域的气温、气压月平均值、最高值和最低值数据参见表1。

2021年，06号浮标记录到2次寒潮过程和4次台风过程的气温、气压变化。第一次寒潮过程，1月6日23:30（6.2℃）至1月7日23:30（−2.5℃），24 h气温下降了8.7℃，之后最低气温降到−3.5℃（1月8日04:30），寒潮期间气压最高值为1 033.8 hPa（1月7日10:00）。第二次寒潮过程，12月24日14:00（15.4℃）至12月26日14:00（3.1℃），48 h气温下降了12.3℃，寒潮期间气压最高值为1 038.7 hPa（12月26日10:00）。第一次台风过程，7月24—26日，06号浮标获取到了第6号台风"烟花"的相关数据，获取到的最低气压为981.2 hPa（7月25日10:00）。第二次台风过程，8月6—9日，06号浮标获取到了第9号台风"卢碧"的相关数据，获取到的最低气压为1 001.3 hPa（8月8日03:30）。第三次台风过程，8月22—25日，06号浮标获取到了第12号台风"奥麦斯"的相关数据，获取到的最低气压为1 003.1 hPa（8月23日18:00）。第四次台风过程，9月12—14日，06号浮标获取到了第14号台风"灿都"的相关数据，获取到的最低气压为957.7 hPa（9月13日15:30）。

表1　06号浮标各月份气温、气压观测数据

月份	气温/℃			气压/hPa			备注
	平均	最高	最低	平均	最高	最低	
1	8.22	14.6	−3.5	1 026.60	1 035.4	1 015.6	记录1次寒潮
2	10.38	15.6	4.4	1 022.84	1 033.1	1 012.1	
3	11.60	16.4	6.8	1 020.75	1 030.8	1 007.6	
4	13.57	19.0	10.6	1 020.25	1 028.5	1 007.9	缺测9天数据
5	19.82	22.3	15.0	1 010.08	1 015.3	1 003.0	缺测11天数据
6	23.23	25.6	18.7	1 007.59	1 014.9	997.5	
7	26.48	29.7	23.1	1 005.67	1 014.1	981.2	记录1次台风
8	27.34	28.9	24.7	1 008.00	1 016.1	999.0	记录2次台风
9	26.33	30.3	23.3	1 010.81	1 021.6	957.7	记录1次台风
10	22.46	27.5	15.6	1 020.37	1 028.5	1 009.9	
11	16.28	21.7	8.5	1 022.49	1 033.8	1 010.0	
12	11.98	18.4	2.9	1 027.61	1 038.7	1 017.5	记录1次寒潮

注：全书中各月份数据统计表格中如果某月获取的数据不足15天，则不进行极值统计。

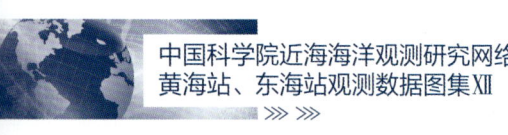

06 号浮标 2021 年气温、气压观测数据曲线
AT and AP of 06 buoy in 2021

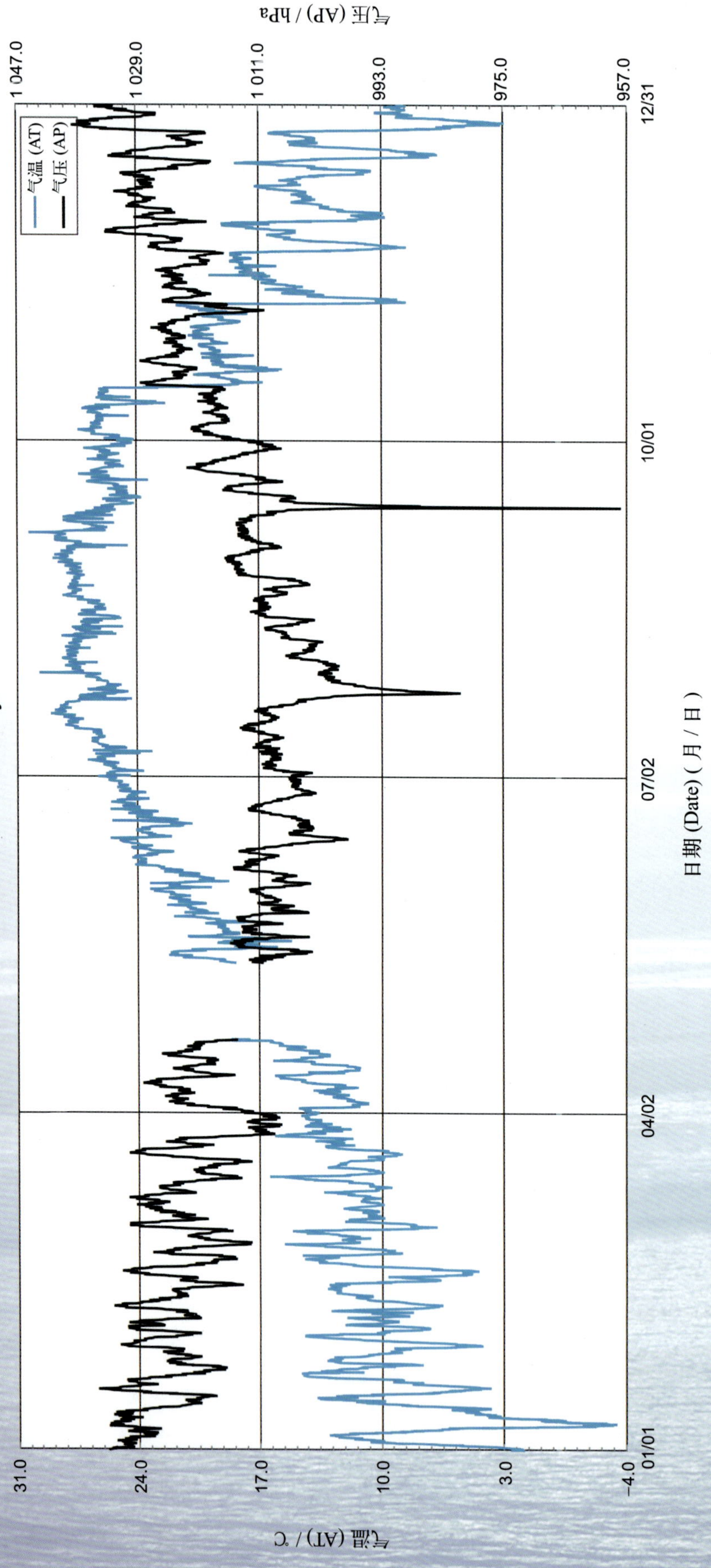

06号浮标2021年01月气温、气压观测数据曲线
AT and AP of 06 buoy in Jan. 2021

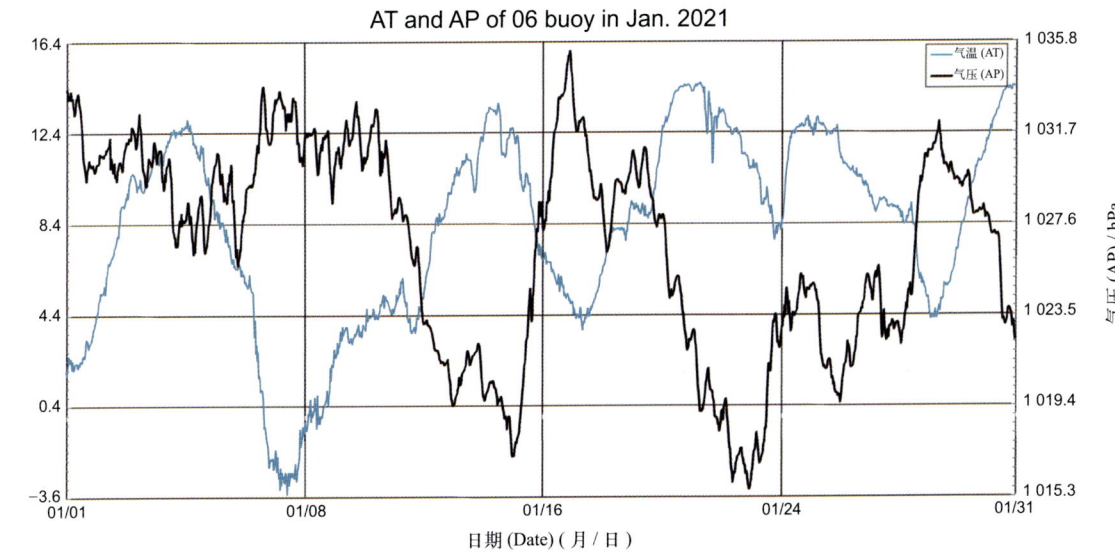

06号浮标2021年02月气温、气压观测数据曲线
AT and AP of 06 buoy in Feb. 2021

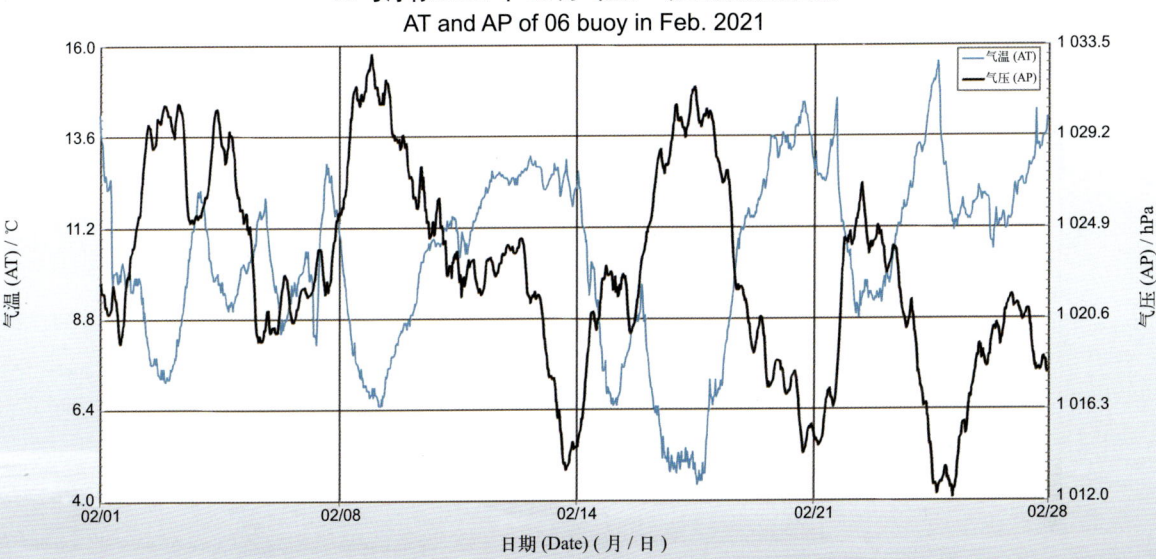

06号浮标2021年03月气温、气压观测数据曲线
AT and AP of 06 buoy in Mar. 2021

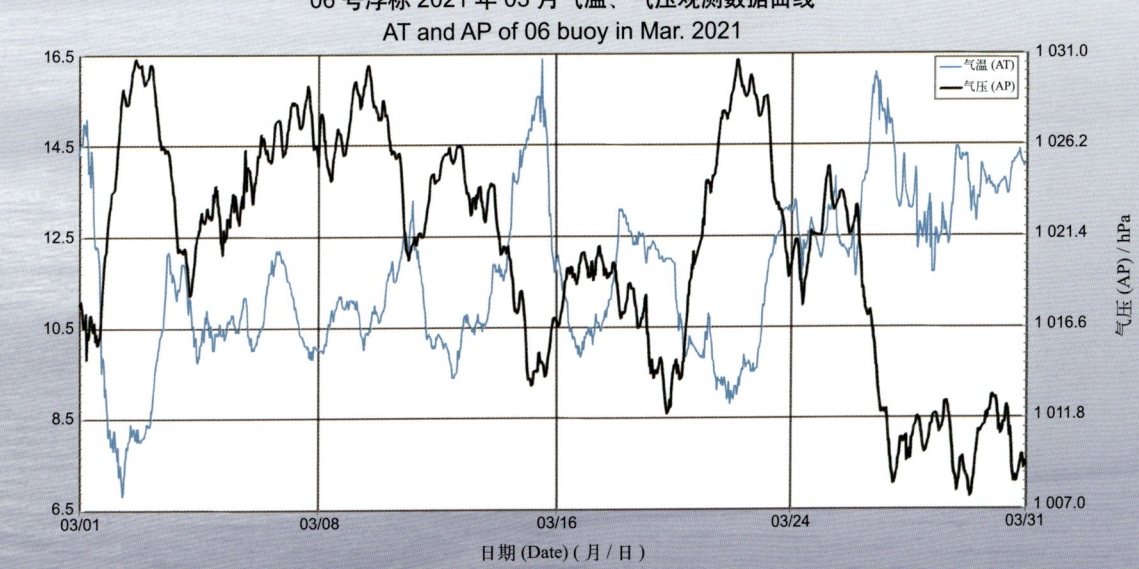

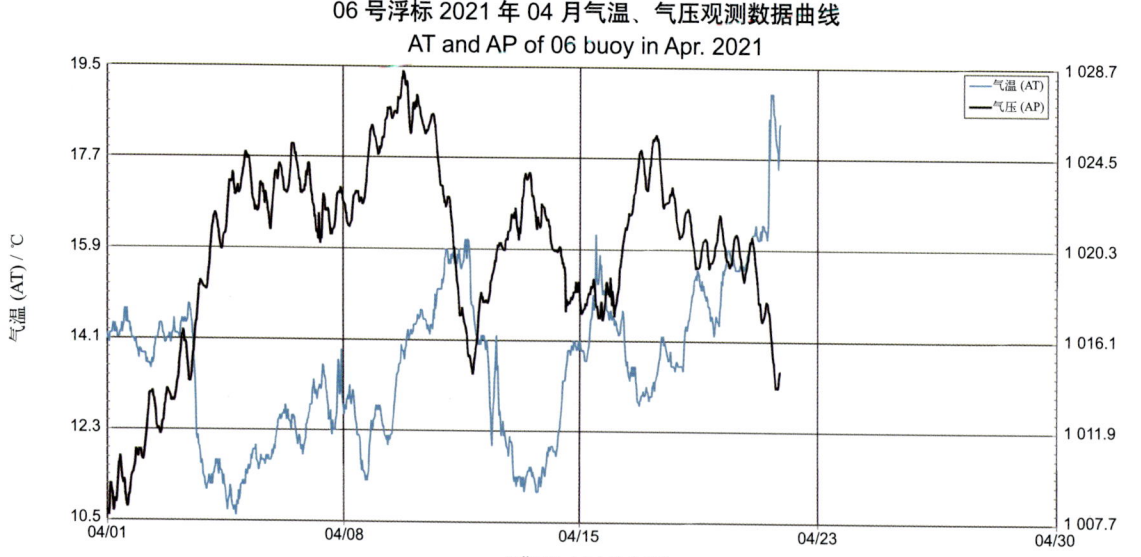

06号浮标2021年04月气温、气压观测数据曲线
AT and AP of 06 buoy in Apr. 2021

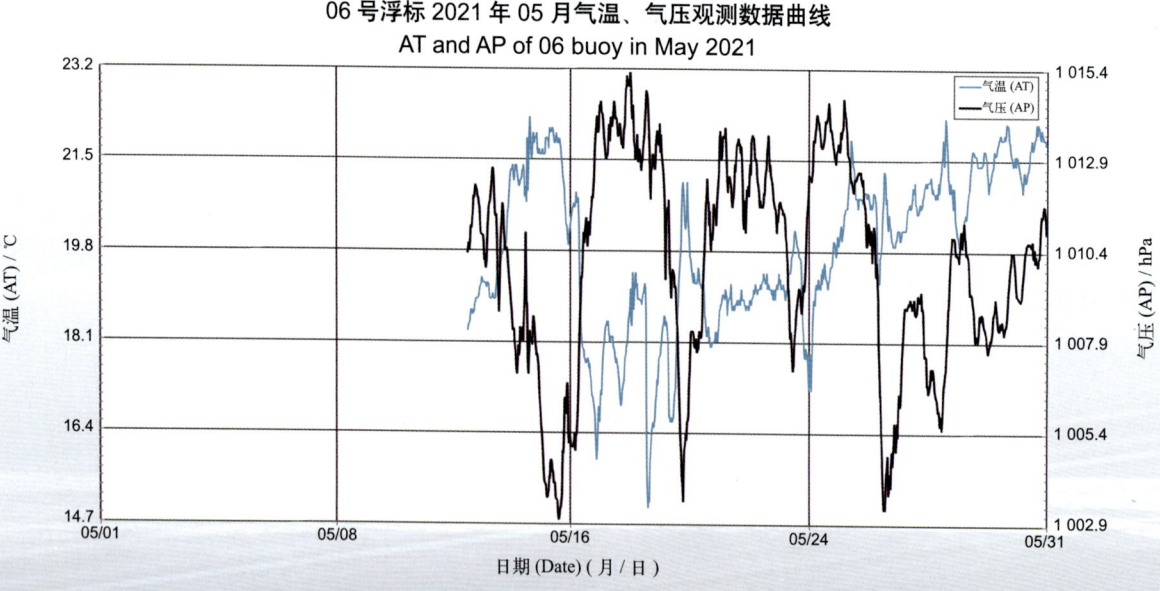

06号浮标2021年05月气温、气压观测数据曲线
AT and AP of 06 buoy in May 2021

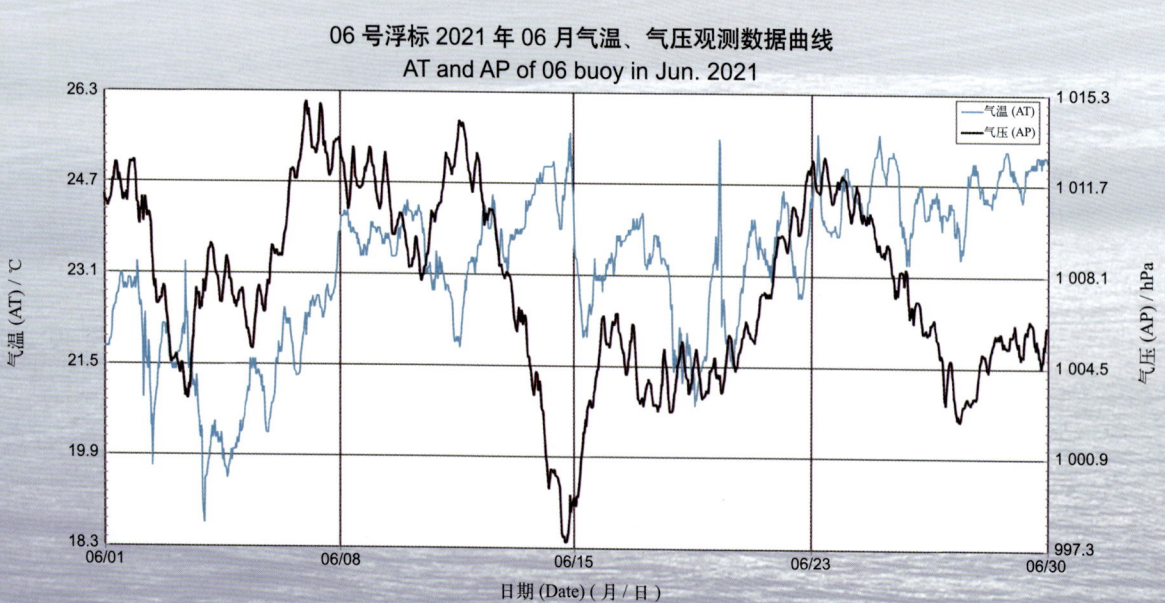

06号浮标2021年06月气温、气压观测数据曲线
AT and AP of 06 buoy in Jun. 2021

06号浮标2021年07月气温、气压观测数据曲线
AT and AP of 06 buoy in Jul. 2021

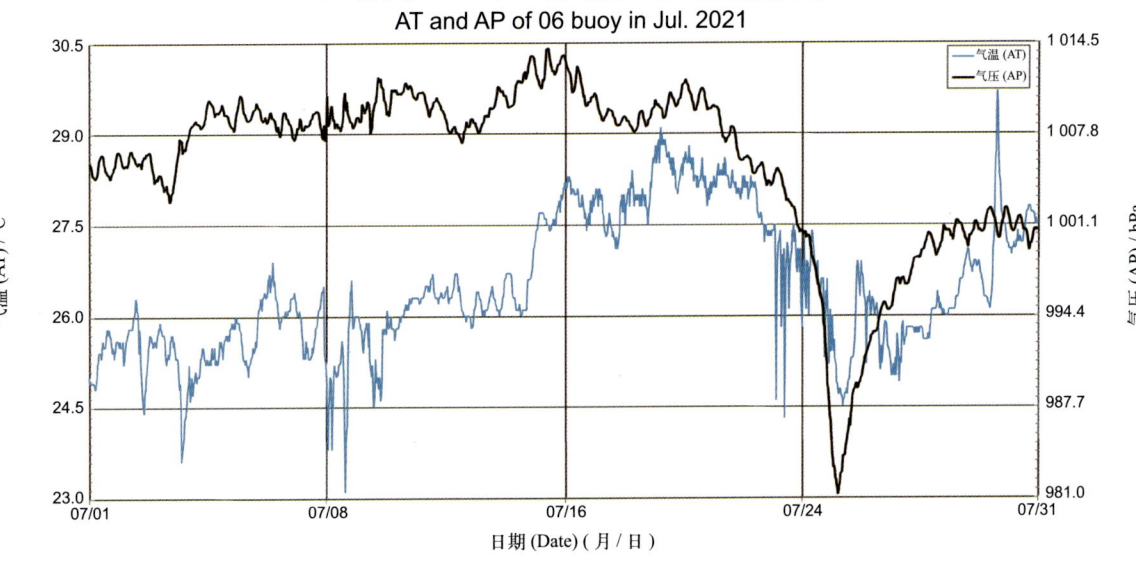

06号浮标2021年08月气温、气压观测数据曲线
AT and AP of 06 buoy in Aug. 2021

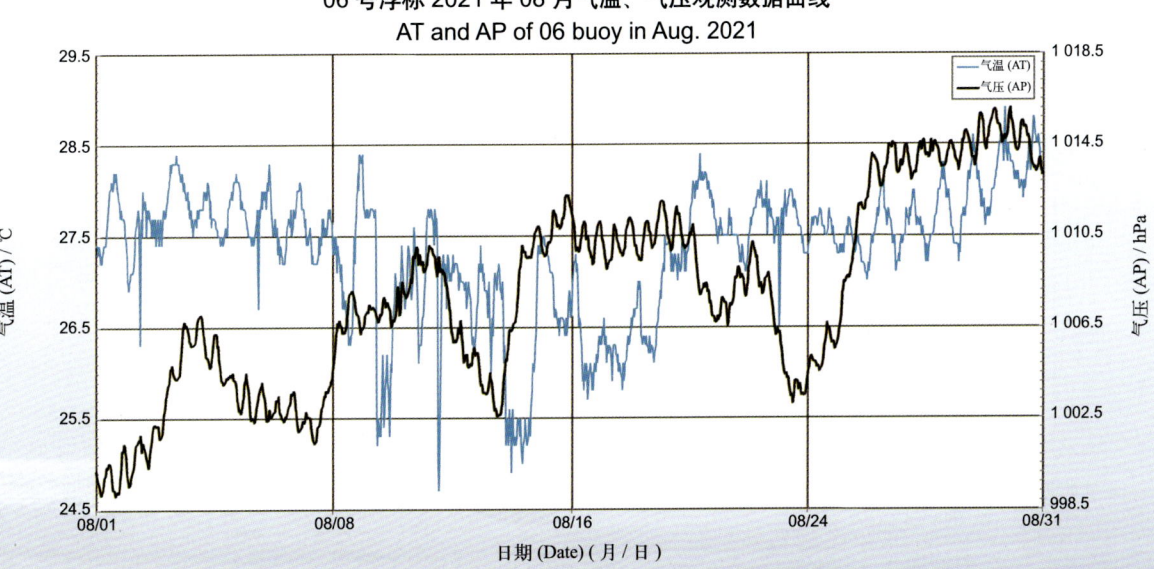

06号浮标2021年09月气温、气压观测数据曲线
AT and AP of 06 buoy in Sep. 2021

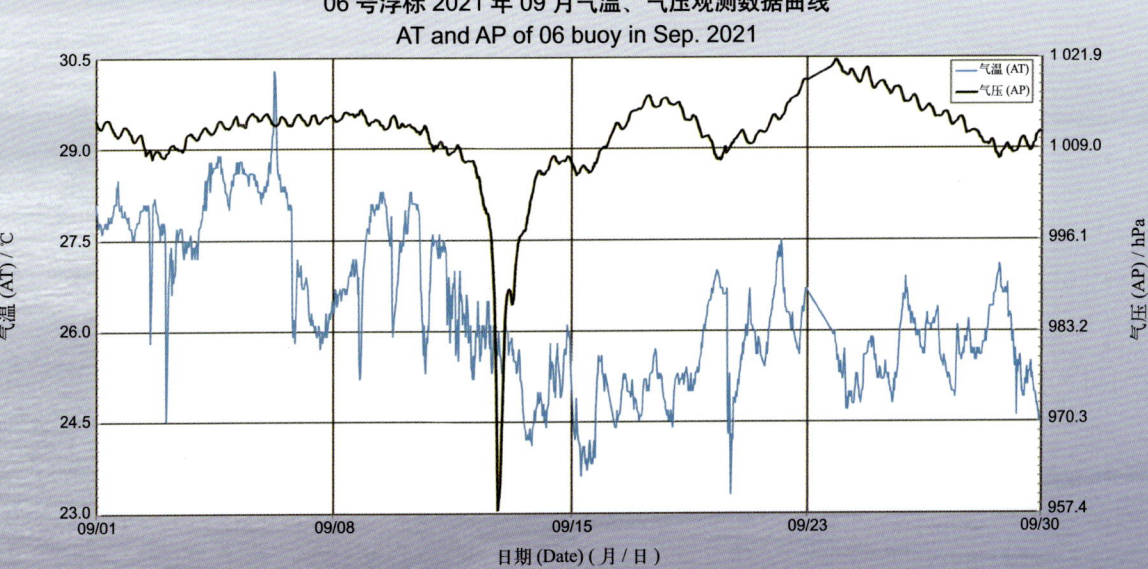

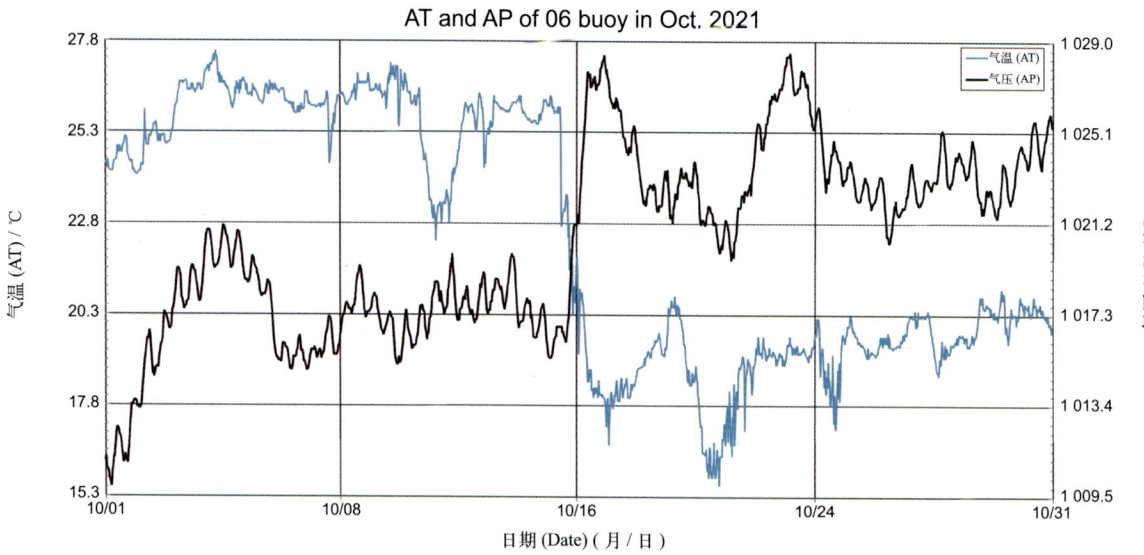

06号浮标2021年10月气温、气压观测数据曲线
AT and AP of 06 buoy in Oct. 2021

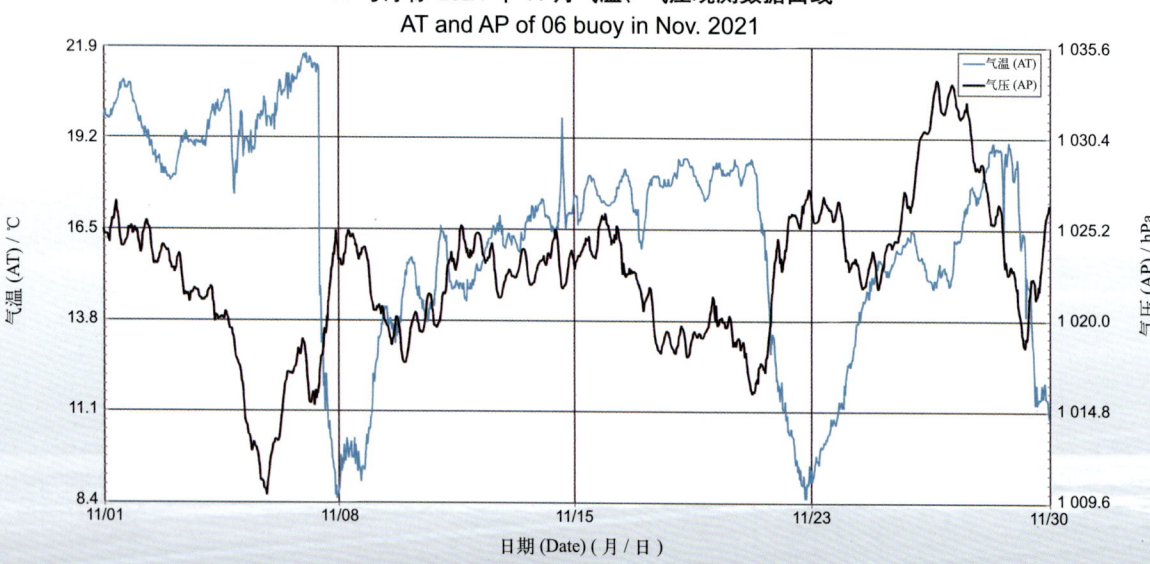

06号浮标2021年11月气温、气压观测数据曲线
AT and AP of 06 buoy in Nov. 2021

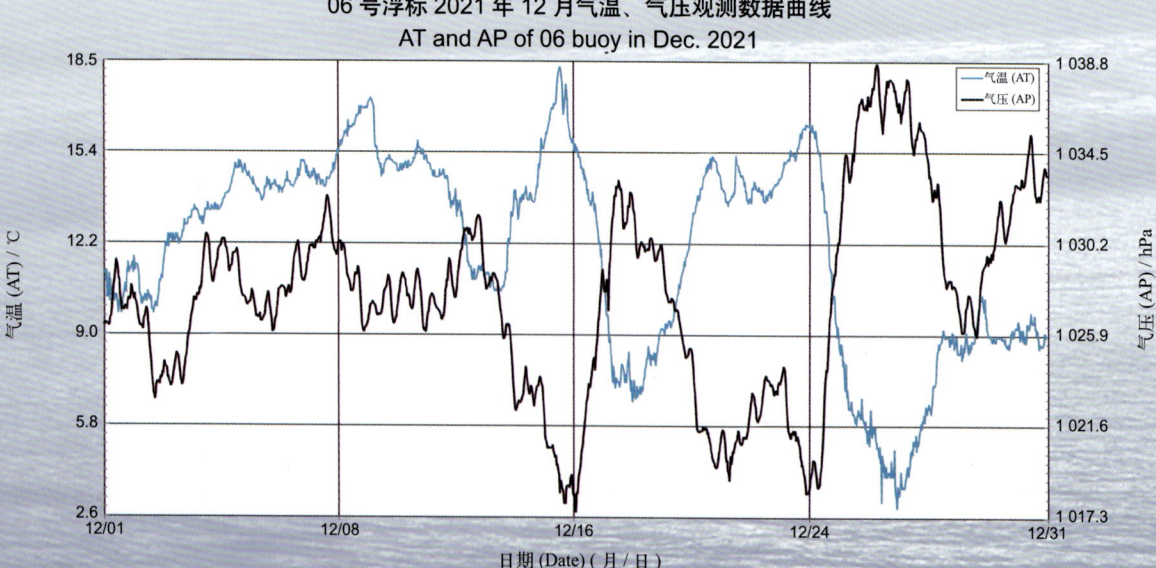

06号浮标2021年12月气温、气压观测数据曲线
AT and AP of 06 buoy in Dec. 2021

2021年度09号浮标观测数据概述及曲线
（气温和气压）

2021年，09号浮标共获取365天的气温和气压长序列观测数据。通过对获取数据质量控制和分析，09号浮标观测海域2021年度气温、气压数据和季节数据特征如下。

年度气温平均值为14.49℃，年度气压平均值为1 017.79 hPa；测得的年度最高气温和最低气温分别为29.9℃和-13.6℃；测得的年度最高气压和最低气压分别为1 044.5 hPa和995.9 hPa。以2月为冬季代表月，观测海域冬季的平均气温是5.06℃，平均气压是1 023.84 hPa；以5月为春季代表月，观测海域春季的平均气温是15.66℃，平均气压是1 009.65 hPa；以8月为夏季代表月，观测海域夏季的平均气温是25.93℃，平均气压是1 009.19 hPa；以11月为秋季代表月，观测海域秋季的平均气温是12.54℃，平均气压是1 022.54 hPa。

2021年，09号浮标观测海域月度气温、气压变化特征与该海域常年季节气候变化特点基本吻合。09号浮标观测海域的气温、气压月平均值、最高值和最低值数据参见表2。

2021年，09号浮标记录到3次寒潮过程和1次台风过程的气温、气压变化。第一次寒潮过程，1月6日09:00（-1.3℃）至1月7日09:00（-13.6℃），24 h气温下降了12.3℃，寒潮期间气压最高值为1 039.0 hPa（1月7日09:30）。第二次寒潮过程，11月7日05:30（18.1℃）至11月8日05:30（1.8℃），24 h气温下降了16.3℃，寒潮期间气压最高值为1 023.5 hPa（11月8日18:30）。第三次寒潮过程，12月23日18:00（8.8℃）至12月24日18:00（-3.2℃），24 h气温下降了12.0℃，之后最低气温降到-6.3℃（12月26日07:30），寒潮期间气压最高值为1 044.5 hPa（12月25日21:30）。台风的具体过程中，7月28—31日，09号浮标获取到了第6号台风"烟花"的相关数据，获取到的最低气压为995.9 hPa（7月29日17:30）。

表2　09号浮标各月份气温、气压观测数据

月份	气温/℃			气压/hPa			备注
	平均	最高	最低	平均	最高	最低	
1	2.15	8.6	−13.6	1 027.25	1 039.0	1 011.5	记录1次寒潮
2	5.06	13.8	−2.8	1 023.84	1 037.0	1 005.8	
3	7.63	15.0	−0.1	1 021.70	1 034.0	1 004.0	
4	11.66	16.5	8.0	1 019.62	1 031.3	997.6	
5	15.66	22.1	10.3	1 009.65	1 023.5	997.2	
6	20.21	29.9	16.4	1 006.75	1 014.8	996.4	
7	24.76	29.5	20.3	1 006.78	1 014.9	995.9	记录1次台风
8	25.93	29.3	20.9	1 009.19	1 017.0	998.6	
9	23.84	27.7	20.7	1 013.70	1 023.7	1 002.2	
10	17.81	25.7	8.8	1 023.70	1 038.4	1 009.1	
11	12.54	19.1	1.8	1 022.54	1 036.4	1 014.8	记录1次寒潮
12	6.19	13.1	−6.3	1 028.97	1 044.5	1 015.0	记录1次寒潮

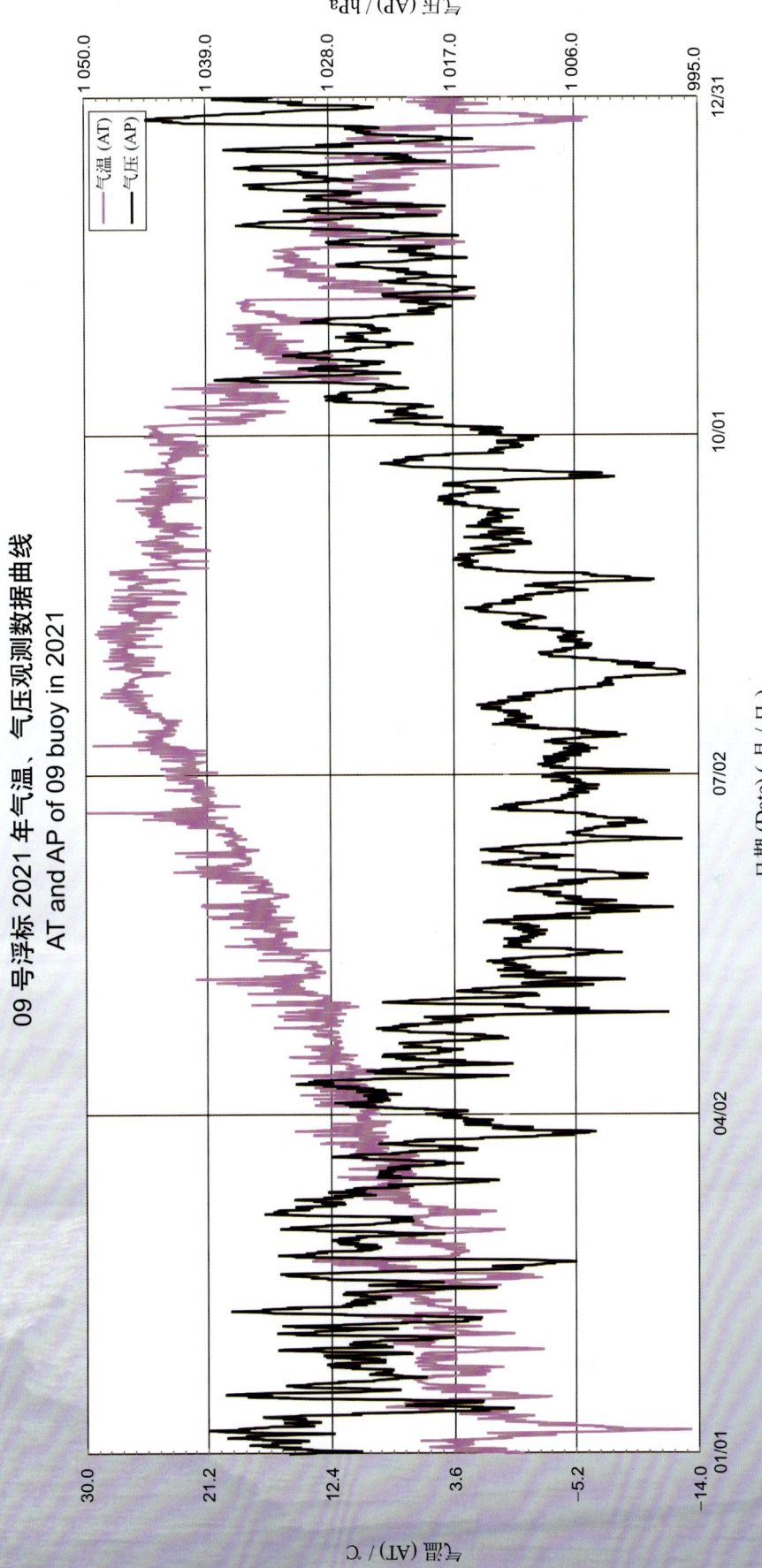

09号浮标2021年气温、气压观测数据曲线
AT and AP of 09 buoy in 2021

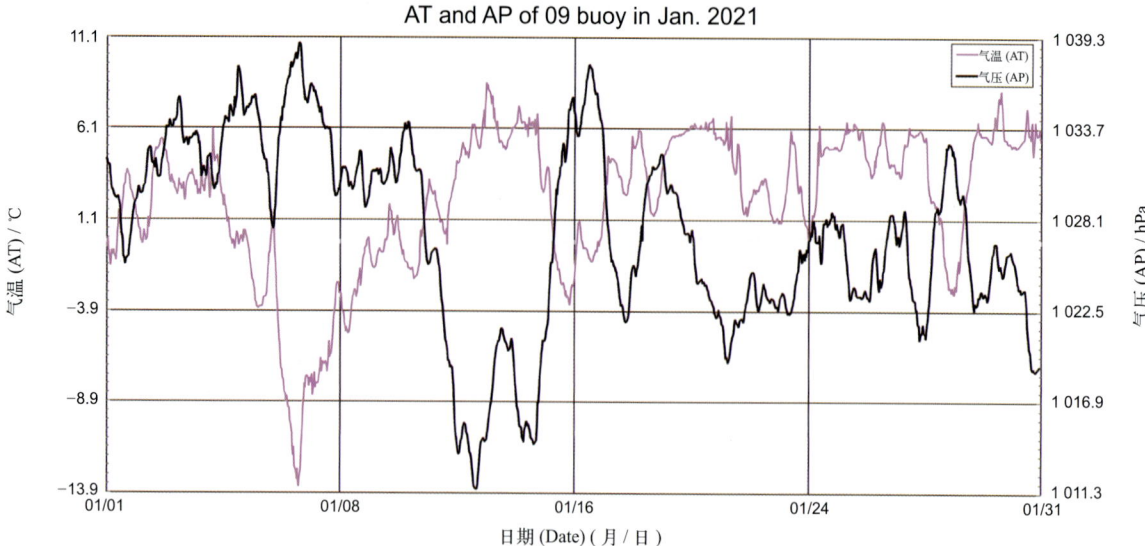

09号浮标2021年01月气温、气压观测数据曲线
AT and AP of 09 buoy in Jan. 2021

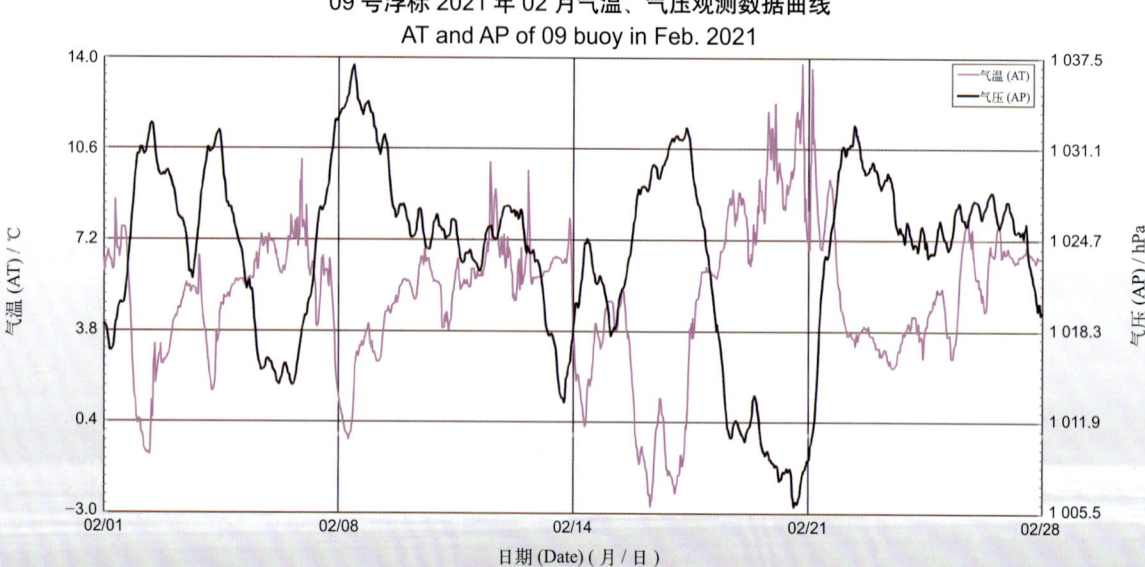

09号浮标2021年02月气温、气压观测数据曲线
AT and AP of 09 buoy in Feb. 2021

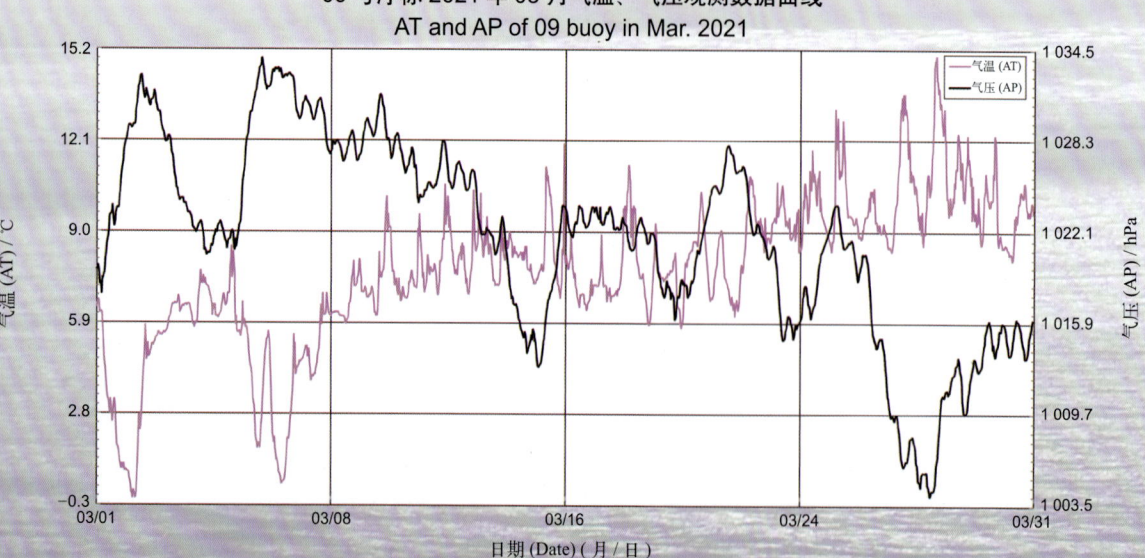

09号浮标2021年03月气温、气压观测数据曲线
AT and AP of 09 buoy in Mar. 2021

气象观测·气温、气压

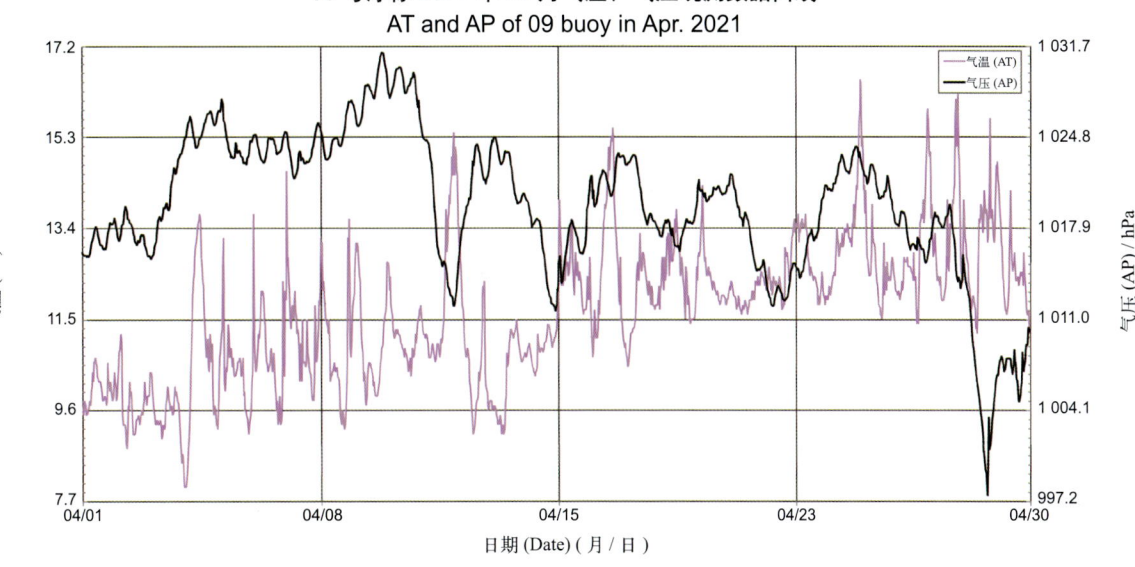

09 号浮标 2021 年 04 月气温、气压观测数据曲线
AT and AP of 09 buoy in Apr. 2021

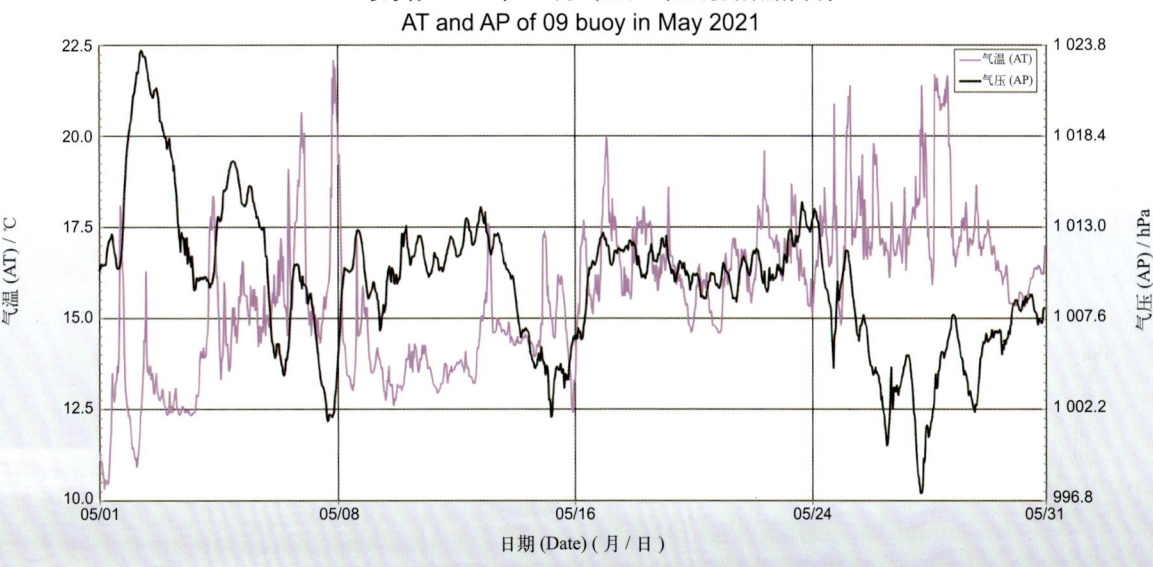

09 号浮标 2021 年 05 月气温、气压观测数据曲线
AT and AP of 09 buoy in May 2021

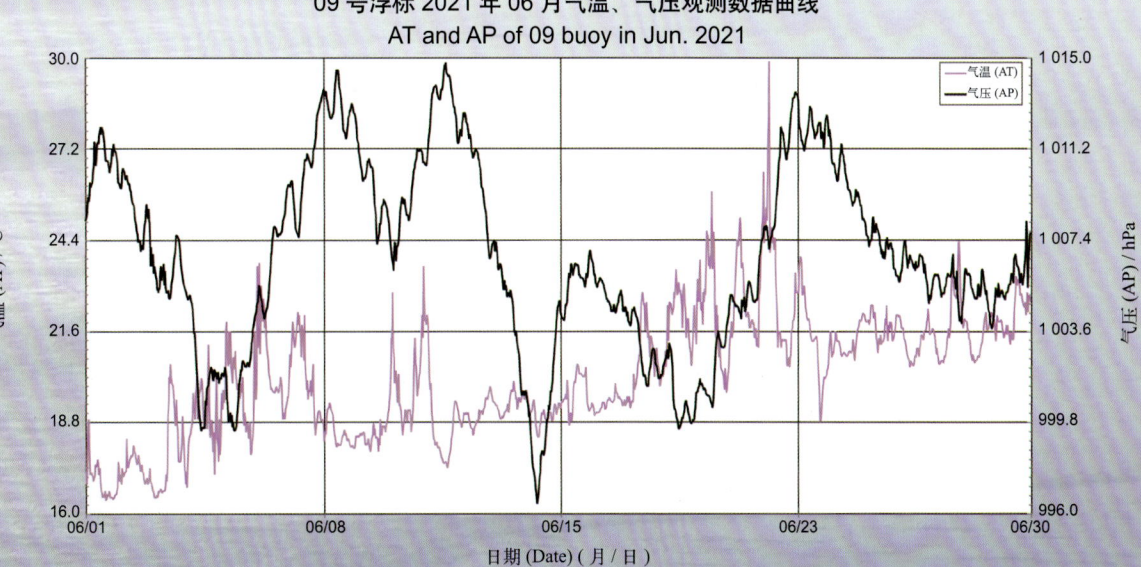

09 号浮标 2021 年 06 月气温、气压观测数据曲线
AT and AP of 09 buoy in Jun. 2021

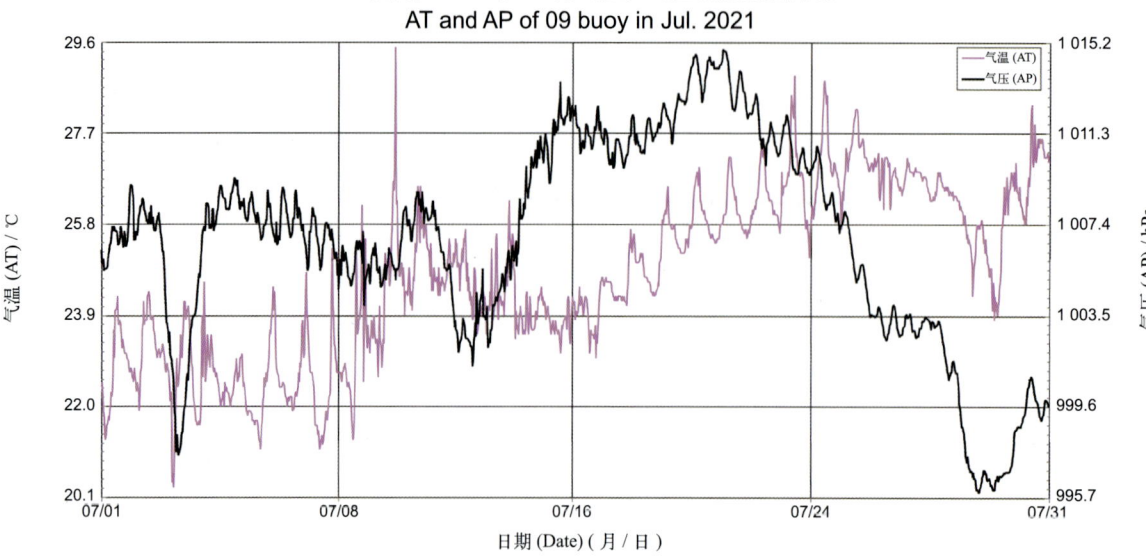

09号浮标2021年07月气温、气压观测数据曲线
AT and AP of 09 buoy in Jul. 2021

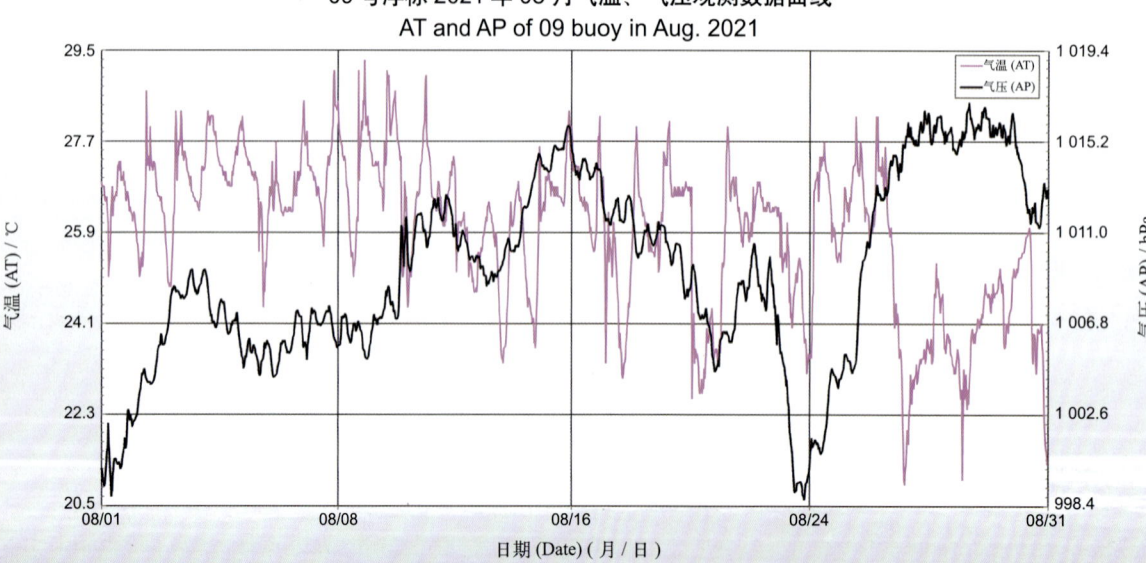

09号浮标2021年08月气温、气压观测数据曲线
AT and AP of 09 buoy in Aug. 2021

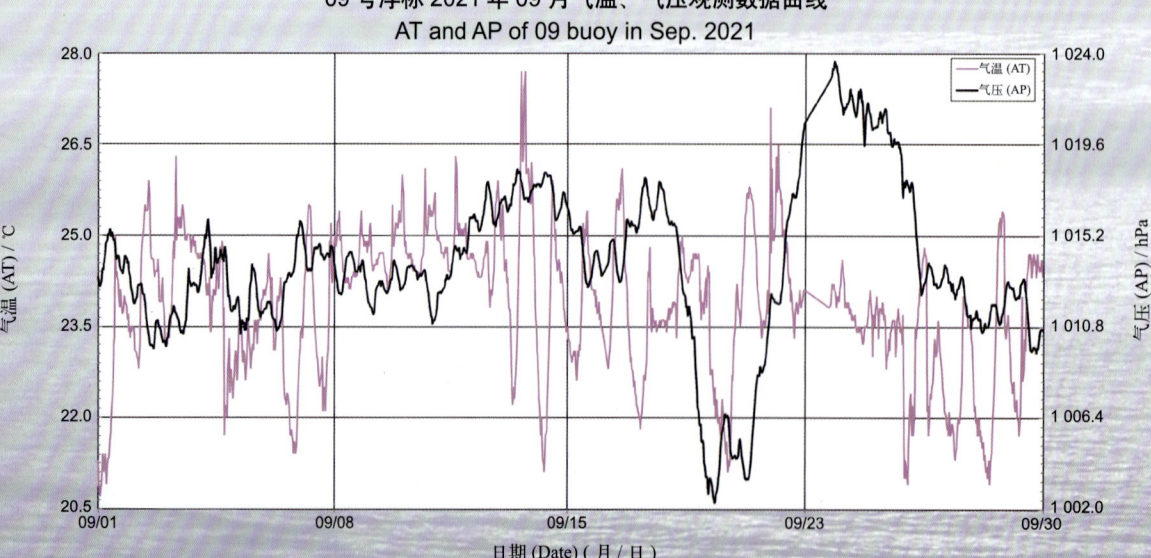

09号浮标2021年09月气温、气压观测数据曲线
AT and AP of 09 buoy in Sep. 2021

09号浮标 2021 年 10 月气温、气压观测数据曲线
AT and AP of 09 buoy in Oct. 2021

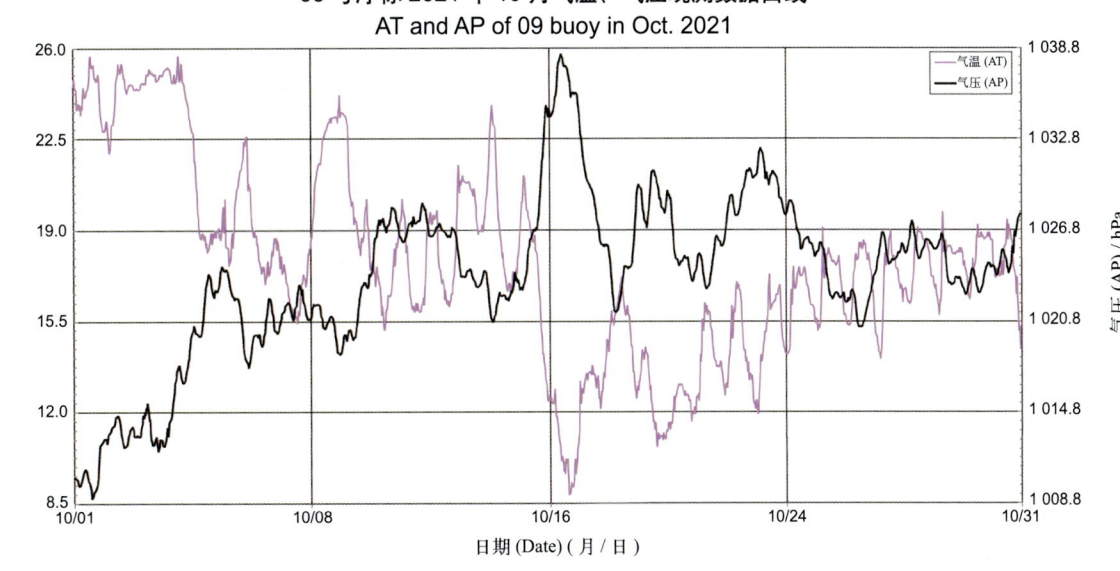

09号浮标 2021 年 11 月气温、气压观测数据曲线
AT and AP of 09 buoy in Nov. 2021

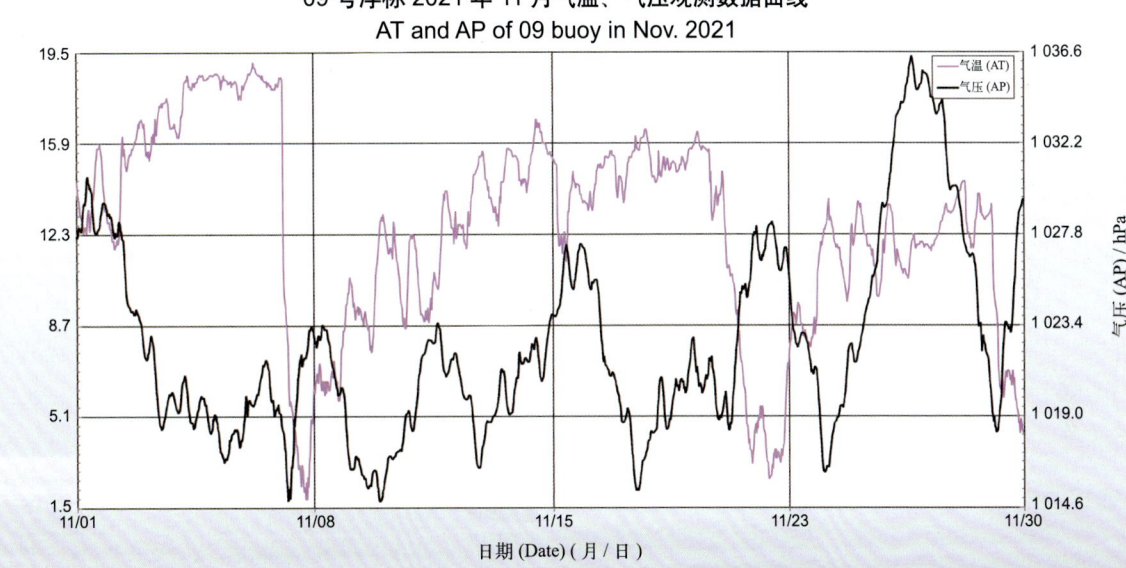

09号浮标 2021 年 12 月气温、气压观测数据曲线
AT and AP of 09 buoy in Dec. 2021

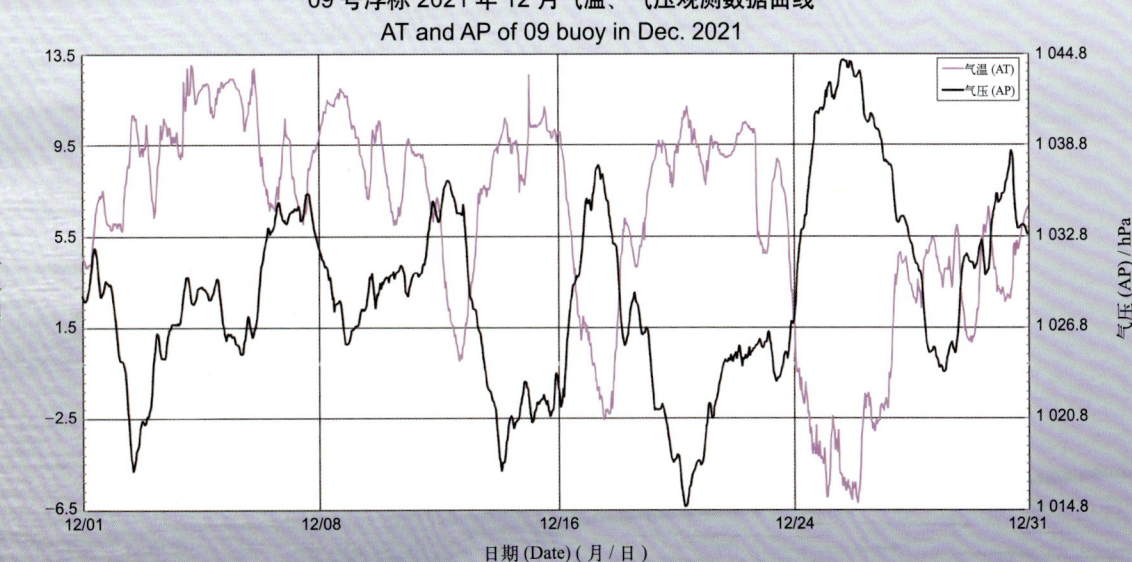

2021年度20号浮标观测数据概述及曲线
（气温和气压）

2021年，20号浮标共获取314天的气温和气压长序列观测数据。获取数据的主要区间为2月1日07:30至12月11日18:00。通过对获取数据质量控制和分析，20号浮标观测海域2021年度气温、气压数据和季节数据特征如下。

年度气温平均值为20.10℃，年度气压平均值为1 014.04 hPa，测得的年度最高气温和最低气温分别为29.9℃和5.3℃，测得的年度最高气压和最低气压分别为1 031.6 hPa和968.2 hPa。以2月为冬季代表月，观测海域冬季的平均气温是11.02℃，平均气压是1 021.34 hPa；以5月为春季代表月，观测海域春季的平均气温是19.77℃，平均气压是1 010.20 hPa；以8月为夏季代表月，观测海域夏季的平均气温是27.65℃，平均气压是1 006.85 hPa；以11月为秋季代表月，观测海域秋季的平均气温是16.97℃，平均气压是1 021.02 hPa。

2021年，20号浮标观测海域月度气温、气压变化特征与该海域常年季节气候变化特点基本吻合。20号浮标观测海域的气温、气压月平均值、最高值和最低值数据参见表3。

2021年，20号浮标记录到4次台风过程的气温、气压变化。第一次台风过程，7月24—26日，20号浮标获取到了第6号台风"烟花"的相关数据，获取到的最低气压为968.2 hPa（7月25日08:20）。第二次台风过程，8月6—9日，20号浮标获取到了第9号台风"卢碧"的相关数据，获取到的最低气压为999.7 hPa（8月8日03:40）。第三次台风过程，8月22—25日，20号浮标获取到了第12号台风"奥麦斯"的相关数据，获取到的最低气压为1 002.6 hPa（8月23日17:00）。第四次台风过程，9月12—14日，20号浮标获取到了第14号台风"灿都"的相关数据，获取到的最低气压为991.3 hPa（9月13日11:00）。

表3　20号浮标各月份气温、气压观测数据

月份	气温 / ℃			气压 / hPa			备注
	平均	最高	最低	平均	最高	最低	
1	—	—	—	—	—	—	缺测数据
2	11.02	16.5	5.3	1 021.34	1 031.6	1 010.4	
3	12.60	17.4	7.3	1 019.21	1 029.7	1 004.7	
4	15.24	20.1	10.8	1 017.45	1 026.3	1 004.2	
5	19.77	24.8	15.5	1 010.20	1 021.9	1 001.4	
6	23.55	26.2	17.2	1 006.03	1 013.2	997.4	
7	26.66	29.0	22.9	1 004.15	1 012.8	968.2	记录1次台风
8	27.65	29.2	24.9	1 006.85	1 015.1	997.3	记录2次台风
9	26.63	29.9	23.8	1 010.52	1 020.0	991.3	记录1次台风
10	22.87	28.0	15.5	1 018.75	1 026.8	1 008.8	
11	16.97	22.8	8.1	1 021.02	1 031.5	1 008.5	
12	—	—	—	—	—	—	缺测数据

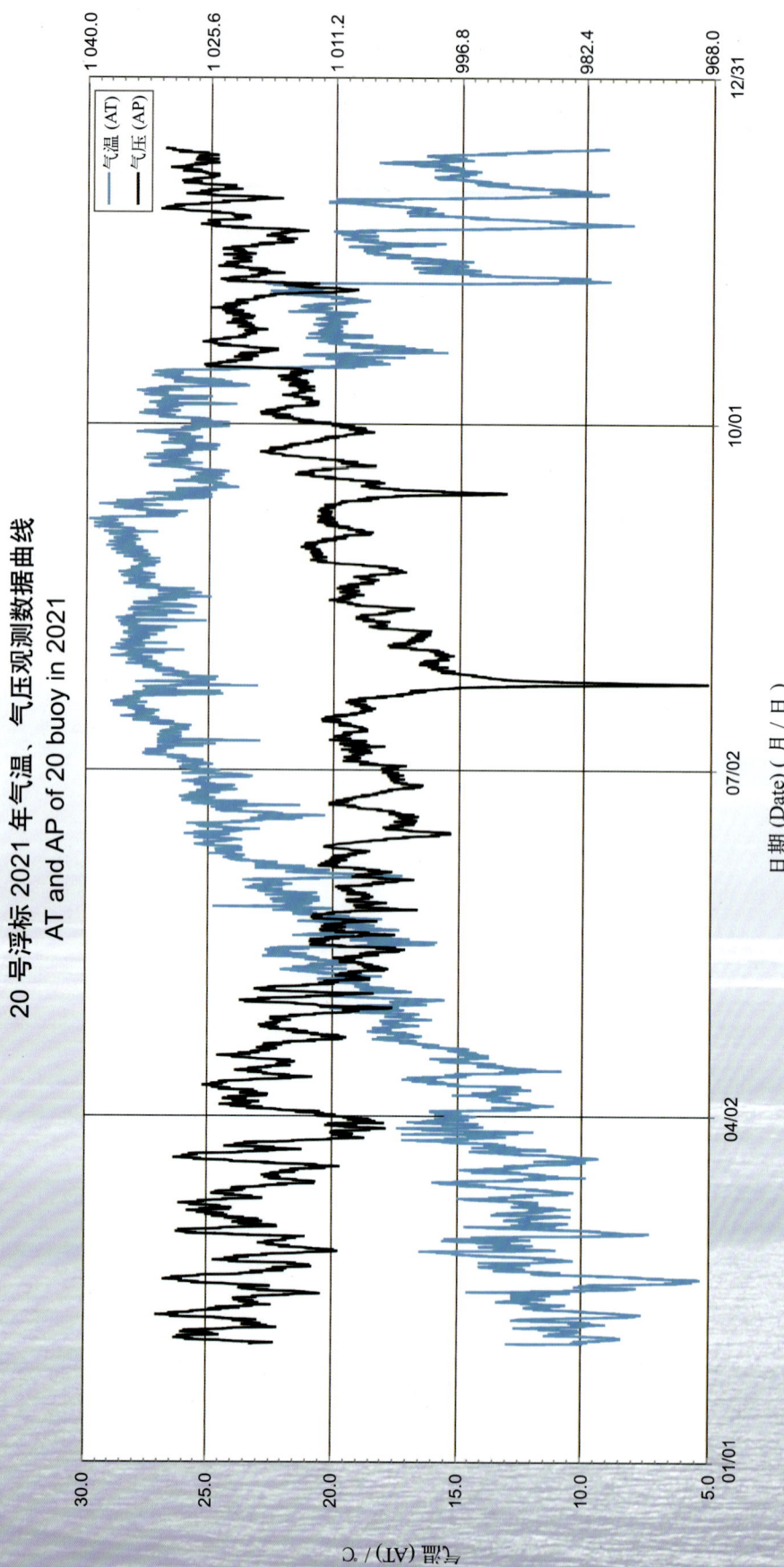

20号浮标2021年气温、气压观测数据曲线
AT and AP of 20 buoy in 2021

20号浮标2021年02月气温、气压观测数据曲线
AT and AP of 20 buoy in Feb. 2021

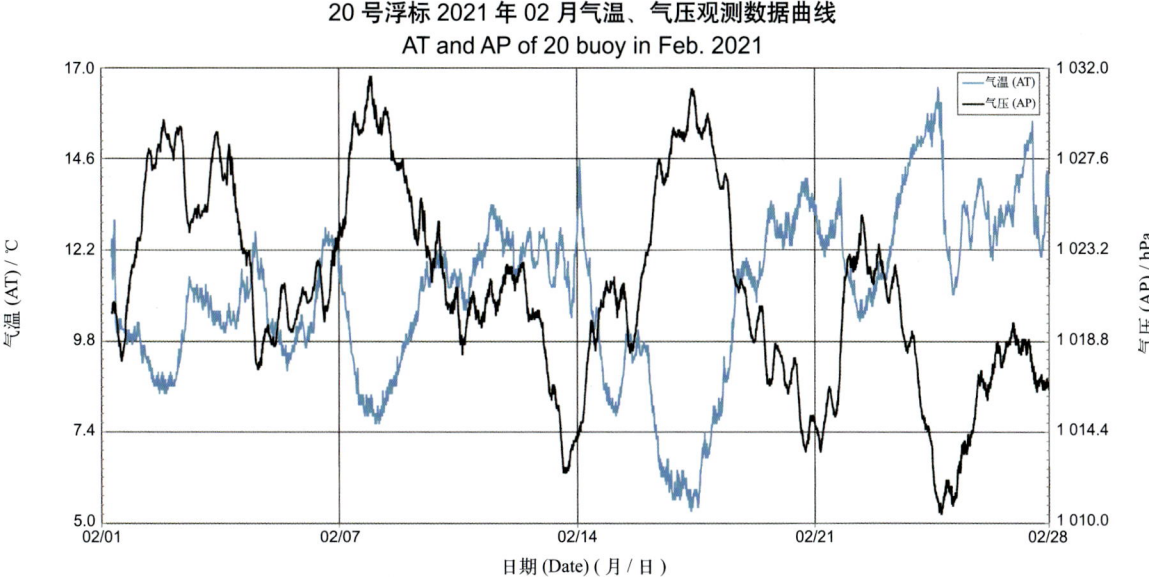

20号浮标2021年03月气温、气压观测数据曲线
AT and AP of 20 buoy in Mar. 2021

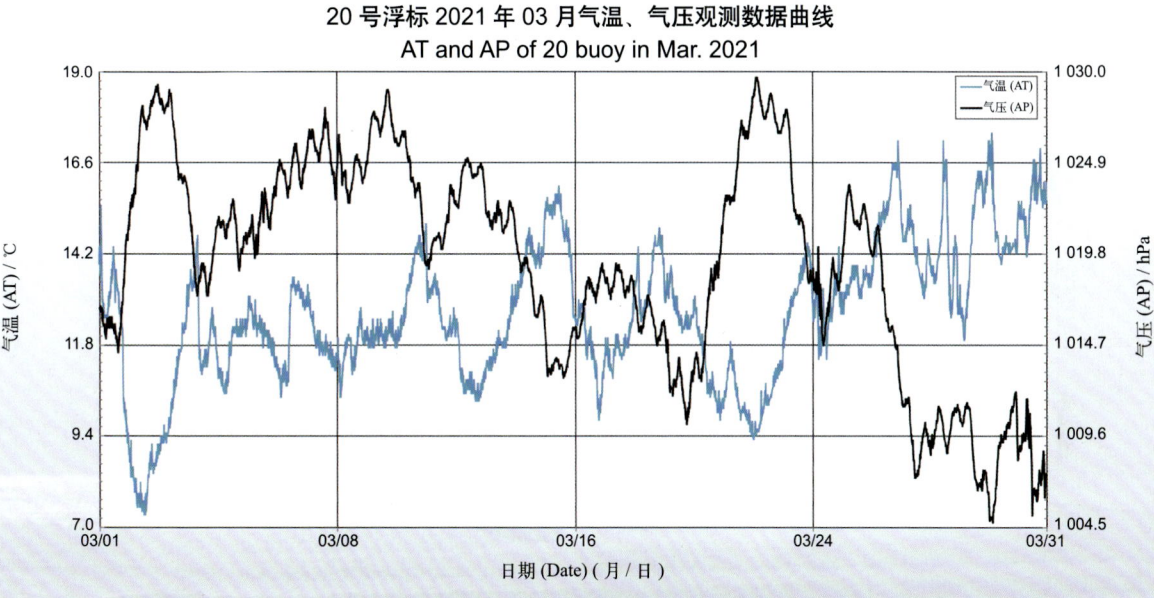

20号浮标2021年04月气温、气压观测数据曲线
AT and AP of 20 buoy in Apr. 2021

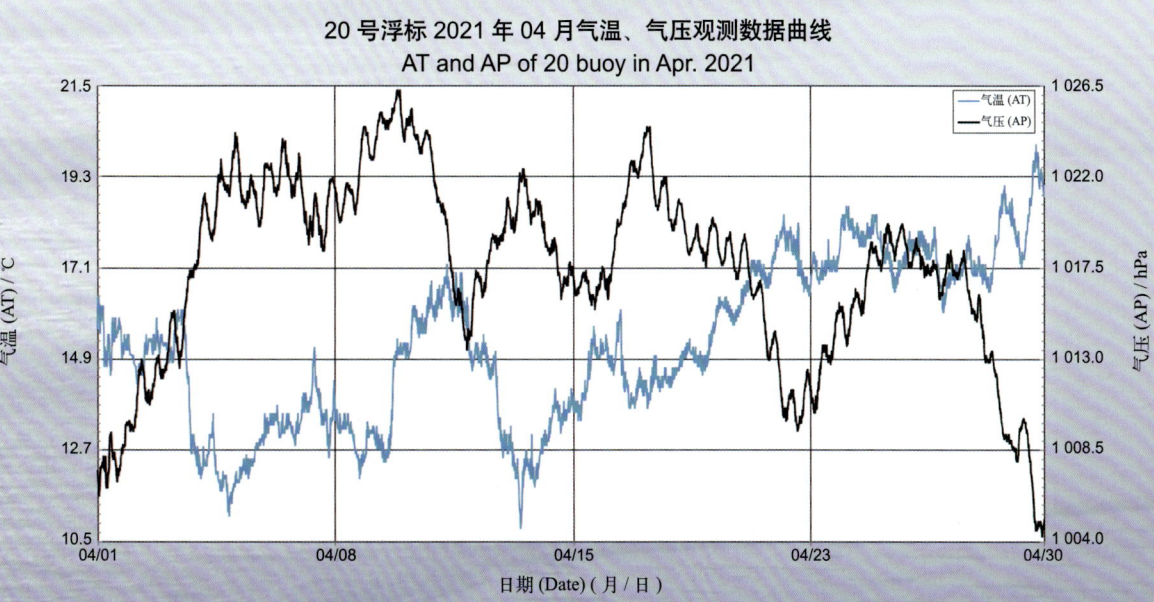

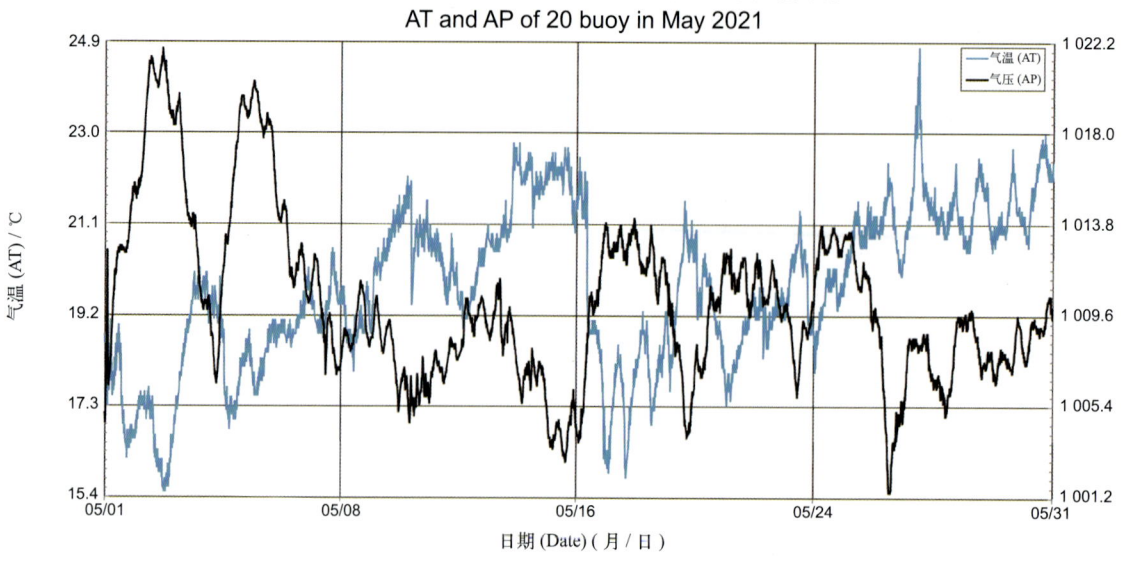

20号浮标2021年05月气温、气压观测数据曲线
AT and AP of 20 buoy in May 2021

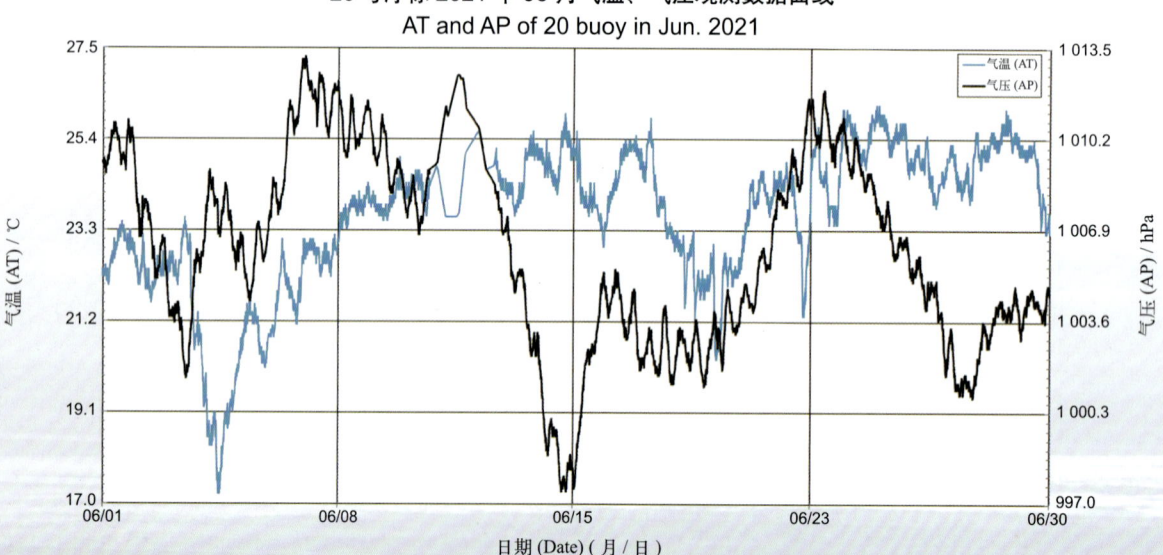

20号浮标2021年06月气温、气压观测数据曲线
AT and AP of 20 buoy in Jun. 2021

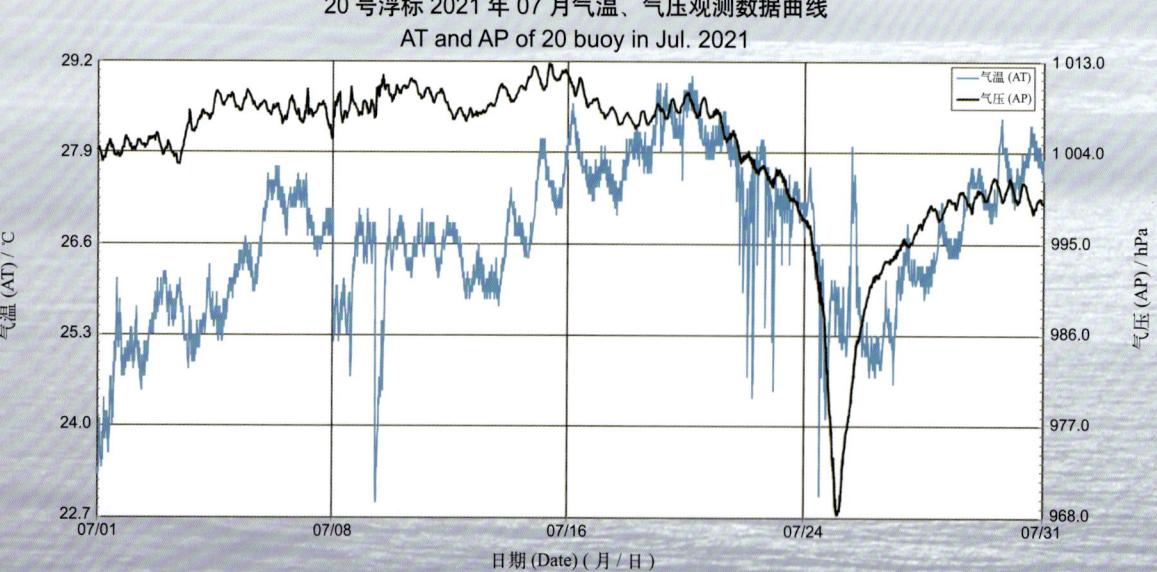

20号浮标2021年07月气温、气压观测数据曲线
AT and AP of 20 buoy in Jul. 2021

20号浮标2021年08月气温、气压观测数据曲线
AT and AP of 20 buoy in Aug. 2021

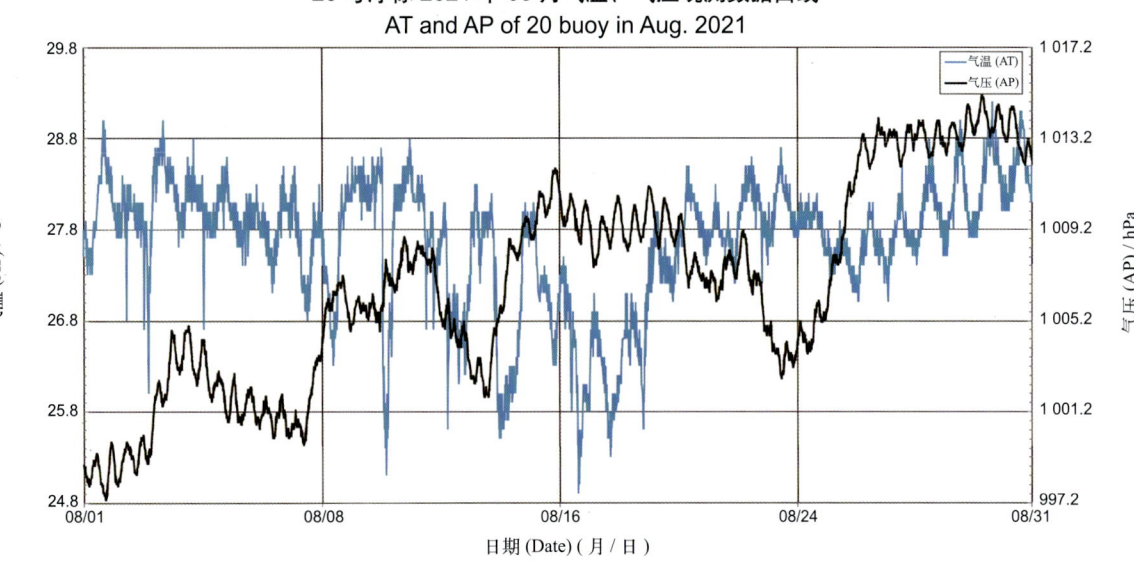

20号浮标2021年09月气温、气压观测数据曲线
AT and AP of 20 buoy in Sep. 2021

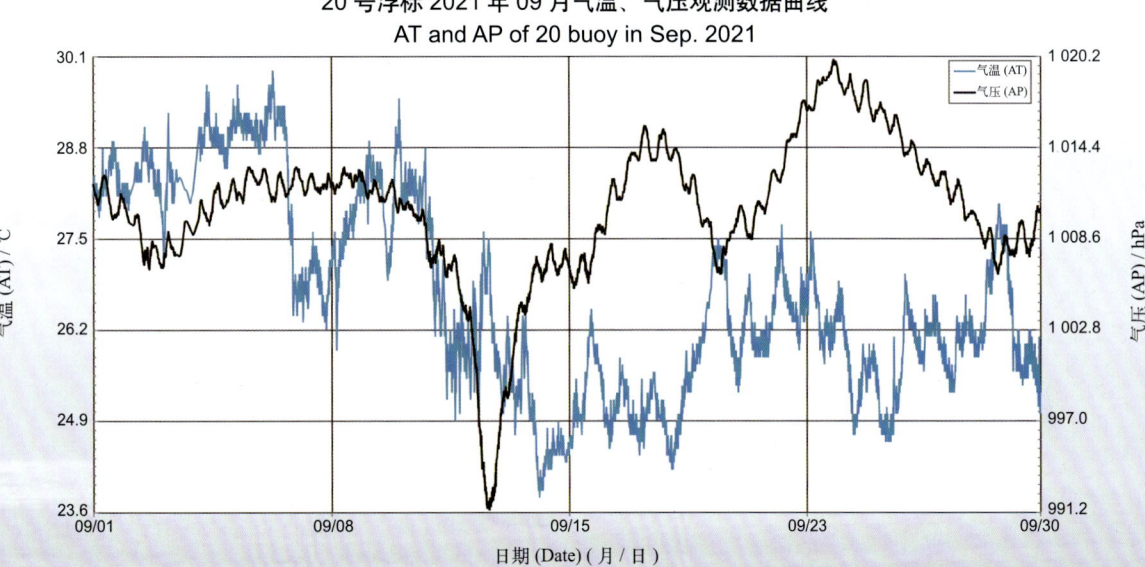

20号浮标2021年10月气温、气压观测数据曲线
AT and AP of 20 buoy in Oct. 2021

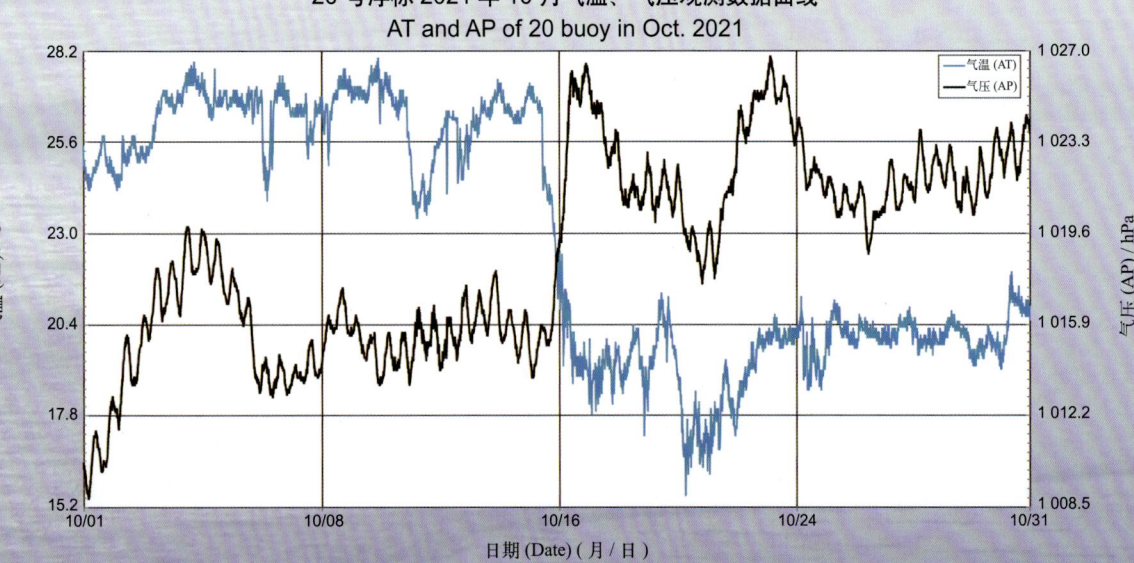

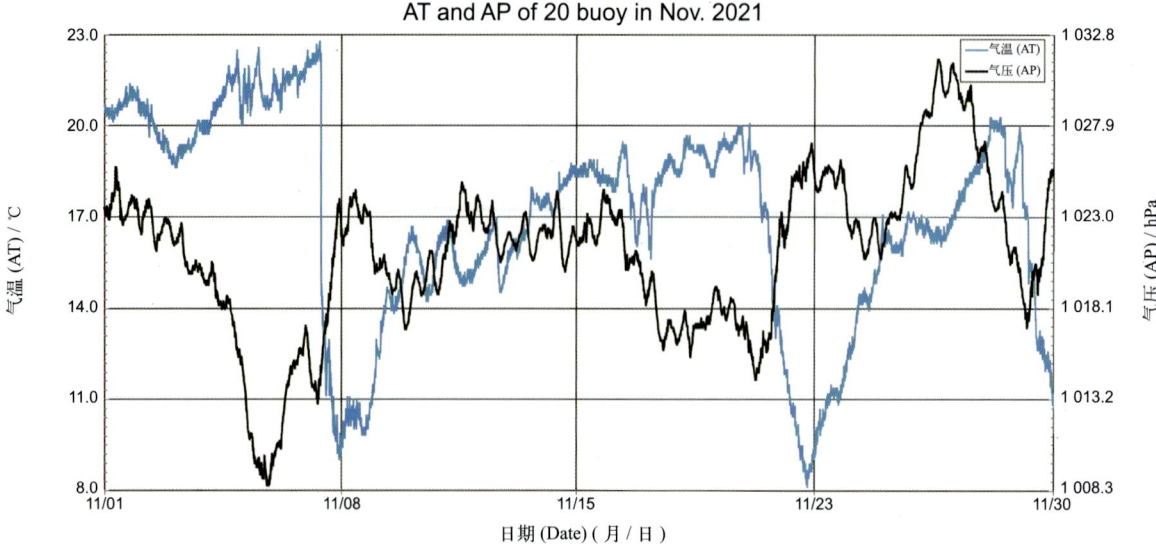

20号浮标2021年11月气温、气压观测数据曲线
AT and AP of 20 buoy in Nov. 2021

2021 年度 21 号浮标观测数据概述及曲线
（气温和气压）

2021 年，21 号浮标共获取 363 天的气温和气压长序列观测数据。获取数据的主要区间共两个时间段，具体为 1 月 1 日 00:00 至 5 月 21 日 01:50 和 5 月 24 日 15:40 至 12 月 31 日 23:50。通过对获取数据质量控制和分析，21 号浮标观测海域 2021 年度气温、气压数据和季节数据特征如下。

年度气温平均值为 18.25℃，年度气压平均值为 1 016.24 hPa，测得的年度最高气温和最低气温分别为 31.6℃和 −4.1℃，测得的年度最高气压和最低气压分别为 1 039.0 hPa 和 978.3 hPa。以 2 月为冬季代表月，观测海域冬季的平均气温是 10.39℃，平均气压是 1 022.14 hPa；以 5 月为春季代表月，观测海域春季的平均气温是 19.43℃，平均气压是 1 010.42 hPa；以 8 月为夏季代表月，观测海域夏季的平均气温是 27.35℃，平均气压是 1 007.25 hPa；以 11 月为秋季代表月，观测海域秋季的平均气温是 16.47℃，平均气压是 1 021.79 hPa。

2021 年，21 号浮标观测海域月度气温、气压变化特征与该海域常年季节气候变化特点基本吻合。21 号浮标观测海域的气温、气压月平均值、最高值和最低值数据参见表 4。

2021 年，21 号浮标记录到 2 次寒潮过程和 4 次台风过程的气温、气压变化。第一次寒潮过程，1 月 6 日 14:20（6.6℃）至 1 月 7 日 14:20（−3.0℃），24 h 气温下降了 9.6℃，之后最低气温降到 −4.1℃（1 月 8 日 04:20），寒潮期间气压最高值为 1 033.8 hPa（1 月 7 日 22:20）。第二次寒潮过程，12 月 24 日 11:50（15.9℃）至 12 月 26 日 11:50（3.7℃），48 h 气温下降了 12.2℃，之后最低气温降到 1.9℃（12 月 27 日 01:40），寒潮期间气压最高值为 1 039.0 hPa（12 月 26 日 09:30）。第一次台风过程，7 月 23—26 日，21 号浮标获取到了第 6 号台风"烟花"的相关数据，获取到的最低气压为 978.3 hPa（7 月 25 日 10:00）。第二次台风过程，8 月 6—9 日，21 号浮标获取到了第 9 号台风"卢碧"的相关数据，获取到的最低气压为 1 001.0 hPa（8 月 8 日 04:00）。第三次台风过程，8 月 22—25 日，21 号浮标获取到了第 12 号台风"奥麦斯"的相关数据，获取到的最低气压为 1 002.3 hPa（8 月 23 日 17:40）。第四次台风过程，9 月 11—14 日，21 号浮标获取到了第 14 号台风"灿都"的相关数据，获取到的最低气压为 986.2 hPa（9 月 13 日 16:30）。

表4 21号浮标各月份气温、气压观测数据

月份	气温/℃			气压/hPa			备注
	平均	最高	最低	平均	最高	最低	
1	7.73	13.4	−4.1	1 025.92	1 035.2	1 015.2	记录1次寒潮
2	10.39	15.9	4.3	1 022.14	1 032.2	1 011.5	
3	11.71	15.7	6.4	1 020.06	1 030.1	1 006.6	
4	14.77	21.4	10.8	1 018.13	1 027.7	1 002.6	
5	19.43	23.0	15.0	1 010.42	1 022.4	1 002.4	缺测2天数据
6	23.11	25.5	18.7	1 006.90	1 014.0	996.8	
7	26.49	30.3	23.4	1 004.85	1 013.4	978.3	记录1次台风
8	27.35	28.9	24.7	1 007.25	1 015.3	998.2	记录2次台风
9	26.55	31.6	24.0	1 010.70	1 020.6	986.2	记录1次台风
10	22.77	27.5	15.9	1 019.67	1 028.0	1 009.4	
11	16.47	22.0	7.9	1 021.79	1 033.0	1 009.3	
12	11.86	18.3	1.9	1 026.99	1 039.0	1 016.9	记录1次寒潮

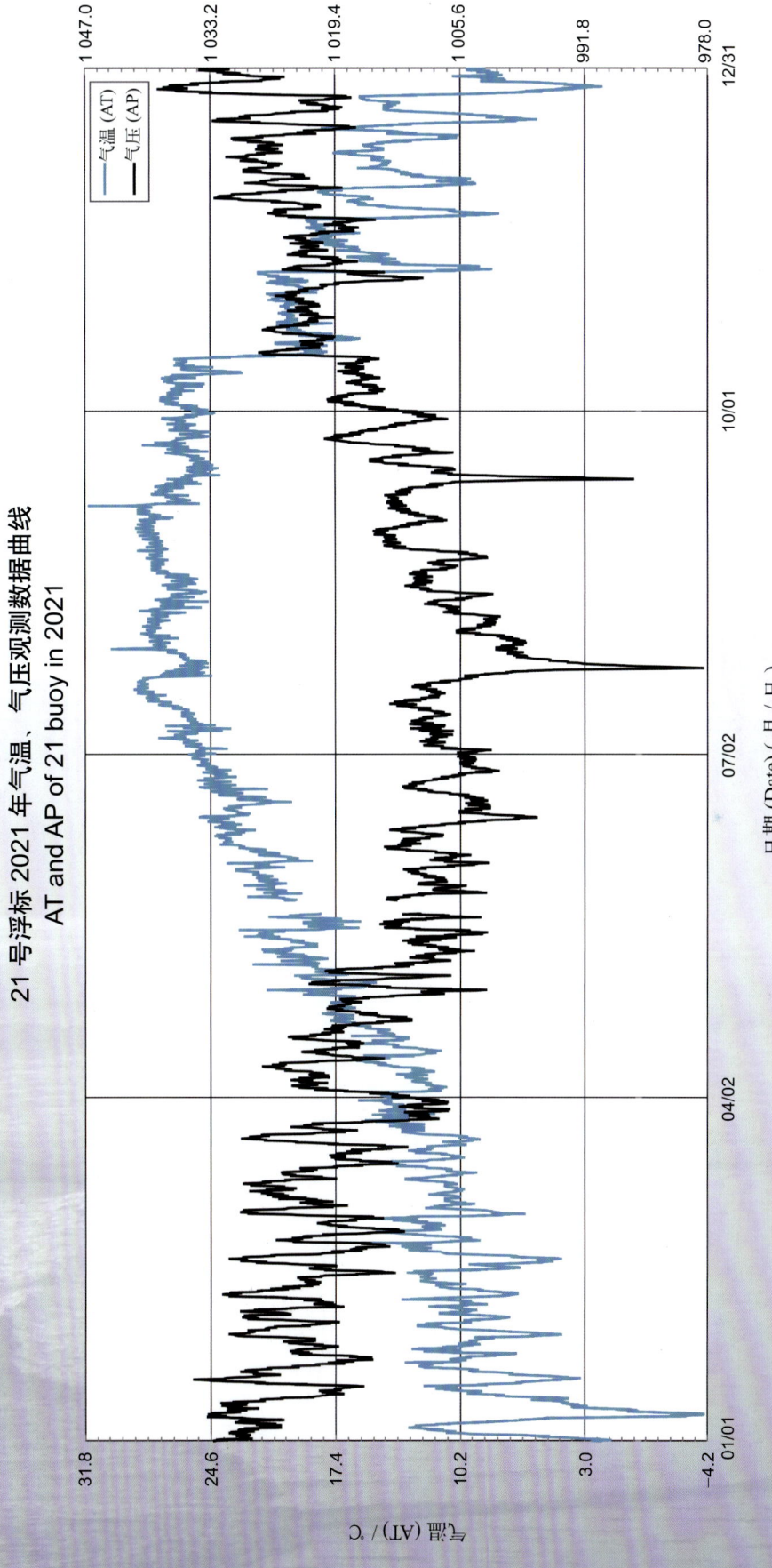

21号浮标2021年气温、气压观测数据曲线
AT and AP of 21 buoy in 2021

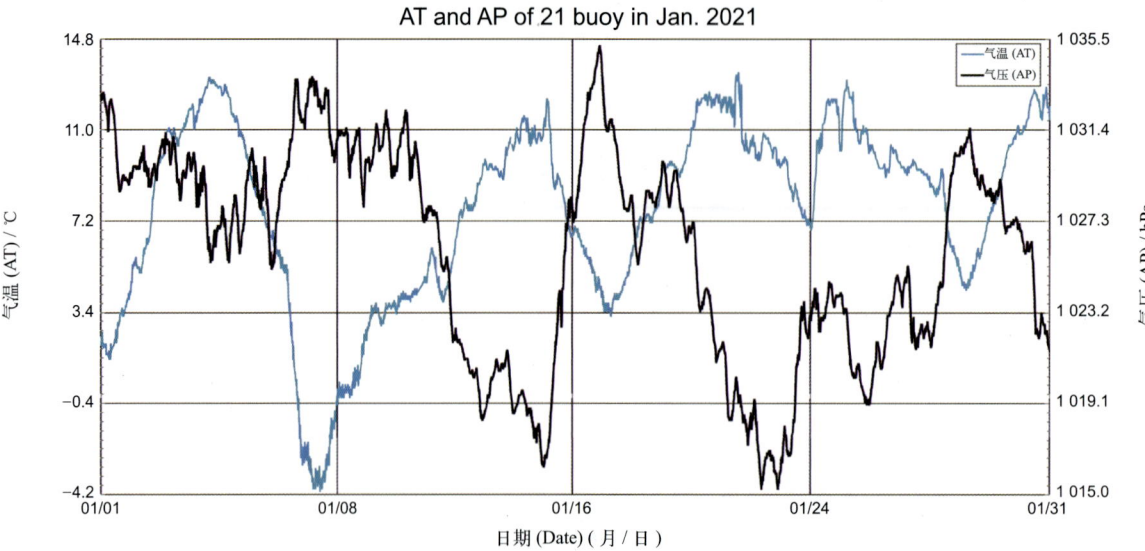

21号浮标2021年01月气温、气压观测数据曲线
AT and AP of 21 buoy in Jan. 2021

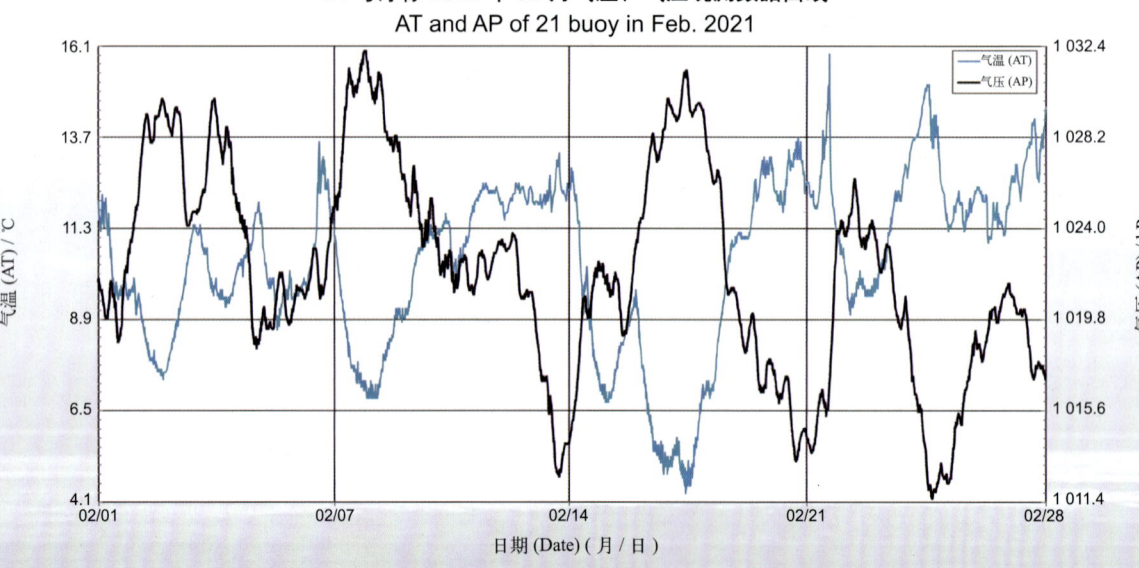

21号浮标2021年02月气温、气压观测数据曲线
AT and AP of 21 buoy in Feb. 2021

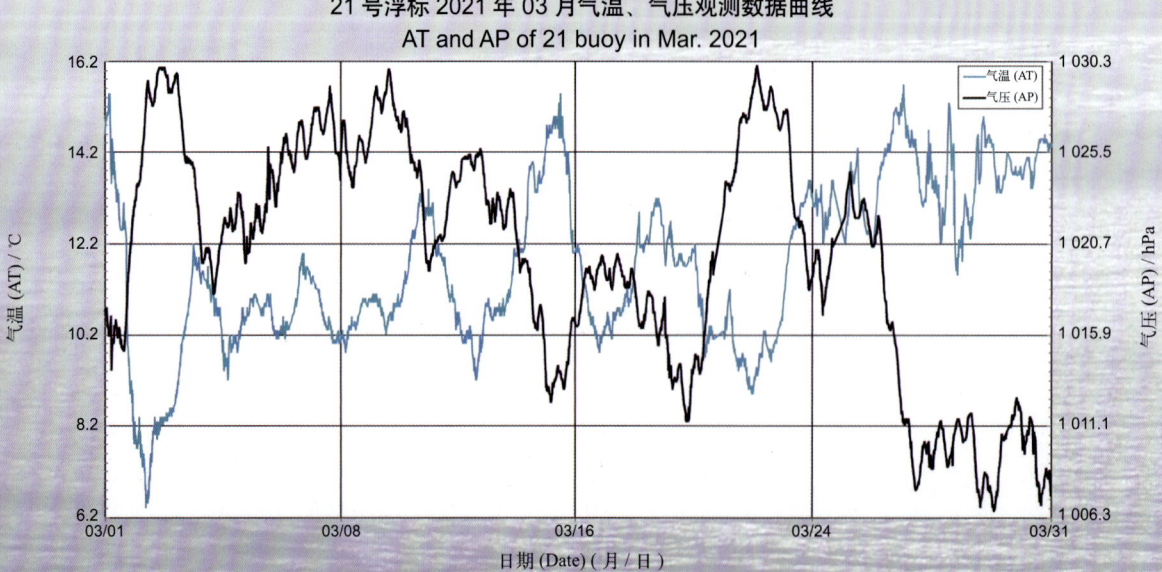

21号浮标2021年03月气温、气压观测数据曲线
AT and AP of 21 buoy in Mar. 2021

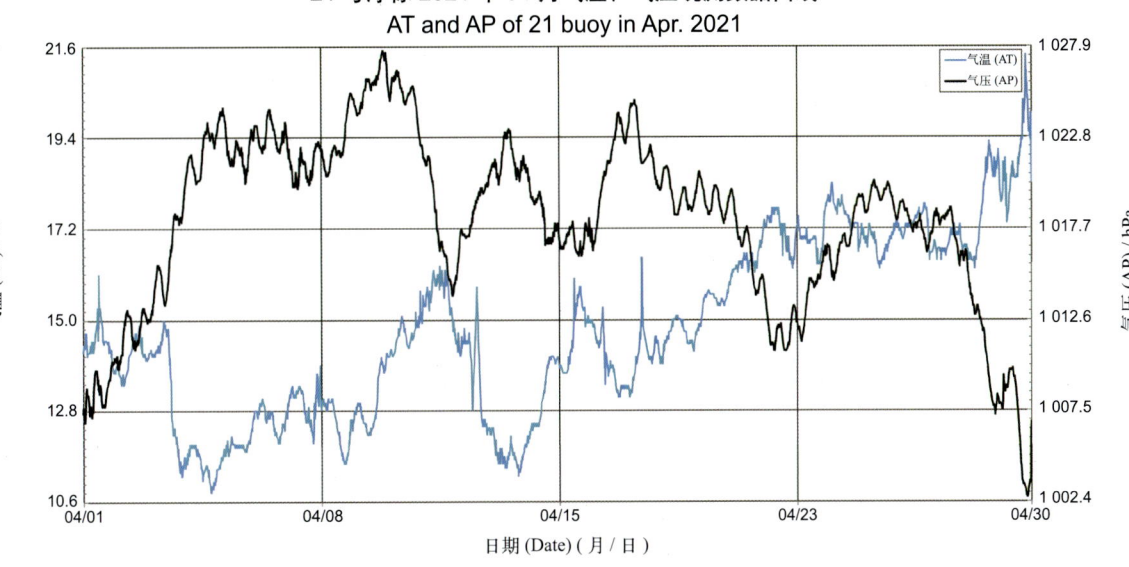

21号浮标2021年04月气温、气压观测数据曲线
AT and AP of 21 buoy in Apr. 2021

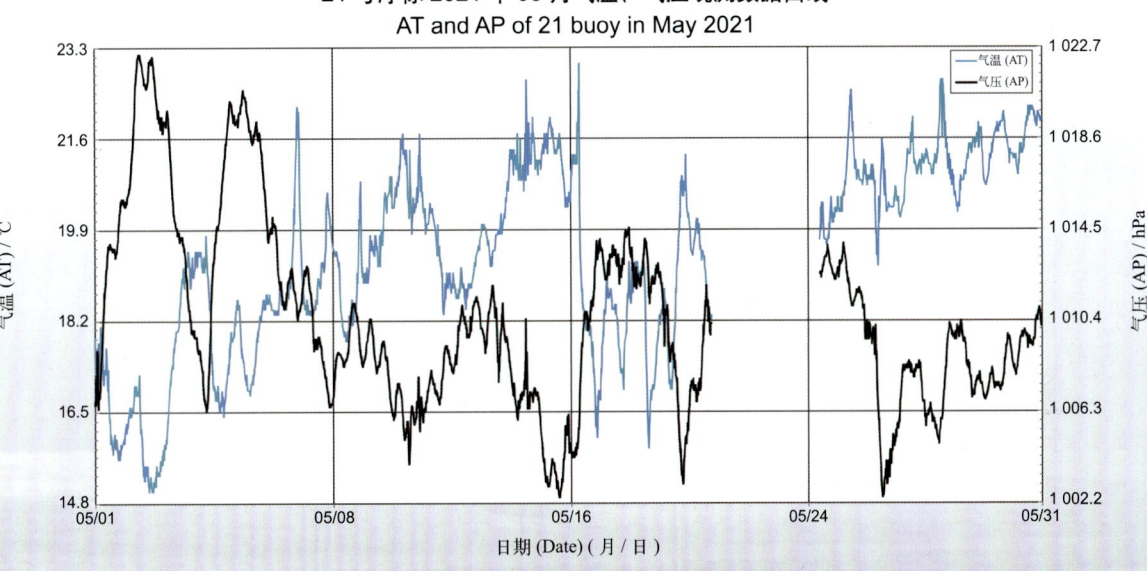

21号浮标2021年05月气温、气压观测数据曲线
AT and AP of 21 buoy in May 2021

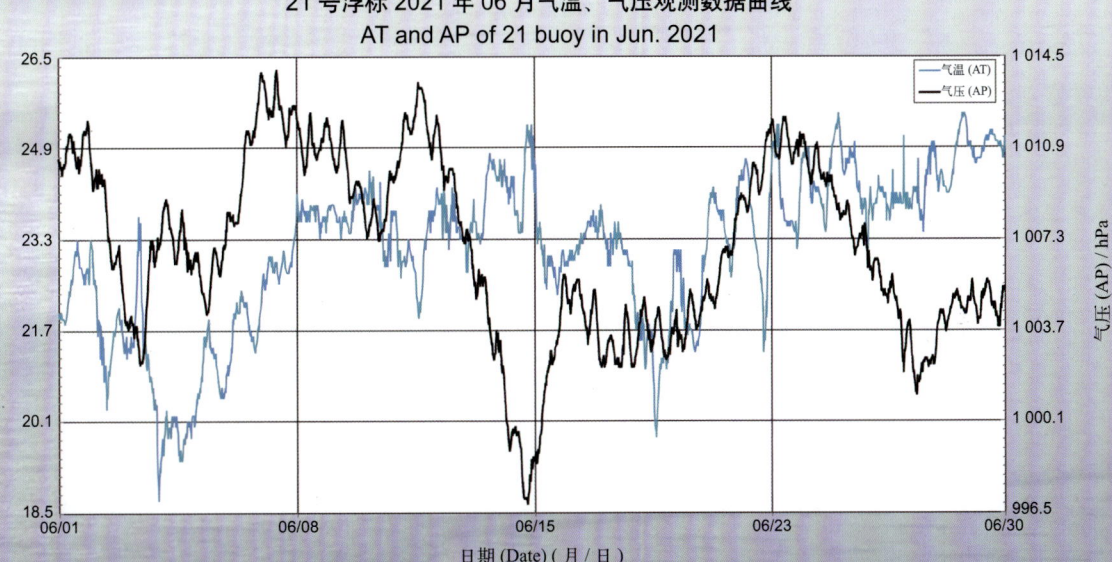

21号浮标2021年06月气温、气压观测数据曲线
AT and AP of 21 buoy in Jun. 2021

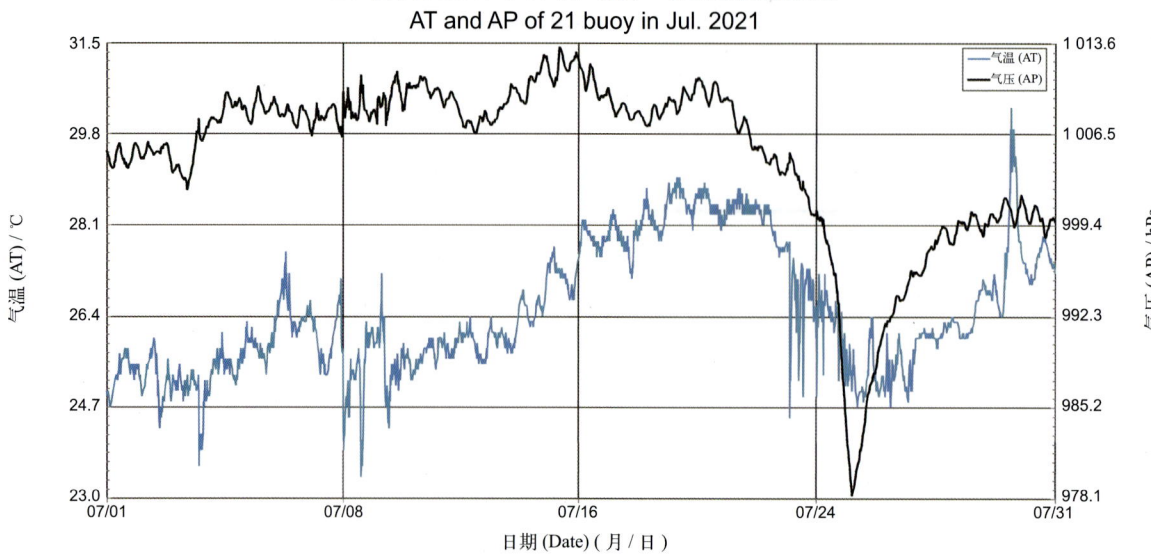

21号浮标2021年07月气温、气压观测数据曲线
AT and AP of 21 buoy in Jul. 2021

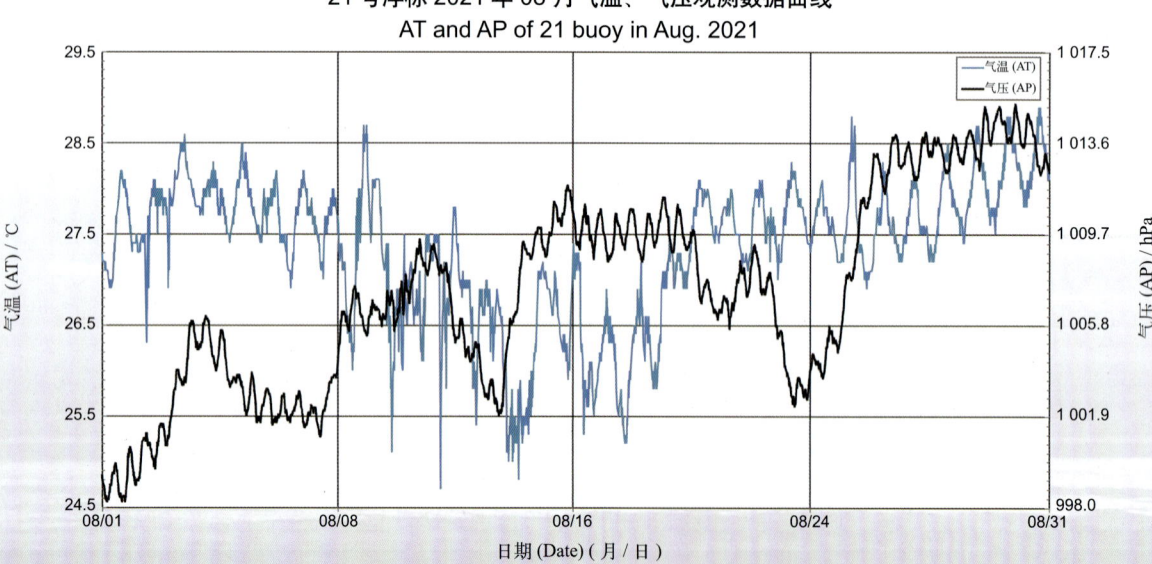

21号浮标2021年08月气温、气压观测数据曲线
AT and AP of 21 buoy in Aug. 2021

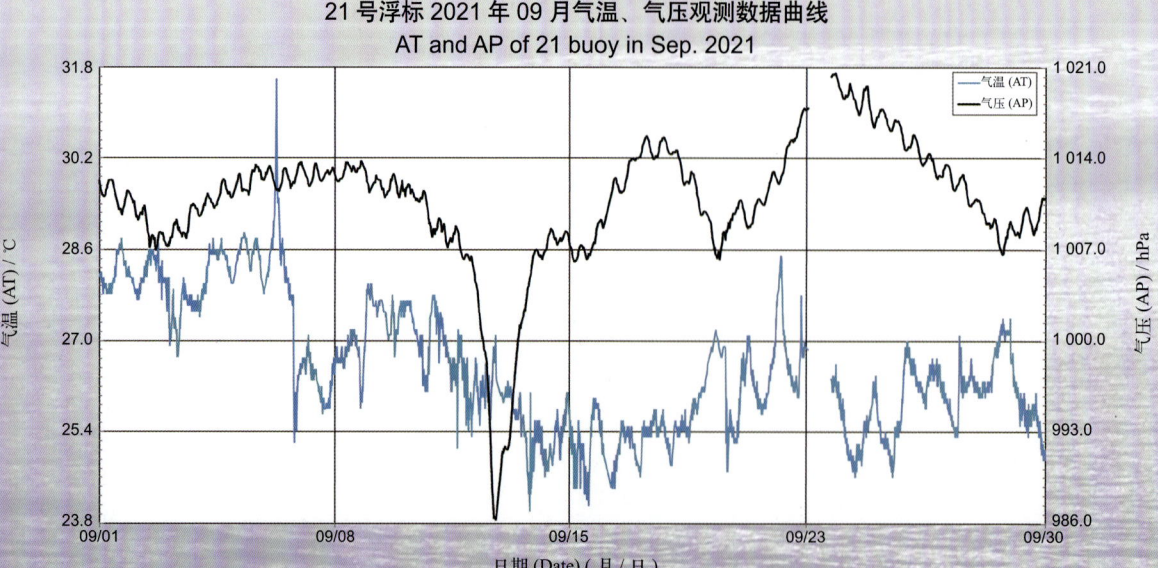

21号浮标2021年09月气温、气压观测数据曲线
AT and AP of 21 buoy in Sep. 2021

21号浮标2021年10月气温、气压观测数据曲线
AT and AP of 21 buoy in Oct. 2021

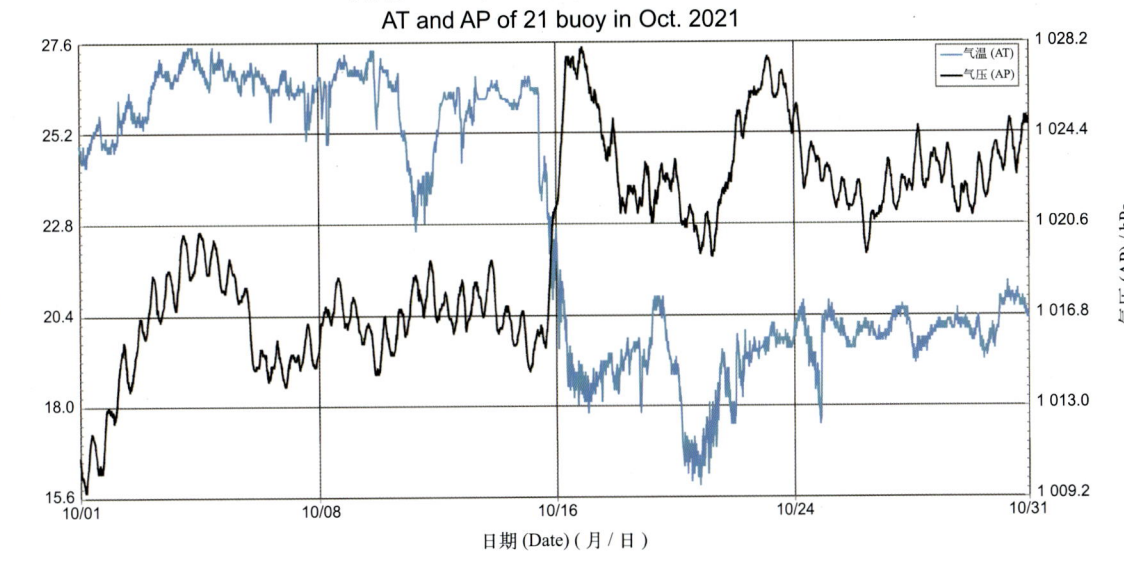

21号浮标2021年11月气温、气压观测数据曲线
AT and AP of 21 buoy in Nov. 2021

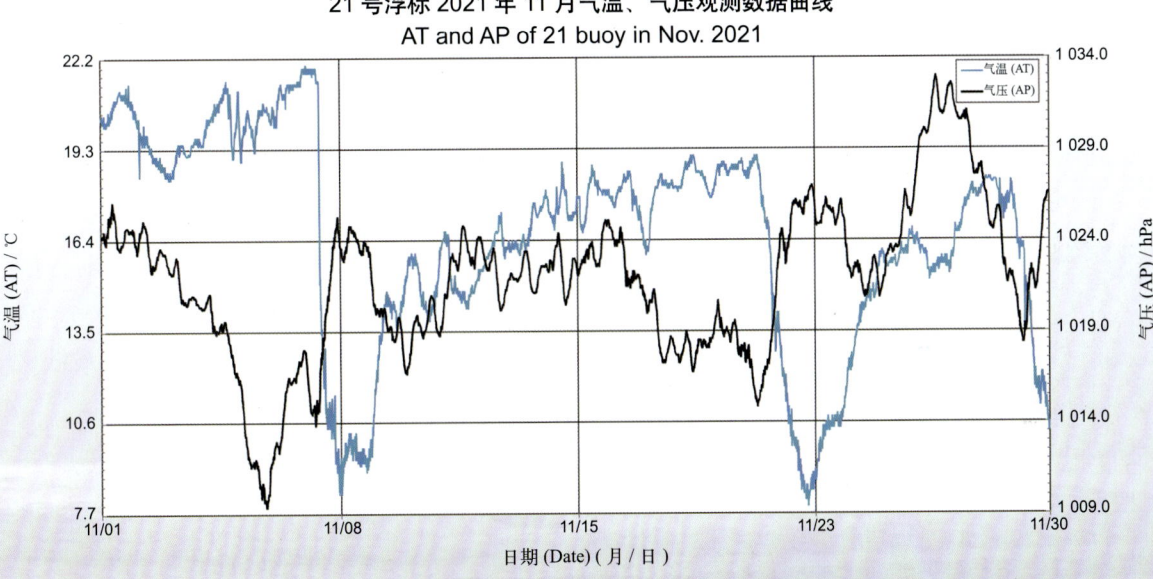

21号浮标2021年12月气温、气压观测数据曲线
AT and AP of 21 buoy in Dec. 2021

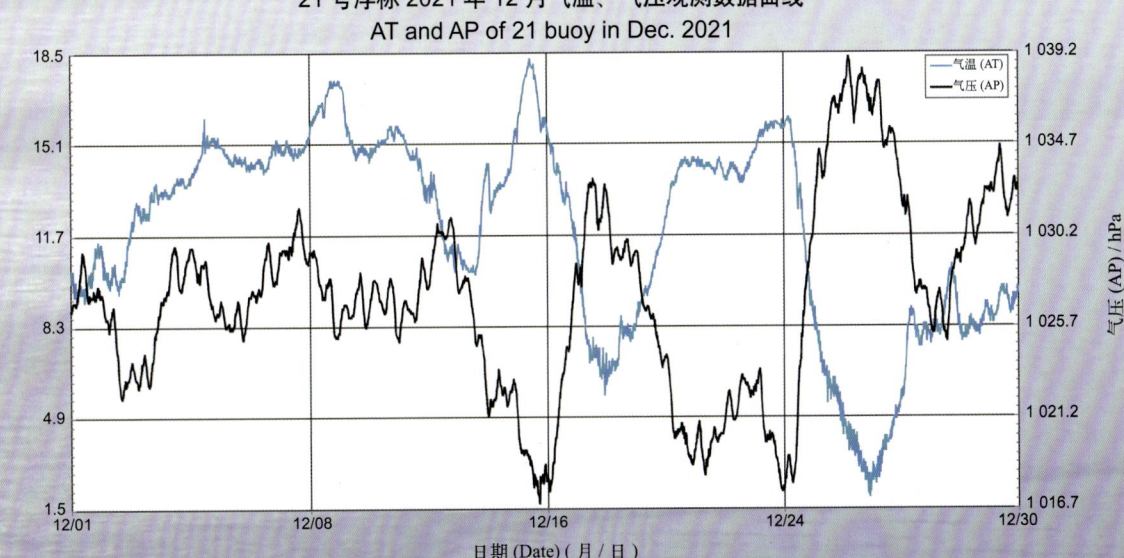

2021年度22号浮标观测数据概述及曲线
(气温和气压)

2021年，22号浮标共获取347天的气温和气压长序列观测数据。获取数据的主要区间共两个时间段，具体为1月14日02:00至5月21日01:40和5月25日08:10至12月31日23:50。通过对获取数据质量控制和分析，22号浮标观测海域2021年度气温、气压数据和季节数据特征如下。

年度气温平均值为18.66℃，年度气压平均值为1 015.65 hPa，测得的年度最高气温和最低气温分别为30.5℃和2.4℃，测得的年度最高气压和最低气压分别为1 038.0 hPa和973.6 hPa。以2月为冬季代表月，观测海域冬季的平均气温是10.50℃，平均气压是1 022.03 hPa；以5月为春季代表月，观测海域春季的平均气温是19.31℃，平均气压是1 010.17 hPa；以8月为夏季代表月，观测海域夏季的平均气温是27.32℃，平均气压是1 006.96 hPa；以11月为秋季代表月，观测海域秋季的平均气温是16.65℃，平均气压是1 021.53 hPa。

2021年，22号浮标观测海域月度气温、气压变化特征与该海域常年季节气候变化特点基本吻合。22号浮标观测海域的气温、气压月平均值、最高值和最低值数据参见表5。

2021年，22号浮标记录到1次寒潮过程和4次台风过程的气温、气压变化。寒潮的具体过程中，12月24日15:00（15.6℃）至12月26日15:00（4.0℃），48 h气温下降了11.6℃，之后最低气温降到2.4℃（12月27日01:10），寒潮期间气压最高值为1 038.0 hPa（12月26日10:10）。第一次台风过程，7月24—26日，22号浮标获取到了第6号台风"烟花"的相关数据，获取到的最低气压为973.6 hPa（7月25日09:10）。第二次台风过程，8月6—9日，22号浮标获取到了第9号台风"卢碧"的相关数据，获取到的最低气压为1 000.0 hPa（8月8日04:50）。第三次台风过程，8月22—25日，22号浮标获取到了第12号台风"奥麦斯"的相关数据，获取到的最低气压为1 002.1 hPa（8月23日17:50）。第四次台风过程，9月12—14日，22号浮标获取到了第14号台风"灿都"的相关数据，获取到的最低气压为983.1 hPa（9月13日13:50）。

表5　22号浮标各月份气温、气压观测数据

月份	气温 / ℃			气压 / hPa			备注
	平均	最高	最低	平均	最高	最低	
1	9.63	13.9	3.7	1 024.00	1 034.8	1 014.5	缺测 13 天数据
2	10.50	16.1	4.5	1 022.03	1 032.1	1 011.0	
3	12.00	16.2	6.9	1 019.82	1 030.7	1 005.9	
4	14.82	22.0	10.8	1 017.98	1 027.8	1 002.9	
5	19.31	22.4	14.9	1 010.17	1 022.1	1 001.6	缺测 3 天数据
6	23.27	26.6	18.9	1 006.45	1 013.7	996.5	
7	26.35	30.5	22.9	1 004.57	1 013.2	973.6	缺测 1 天数据，记录 1 次台风
8	27.32	29.7	24.4	1 006.96	1 015.30	997.8	记录 2 次台风
9	26.35	29.6	22.4	1 010.90	1 020.3	983.1	记录 1 次台风
10	22.57	27.6	15.8	1 019.23	1 027.5	1 008.9	
11	16.65	21.9	8.7	1 021.53	1 032.6	1 007.8	缺测 1 天数据
12	12.06	18.2	2.4	1 026.64	1 038.0	1 016.4	记录 1 次寒潮

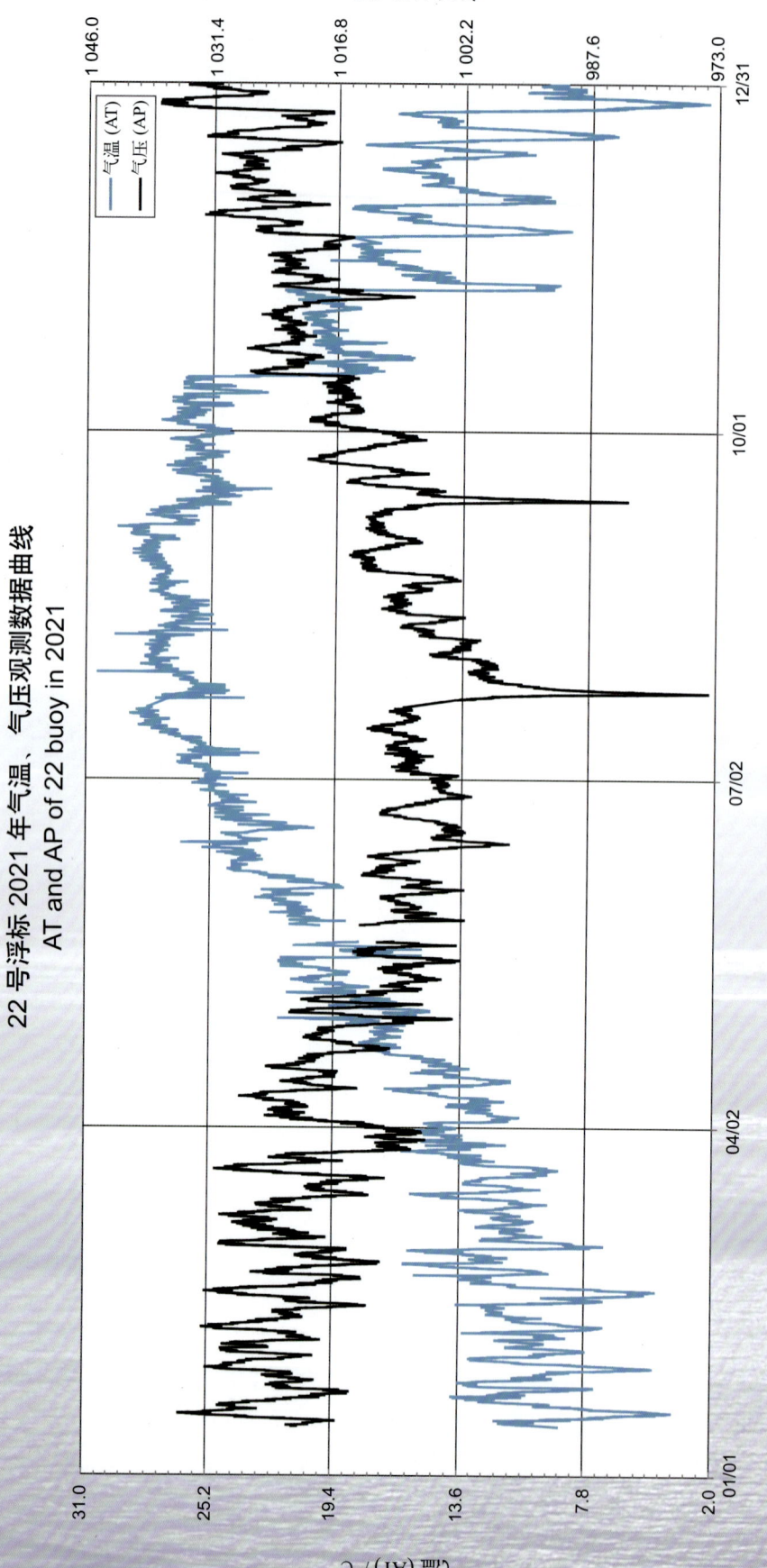

22号浮标2021年气温、气压观测数据曲线
AT and AP of 22 buoy in 2021

22号浮标 2021 年 01 月气温、气压观测数据曲线
AT and AP of 22 buoy in Jan. 2021

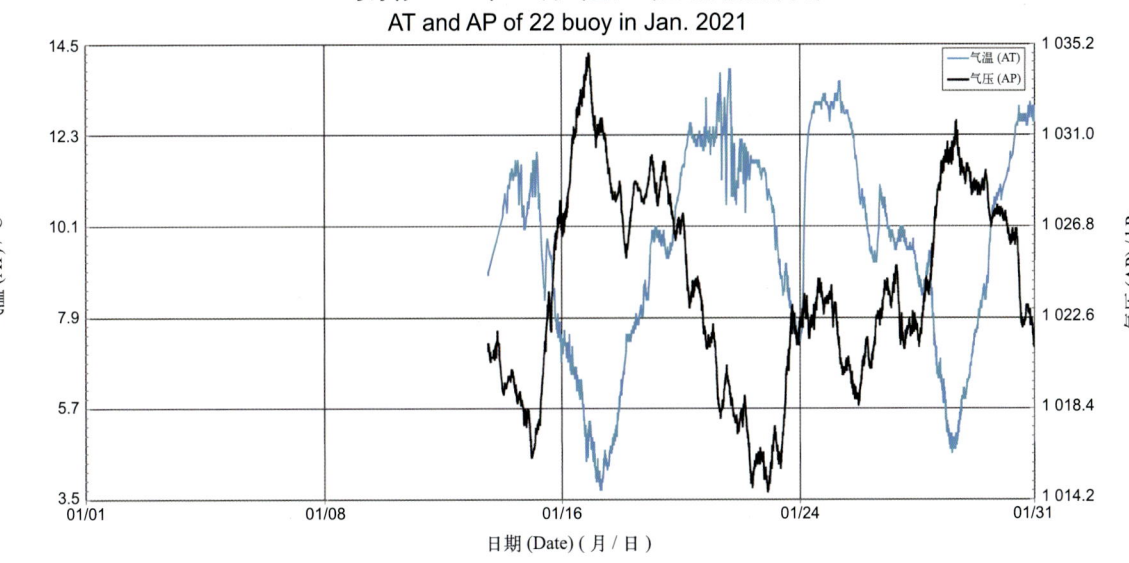

22号浮标 2021 年 02 月气温、气压观测数据曲线
AT and AP of 22 buoy in Feb. 2021

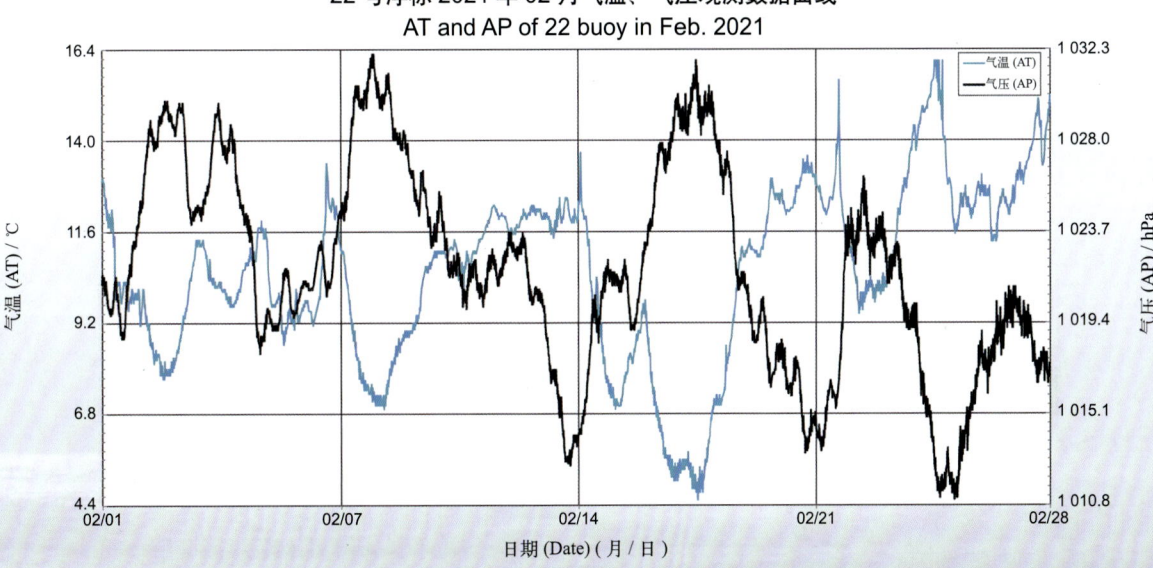

22号浮标 2021 年 03 月气温、气压观测数据曲线
AT and AP of 22 buoy in Mar. 2021

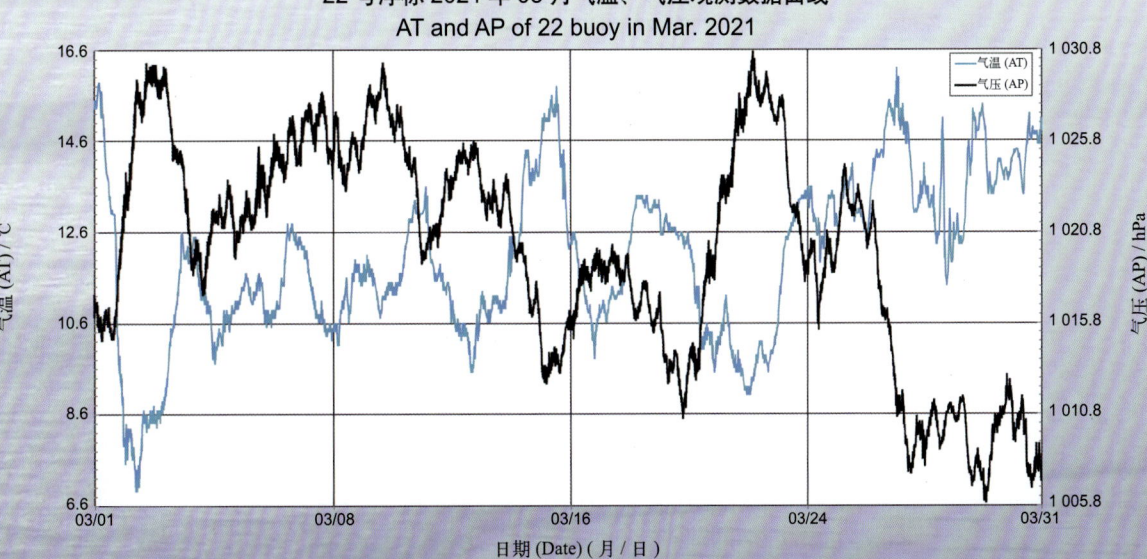

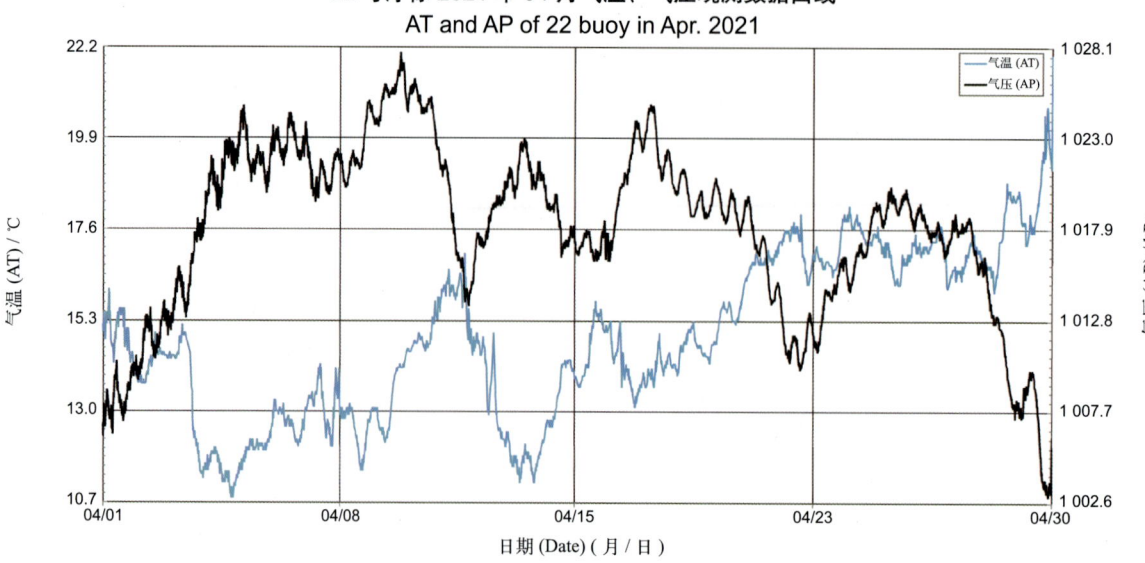

22号浮标2021年04月气温、气压观测数据曲线
AT and AP of 22 buoy in Apr. 2021

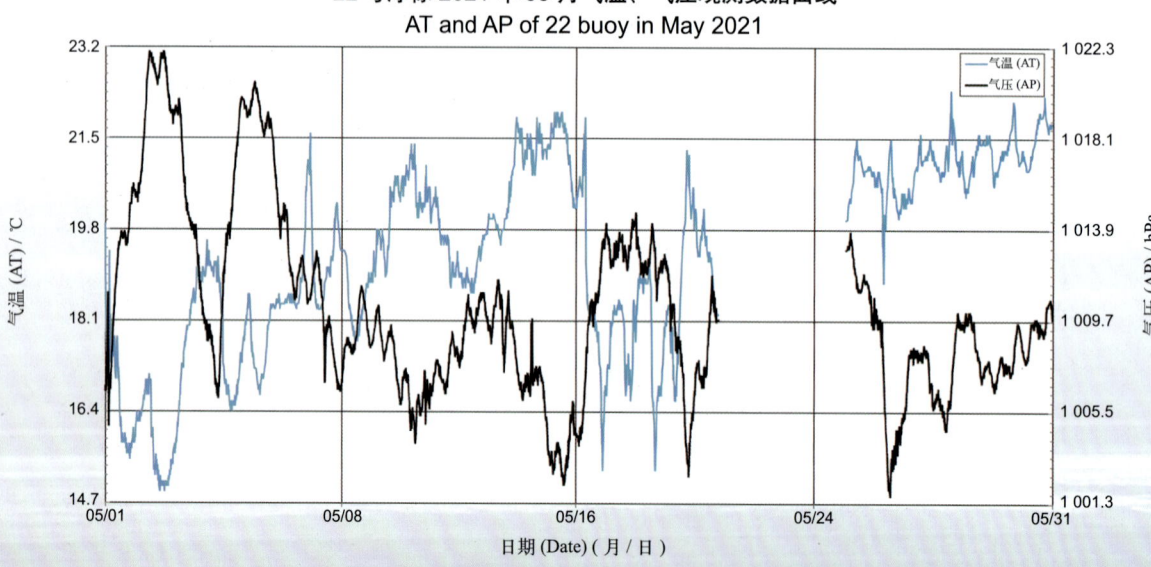

22号浮标2021年05月气温、气压观测数据曲线
AT and AP of 22 buoy in May 2021

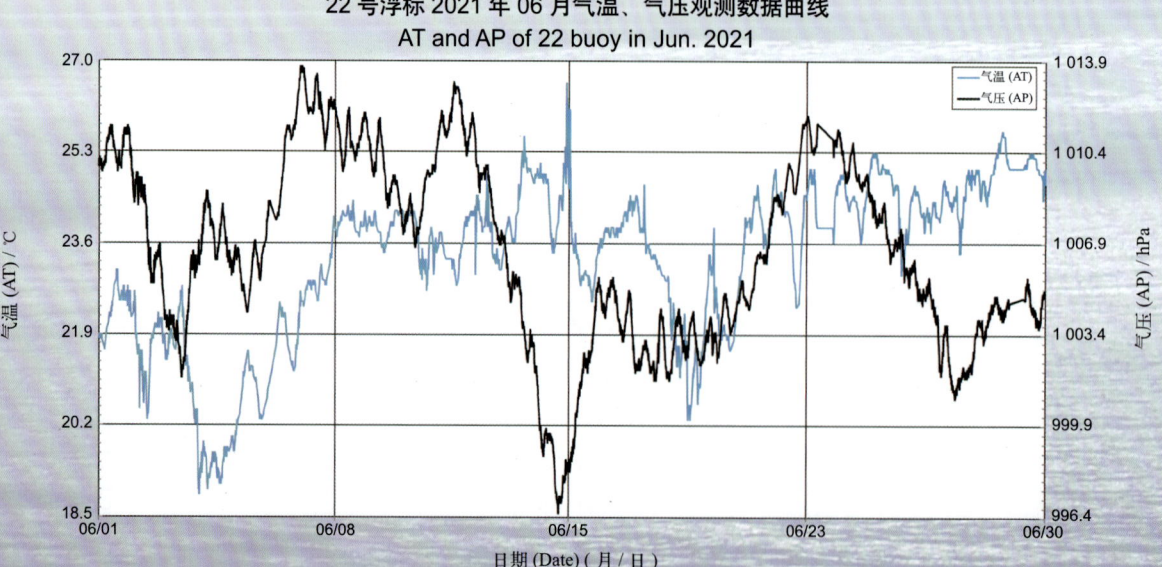

22号浮标2021年06月气温、气压观测数据曲线
AT and AP of 22 buoy in Jun. 2021

22号浮标2021年07月气温、气压观测数据曲线
AT and AP of 22 buoy in Jul. 2021

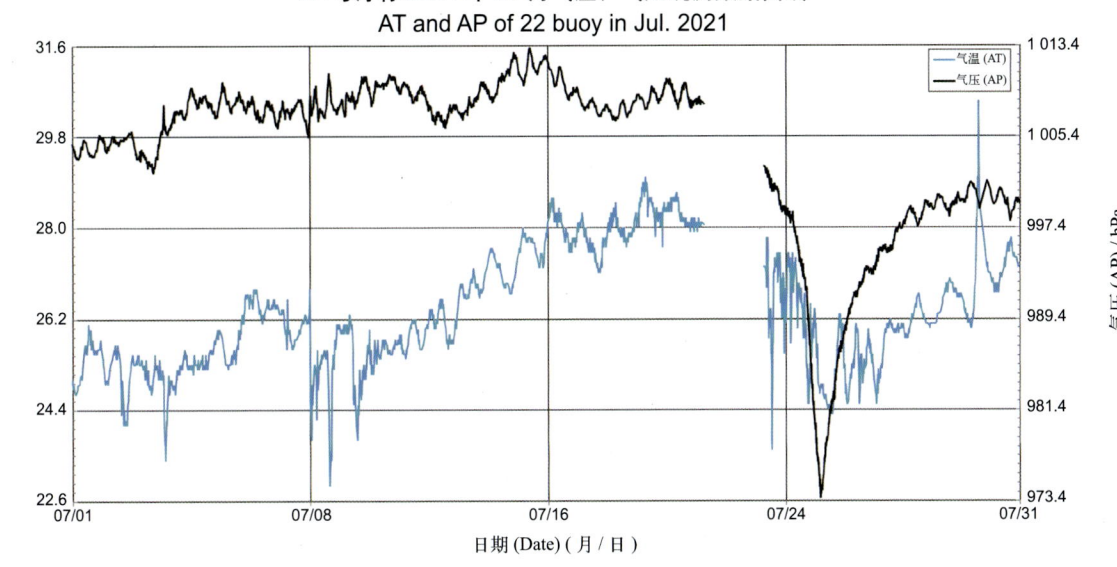

22号浮标2021年08月气温、气压观测数据曲线
AT and AP of 22 buoy in Aug. 2021

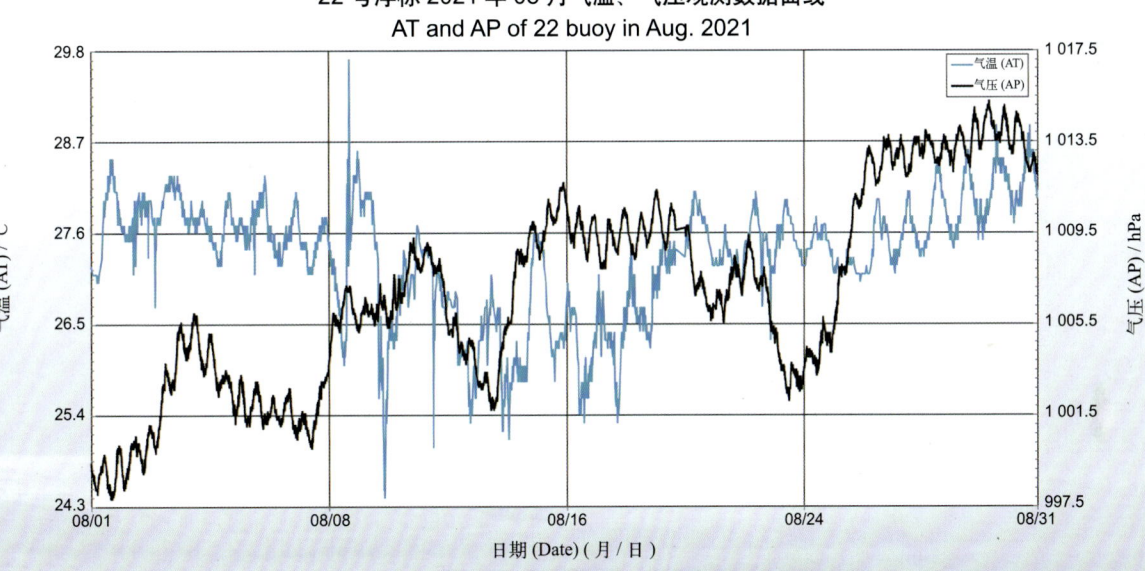

22号浮标2021年09月气温、气压观测数据曲线
AT and AP of 22 buoy in Sep. 2021

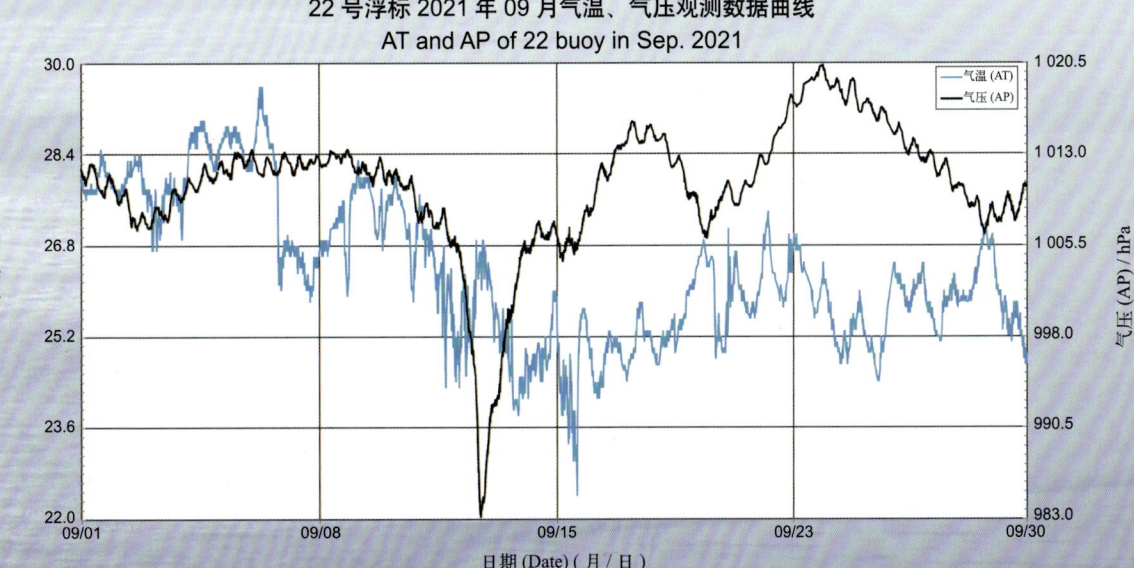

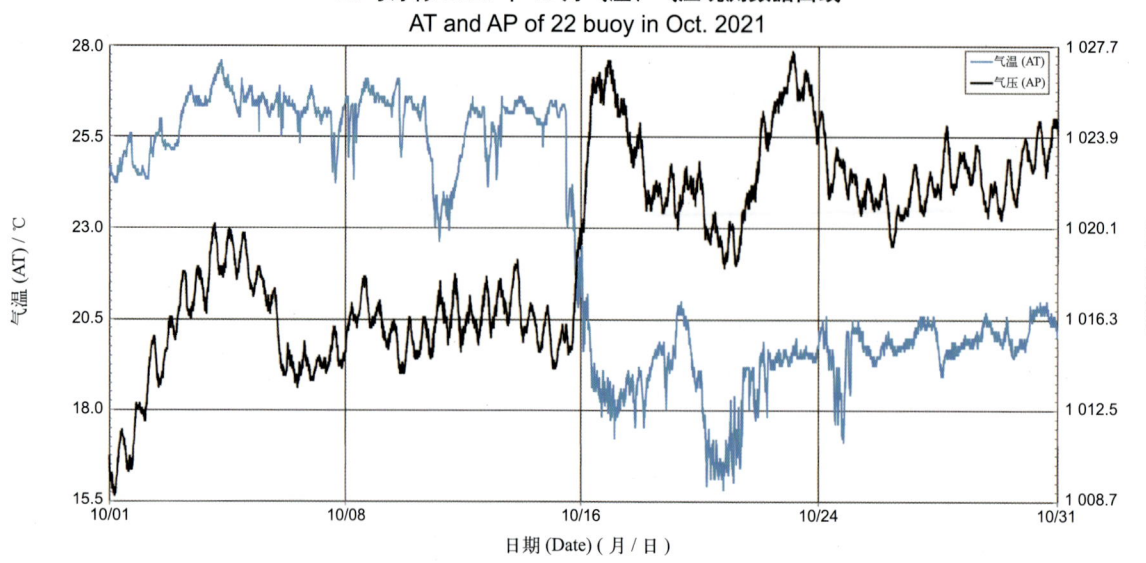

22号浮标2021年10月气温、气压观测数据曲线
AT and AP of 22 buoy in Oct. 2021

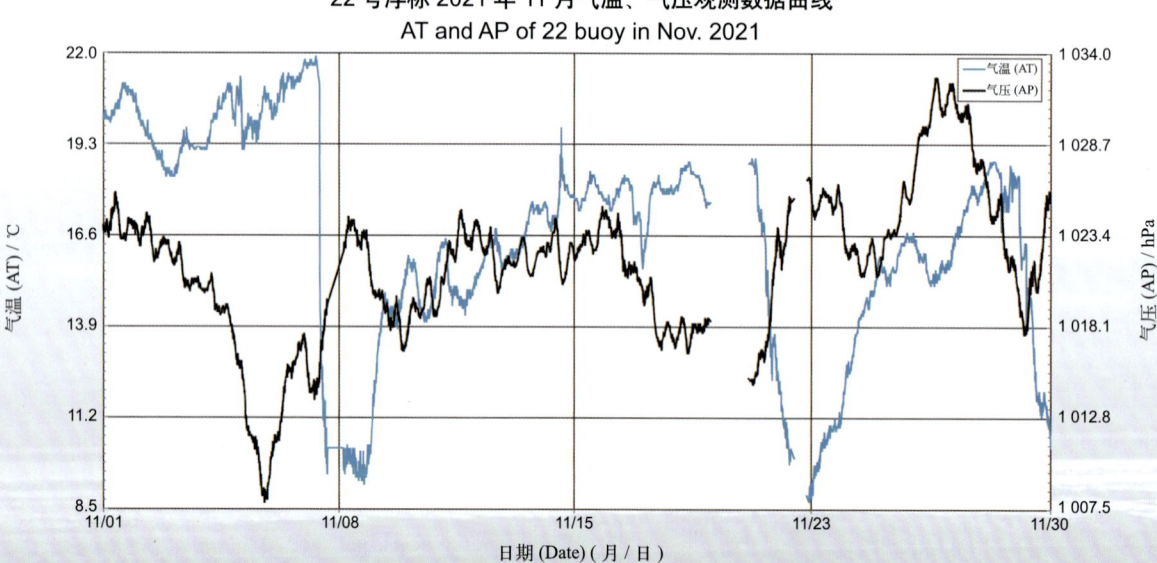

22号浮标2021年11月气温、气压观测数据曲线
AT and AP of 22 buoy in Nov. 2021

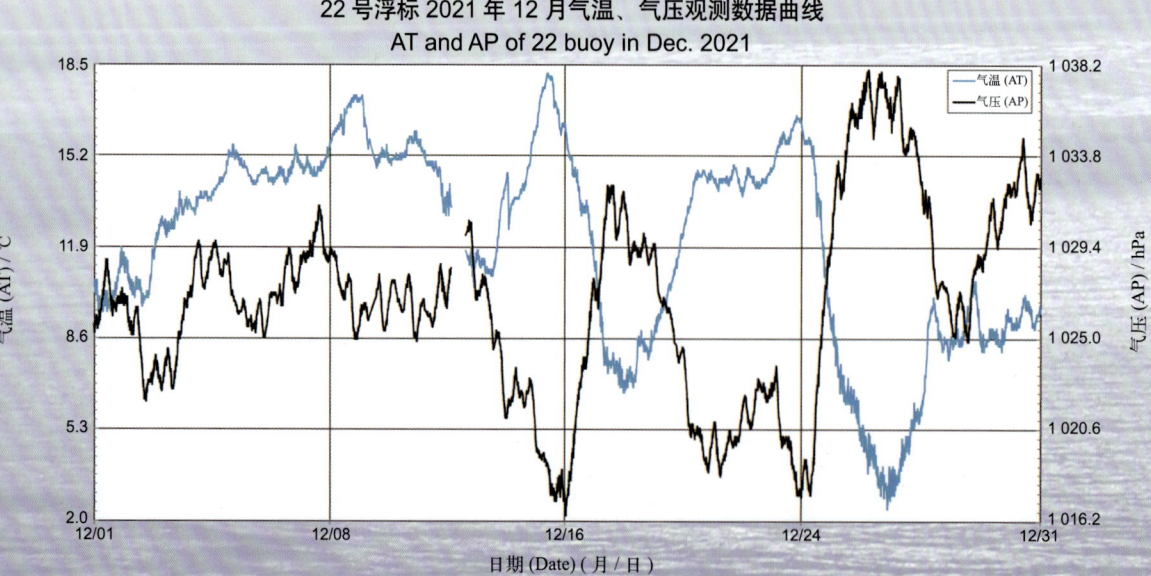

22号浮标2021年12月气温、气压观测数据曲线
AT and AP of 22 buoy in Dec. 2021

2021年度 23 号浮标观测数据概述及曲线
(气温和气压)

2021年，23号浮标共获取250天的气温和气压长序列观测数据。获取数据的主要区间为4月26日10:30至12月31日23:50。通过对获取数据质量控制和分析，23号浮标观测海域2021年度气温、气压数据和季节数据特征如下。

年度气温平均值为18.76℃，年度气压平均值为1 012.30 hPa，测得的年度最高气温和最低气温分别为29.5℃和−9.3℃，测得的年度最高气压和最低气压分别为1 044.0 hPa和992.3 hPa。以5月为春季代表月，观测海域春季的平均气温是14.89℃，平均气压是1 007.30 hPa；以8月为夏季代表月，观测海域夏季的平均气温是25.43℃，平均气压是1 007.58 hPa；以11月为秋季代表月，观测海域秋季的平均气温是9.37℃，平均气压是1 021.10 hPa。

2021年，23号浮标观测海域月度气温、气压变化特征与该海域常年季节气候变化特点基本吻合。23号浮标观测海域的气温、气压月平均值、最高值和最低值数据参见表6。

2021年，23号浮标记录到1次寒潮过程和1次台风过程的气温、气压变化。寒潮的具体过程中，11月6日12:30（15.6℃）至11月7日12:30（−0.7℃），24 h气温下降了16.3℃，之后最低气温降到−1.9℃（11月7日20:10），寒潮期间气压最高值为1 028.2 hPa（11月6日22:40）。台风的具体过程中，7月28—31日，23号浮标获取到了第6号台风"烟花"的相关数据，获取到的最低气压为992.3 hPa（7月30日17:10）。

表6 23号浮标各月份气温、气压观测数据

月份	气温/℃			气压/hPa			备注
	平均	最高	最低	平均	最高	最低	
1	—	—	—	—	—	—	缺测数据
2	—	—	—	—	—	—	缺测数据
3	—	—	—	—	—	—	缺测数据
4	—	—	—	—	—	—	缺测数据
5	14.89	22.8	9.6	1 007.30	1 022.2	994.3	
6	20.28	29.5	14.5	1 005.34	1 013.7	993.7	
7	25.26	29.0	21.1	1 005.16	1 013.7	992.3	记录1次台风
8	25.43	28.2	21.1	1 007.58	1 016.7	995.8	
9	23.03	26.8	16.1	1 012.89	1 022.7	994.1	
10	15.27	23.5	6.9	1 023.20	1 038.5	1 007.7	
11	9.37	15.9	−1.0	1 021.10	1 034.9	1 011.3	记录1次寒潮
12	3.35	8.8	−9.3	1 026.86	1 044.0	1 011.1	

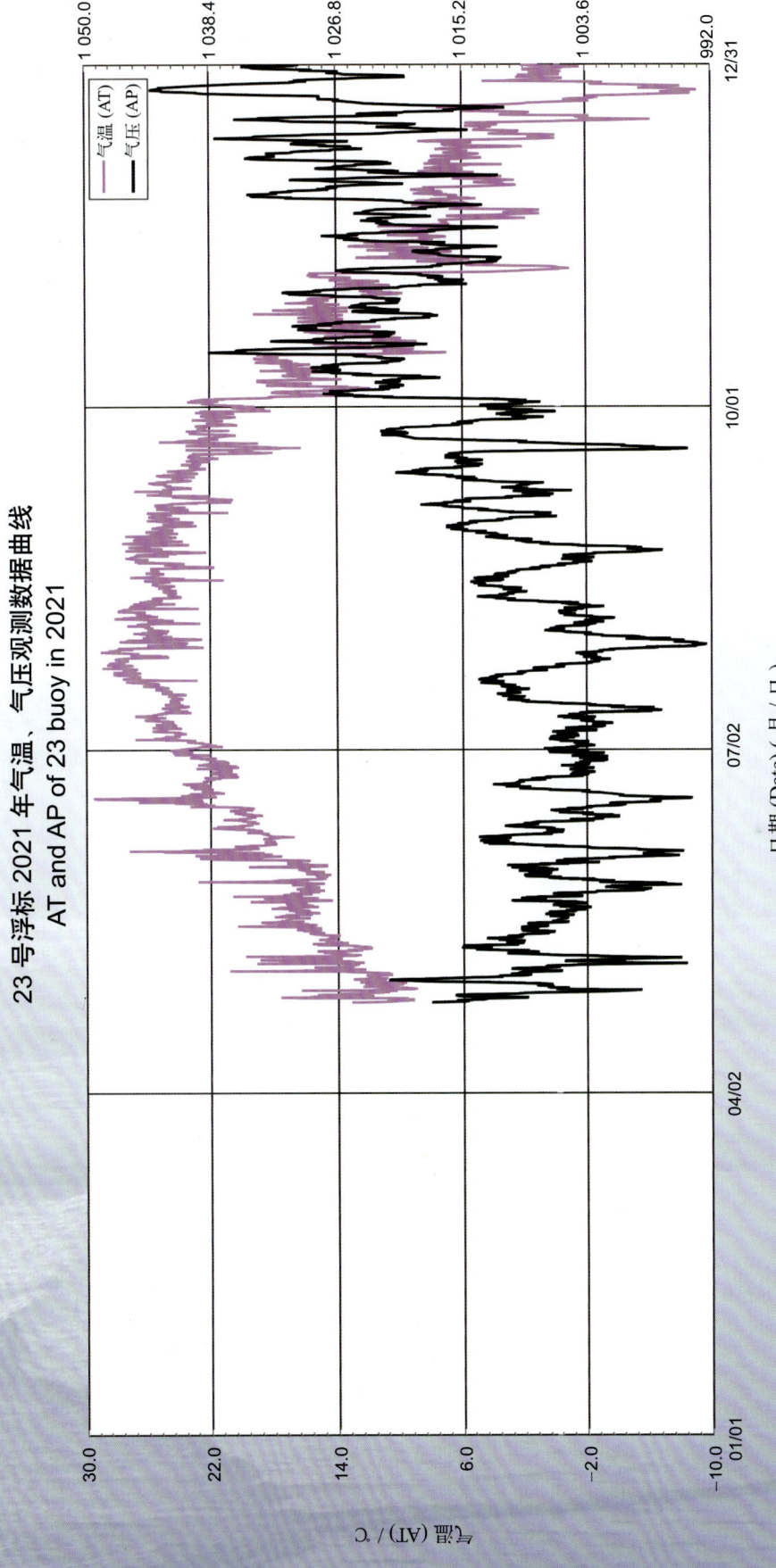

23号浮标2021年气温、气压观测数据曲线
AT and AP of 23 buoy in 2021

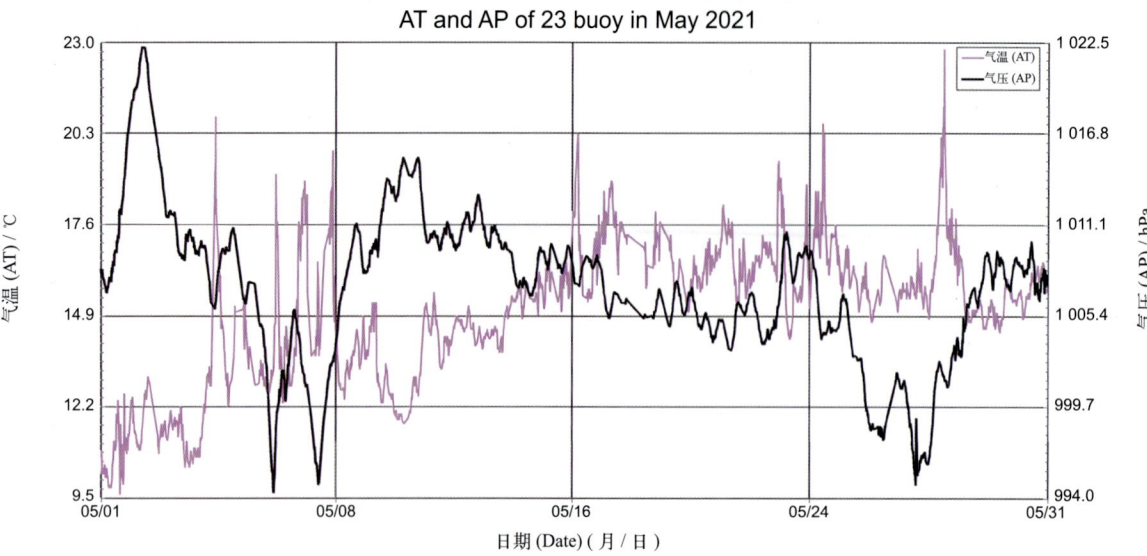

23号浮标2021年05月气温、气压观测数据曲线
AT and AP of 23 buoy in May 2021

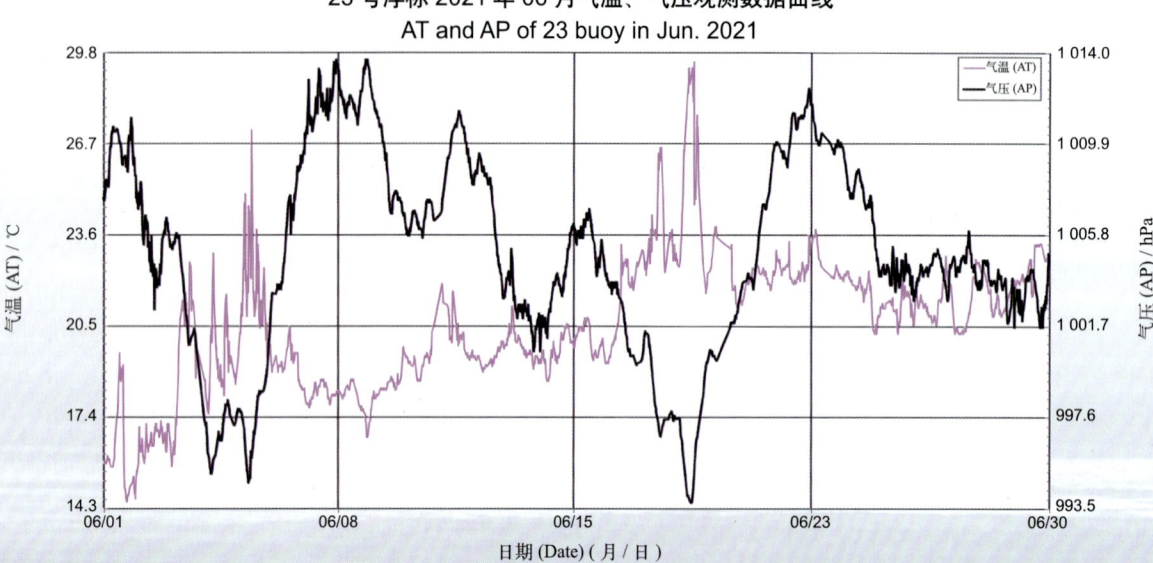

23号浮标2021年06月气温、气压观测数据曲线
AT and AP of 23 buoy in Jun. 2021

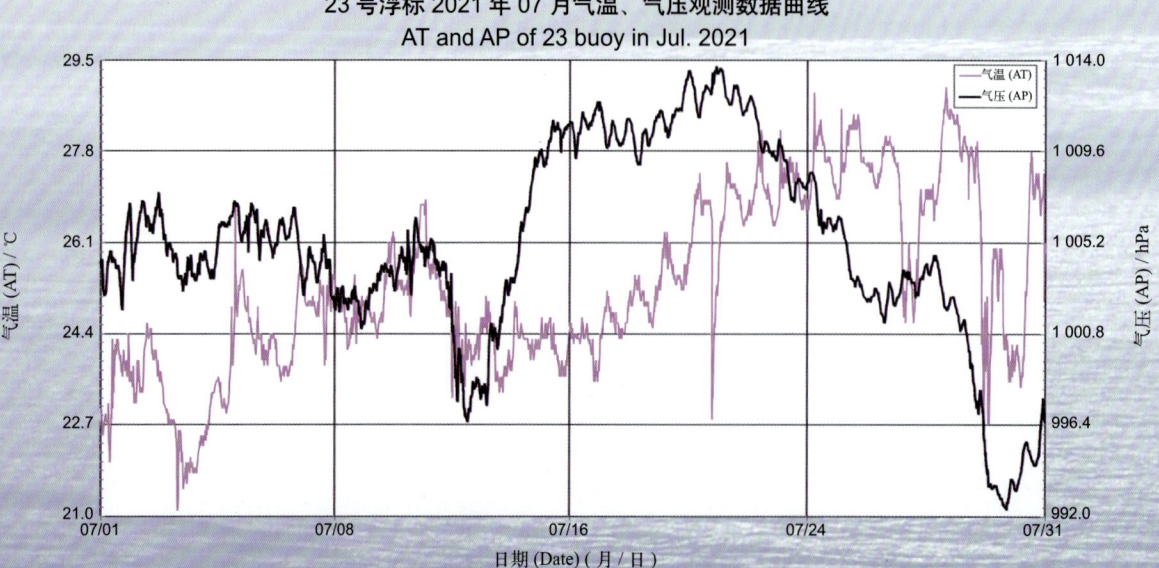

23号浮标2021年07月气温、气压观测数据曲线
AT and AP of 23 buoy in Jul. 2021

23号浮标2021年08月气温、气压观测数据曲线
AT and AP of 23 buoy in Aug. 2021

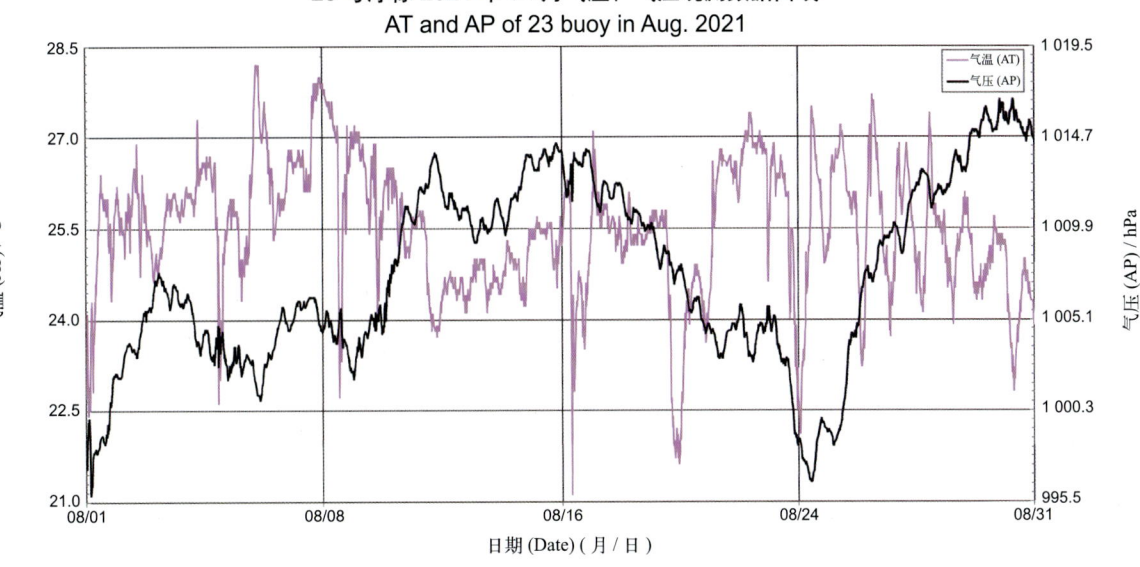

23号浮标2021年09月气温、气压观测数据曲线
AT and AP of 23 buoy in Sep. 2021

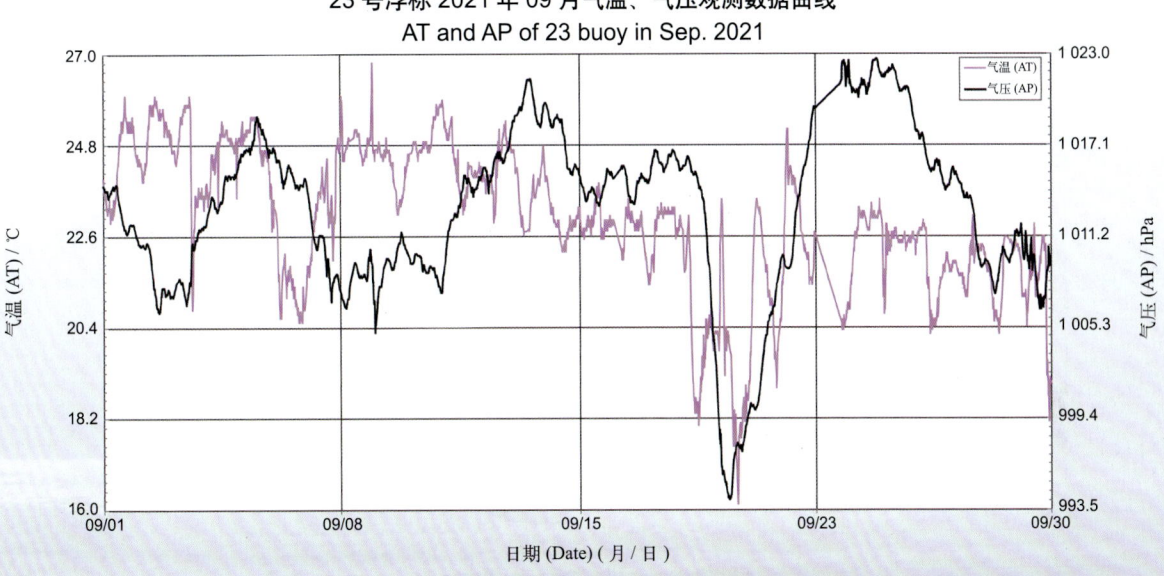

23号浮标2021年10月气温、气压观测数据曲线
AT and AP of 23 buoy in Oct. 2021

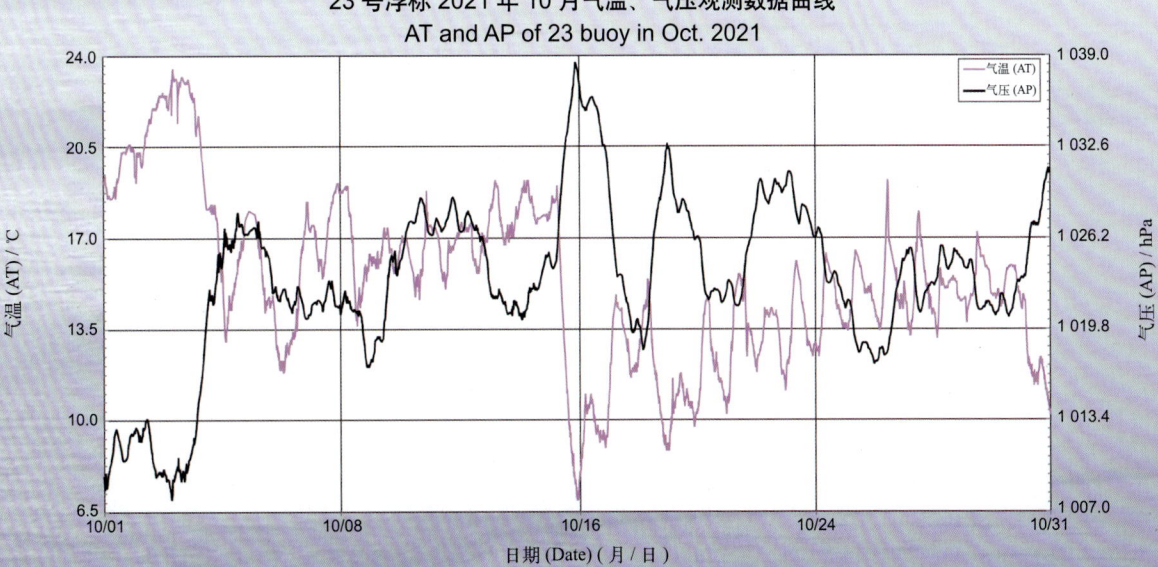

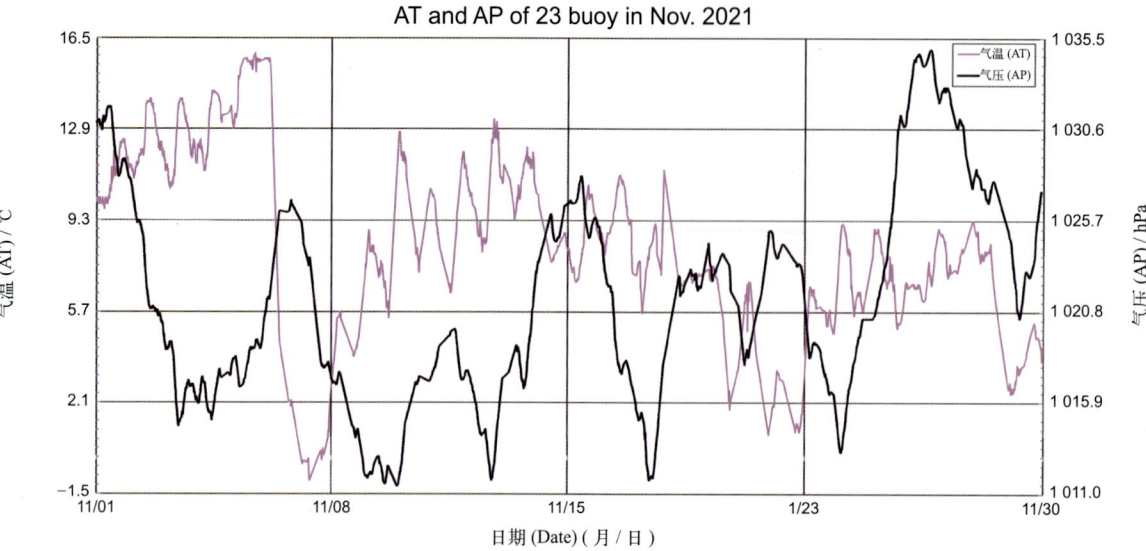

23号浮标2021年11月气温、气压观测数据曲线
AT and AP of 23 buoy in Nov. 2021

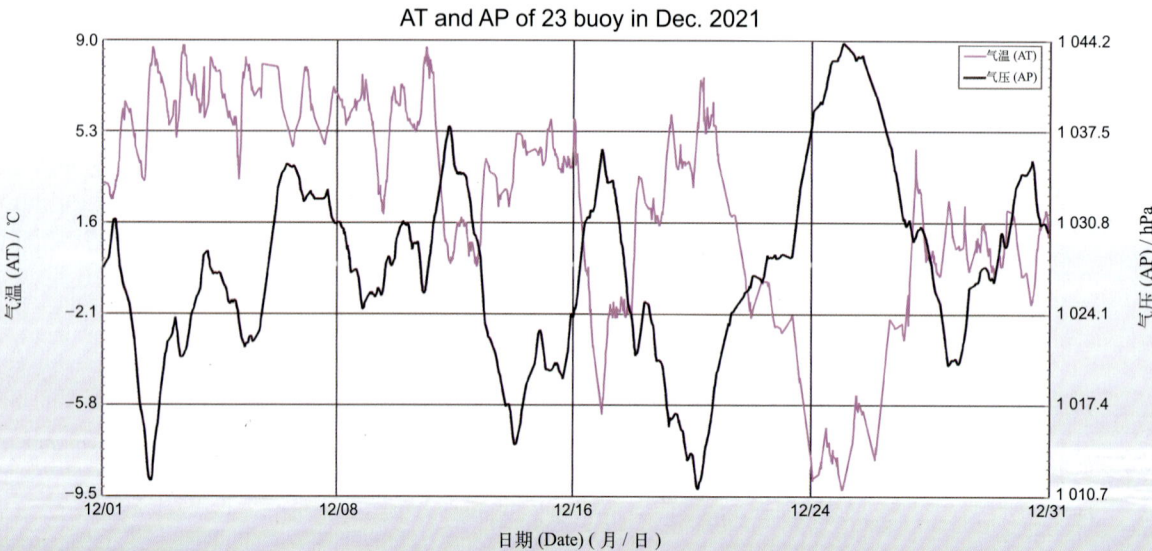

23号浮标2021年12月气温、气压观测数据曲线
AT and AP of 23 buoy in Dec. 2021

2021年度06号浮标观测数据概述及玫瑰图
(风速和风向)

2021年，06号浮标共获取345天的风速和风向长序列观测数据。获取数据的主要区间共两个时间段，具体为1月1日00:00至4月21日16:00和5月12日22:00至12月31日23:50。通过对获取数据质量控制和分析，06号浮标观测海域2021年度风速、风向数据和季节数据特征如下。

年度最大风速为41.7 m/s（9月13日），对应风向为322°。2021年，06号浮标记录到的6级以上大风日数总计93天，其中6级以上大风日数最多的月份为1月（15天），参见表7。观测海域冬季代表月（2月）的6级以上大风日数为10天，大风主要风向为NW；观测海域春季代表月（5月）的6级以上大风日数为2天，大风主要风向为SSW；观测海域夏季代表月（8月）的6级以上大风日数为6天，大风主要风向为ESE；观测海域秋季代表月（11月）的6级以上大风日数为11天，大风主要风向为W。

表7　06号浮标各月份6级以上大风日数及主要风向观测数据

月份	6级以上大风日数	6级以上大风主要风向	备注
1	15	NW	记录1次寒潮
2	10	NW	
3	6	NW	
4	4	NW	缺测9天数据
5	2	SSW	缺测11天数据
6	2	SE	
7	13	ESE	记录1次台风
8	6	ESE	记录2次台风
9	7	WNW	记录1次台风
10	7	NNW	
11	11	W	
12	10	WNW	记录1次寒潮

2021年，06号浮标记录到2次寒潮过程和4次台风过程的风速、风向变化。第一次寒潮过程，1月6—9日，获取到的最大风速为17.9 m/s（1月7日10:30），对应风向为304°，寒潮影响期间的主要风向为NW。第二次寒潮过程，12月24—26日，获取到的最大风速为15.7 m/s（12月25日00:30），对应风向为322°，寒潮影响期间的主要风向为NW。第一次台风过程，7月24—26日，受第6号台风"烟花"的影响，获取到的最大风速为26.2 m/s（7月25日10:30），对应风向为75°，台风影响期间的主要风向为E。第二次台风过程，8月6—9日，受第9号台风"卢碧"的影响，获取到的最大风速为10.5 m/s（8月8日08:00），对应风向为359°，台风影响期间的主要风向为N。第三次台风过程，8月22—25日，受第12号台风"奥麦斯"的影响，获取到的最大风速为12.7 m/s（8月24日01:00），对应风向为81°，台风影响期间的主要风向为E。第四次台风过程，9月12—14日，受第14号台风"灿都"的影响，获取到的最大风速为41.7 m/s（9月13日15:00），对应风向为322°，台风影响期间的主要风向为ESE。

06号浮标2021年风速、风向观测数据玫瑰图
WS and WD of 06 buoy in 2021

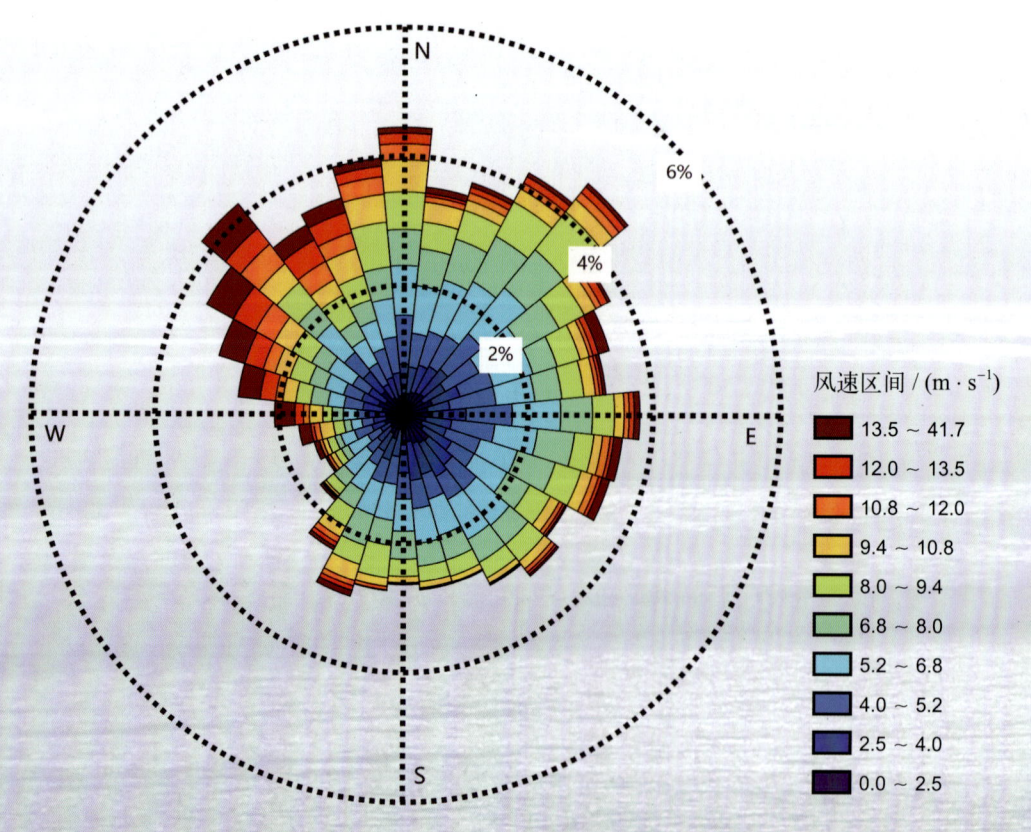

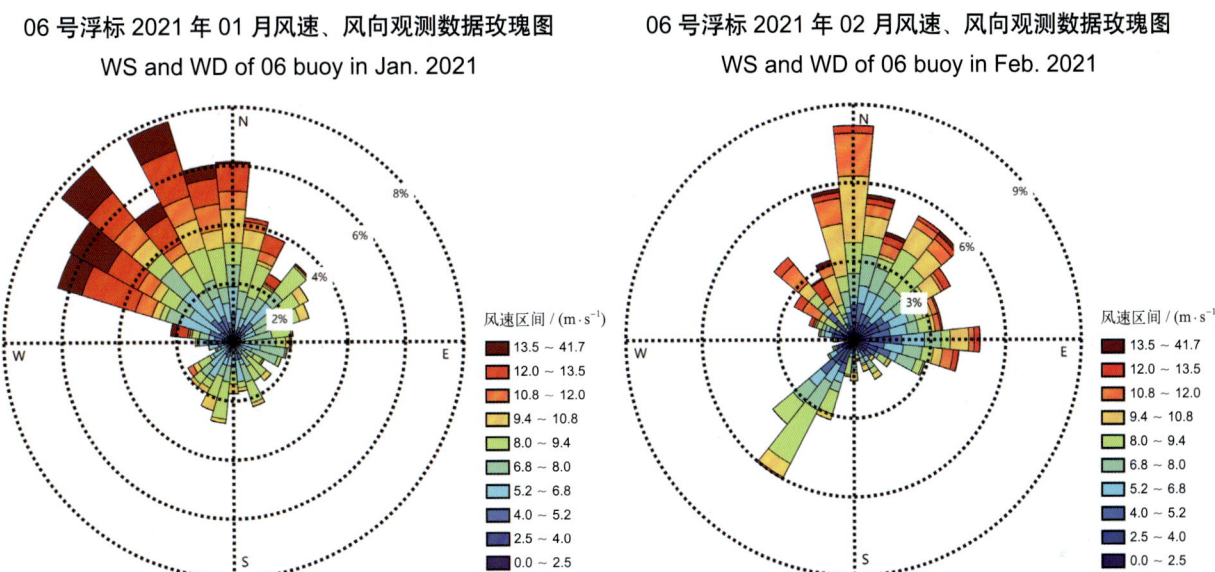

06号浮标2021年01月风速、风向观测数据玫瑰图
WS and WD of 06 buoy in Jan. 2021

06号浮标2021年02月风速、风向观测数据玫瑰图
WS and WD of 06 buoy in Feb. 2021

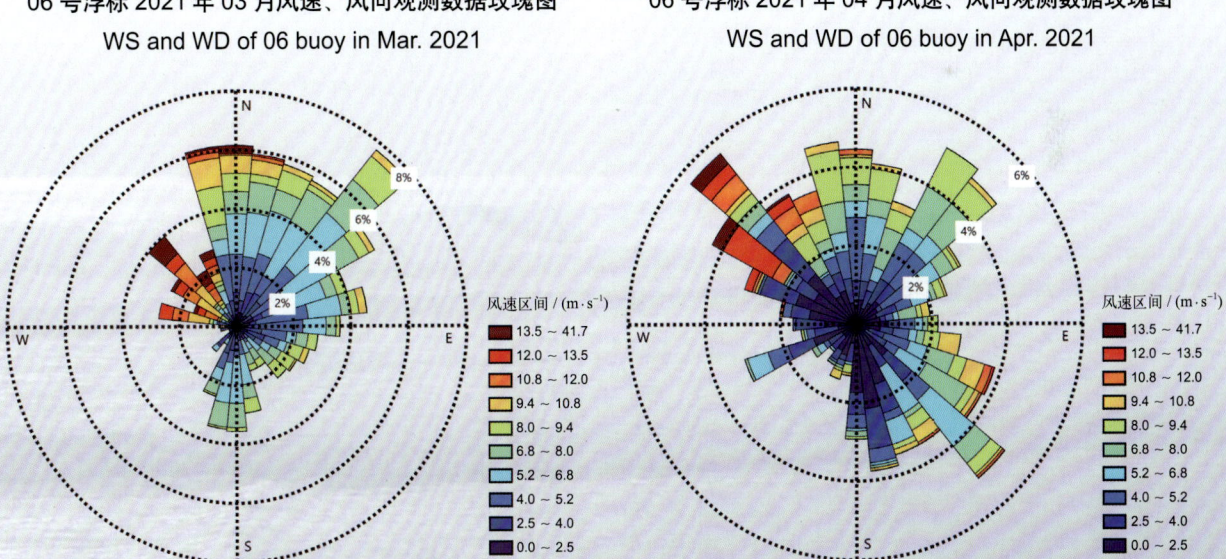

06号浮标2021年03月风速、风向观测数据玫瑰图
WS and WD of 06 buoy in Mar. 2021

06号浮标2021年04月风速、风向观测数据玫瑰图
WS and WD of 06 buoy in Apr. 2021

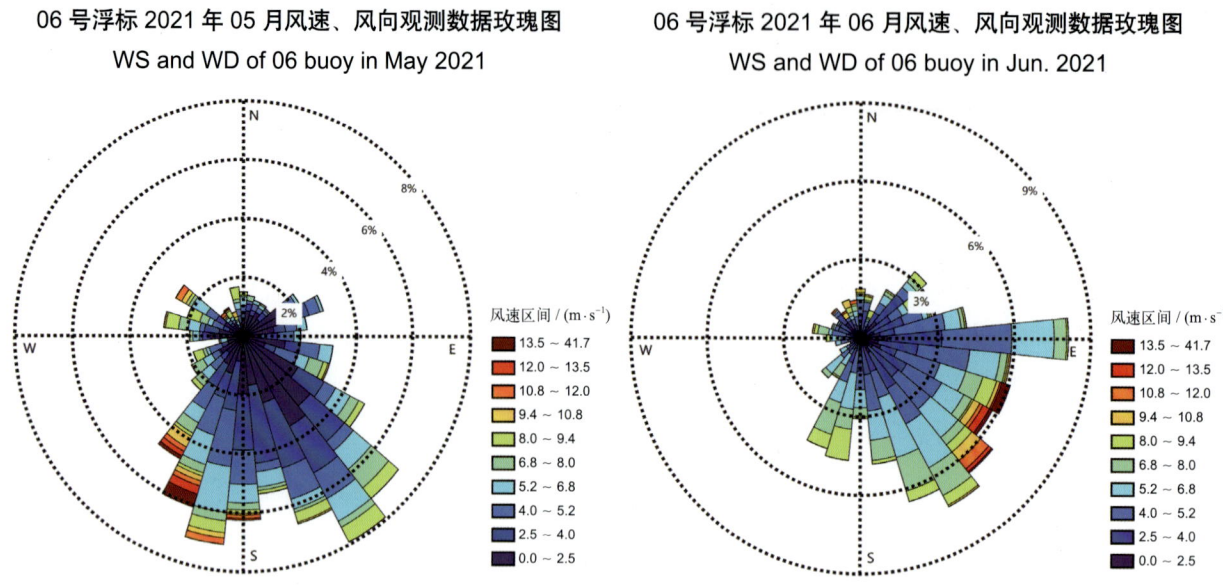

06号浮标2021年05月风速、风向观测数据玫瑰图
WS and WD of 06 buoy in May 2021

06号浮标2021年06月风速、风向观测数据玫瑰图
WS and WD of 06 buoy in Jun. 2021

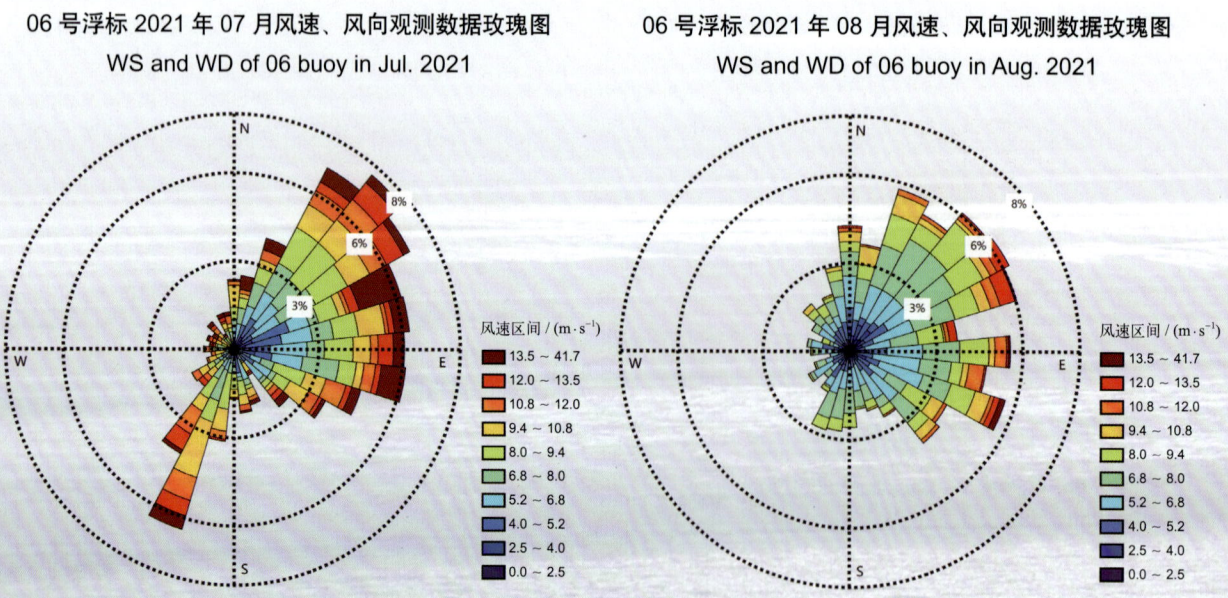

06号浮标2021年07月风速、风向观测数据玫瑰图
WS and WD of 06 buoy in Jul. 2021

06号浮标2021年08月风速、风向观测数据玫瑰图
WS and WD of 06 buoy in Aug. 2021

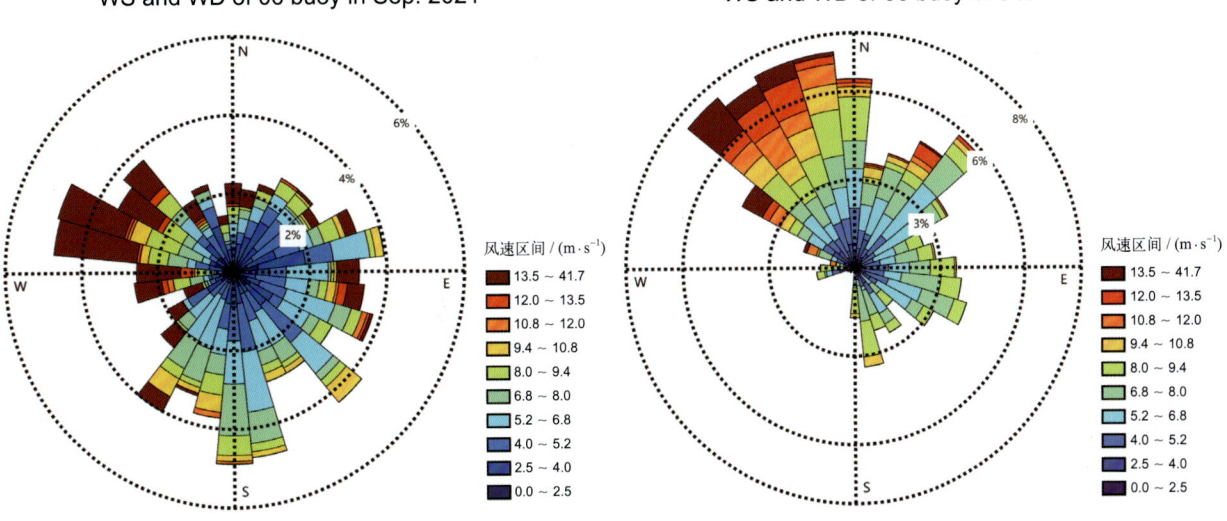

06 号浮标 2021 年 09 月风速、风向观测数据玫瑰图
WS and WD of 06 buoy in Sep. 2021

06 号浮标 2021 年 10 月风速、风向观测数据玫瑰图
WS and WD of 06 buoy in Oct. 2021

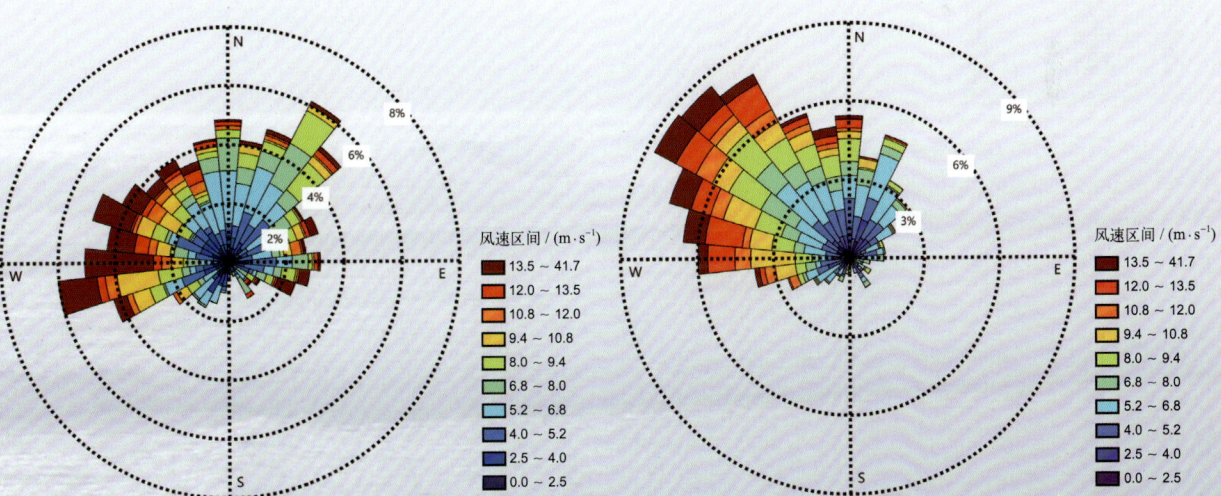

06 号浮标 2021 年 11 月风速、风向观测数据玫瑰图
WS and WD of 06 buoy in Nov. 2021

06 号浮标 2021 年 12 月风速、风向观测数据玫瑰图
WS and WD of 06 buoy in Dec. 2021

2021 年度 09 号浮标观测数据概述及玫瑰图
（风速和风向）

2021 年，09 号浮标共获取 365 天的风速和风向长序列观测数据。通过对获取数据质量控制和分析，09 号浮标观测海域 2021 年度风速、风向数据和季节数据特征如下。

年度最大风速为 16.4 m/s（11 月 7 日），对应风向为 327°。2021 年，09 号浮标记录到的 6 级以上大风日数总计 36 天，其中 6 级以上大风日数最多的月份为 5 月、9 月和 11 月（5 天），参见表 8。观测海域冬季代表月（2 月）的 6 级以上大风日数为 2 天，大风主要风向为 NNW；观测海域春季代表月（5 月）的 6 级以上大风日数为 5 天，大风主要风向为 NNW；观测海域夏季代表月（8 月）的 6 级以上大风日数为 1 天，大风主要风向为 ENE；观测海域秋季代表月（11 月）的 6 级以上大风日数为 5 天，大风主要风向为 NW。

表 8　09 号浮标各月份 6 级以上大风日数及主要风向观测数据

月份	6 级以上大风日数	6 级以上大风主要风向	备注
1	4	NW	记录 1 次寒潮
2	2	NNW	
3	3	NNW	
4	1	NE	
5	5	NNW	
6	1	ENE	
7	3	ESE	记录 1 次台风
8	1	ENE	
9	5	ENE	
10	2	N	
11	5	NW	记录 1 次寒潮
12	4	N	记录 1 次寒潮

2021年，09号浮标记录到3次寒潮过程和1次台风过程的风速、风向变化。第一次寒潮过程，1月5—8日，获取到的最大风速为13.6 m/s（1月6日15:00），对应风向为339°，寒潮影响期间的主要风向为NNW。第二次寒潮过程，11月6—9日，获取到的最大风速为16.4m/s（11月7日18:30），对应风向为327°，寒潮影响期间的主要风向为NNW。第三次寒潮过程，12月23—26日，获取到的最大风速为13.8 m/s（12月24日12:00），对应风向为356°，寒潮影响期间的主要风向为N。台风的具体过程中，7月28—31日，受第6号台风"烟花"的影响，09号浮标获取到的最大风速为13.9 m/s（7月29日09:00），对应风向为134°，台风影响期间的主要风向为ESE。

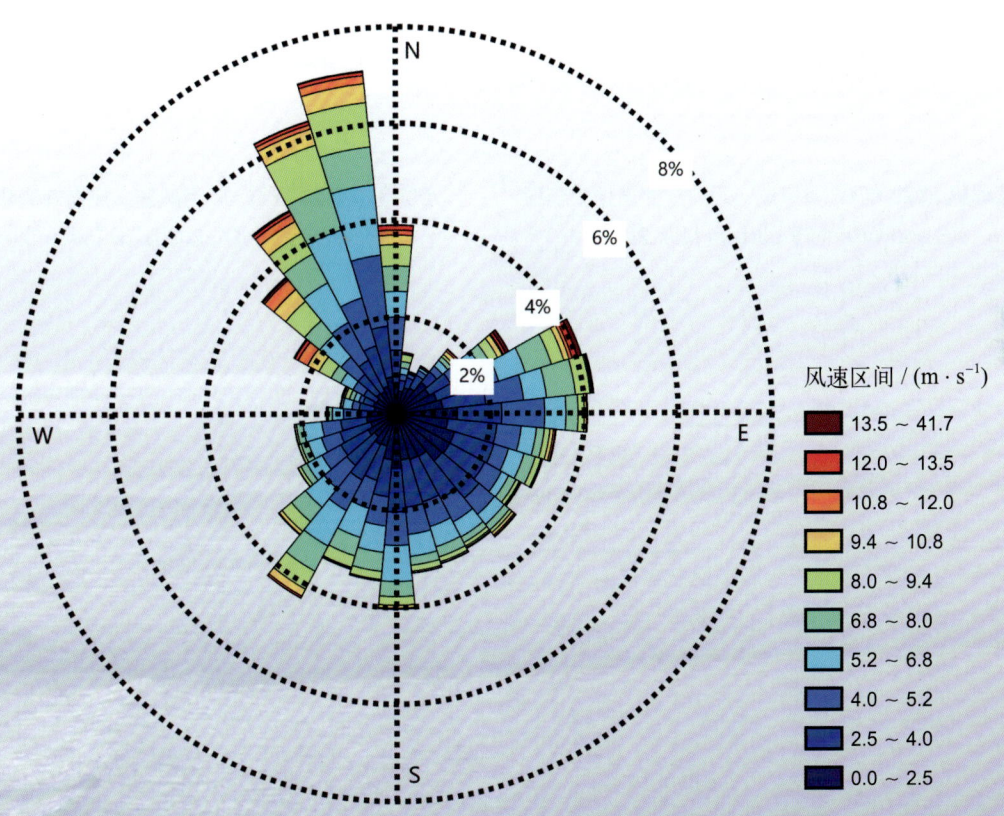

09号浮标2021年风速、风向观测数据玫瑰图
WS and WD of 09 buoy in 2021

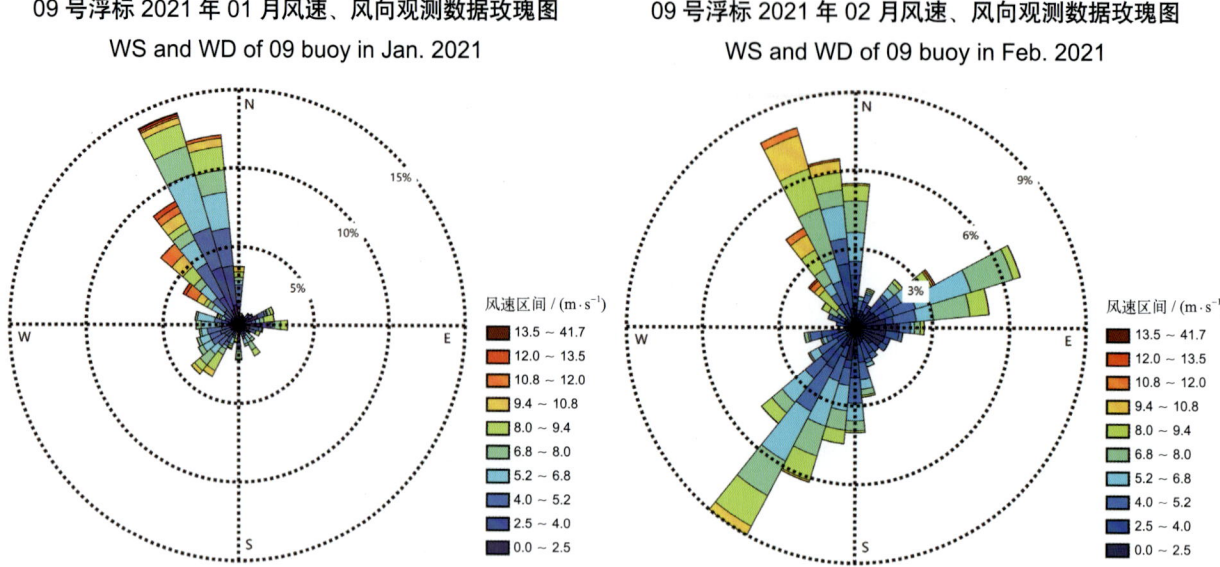

09 号浮标 2021 年 01 月风速、风向观测数据玫瑰图
WS and WD of 09 buoy in Jan. 2021

09 号浮标 2021 年 02 月风速、风向观测数据玫瑰图
WS and WD of 09 buoy in Feb. 2021

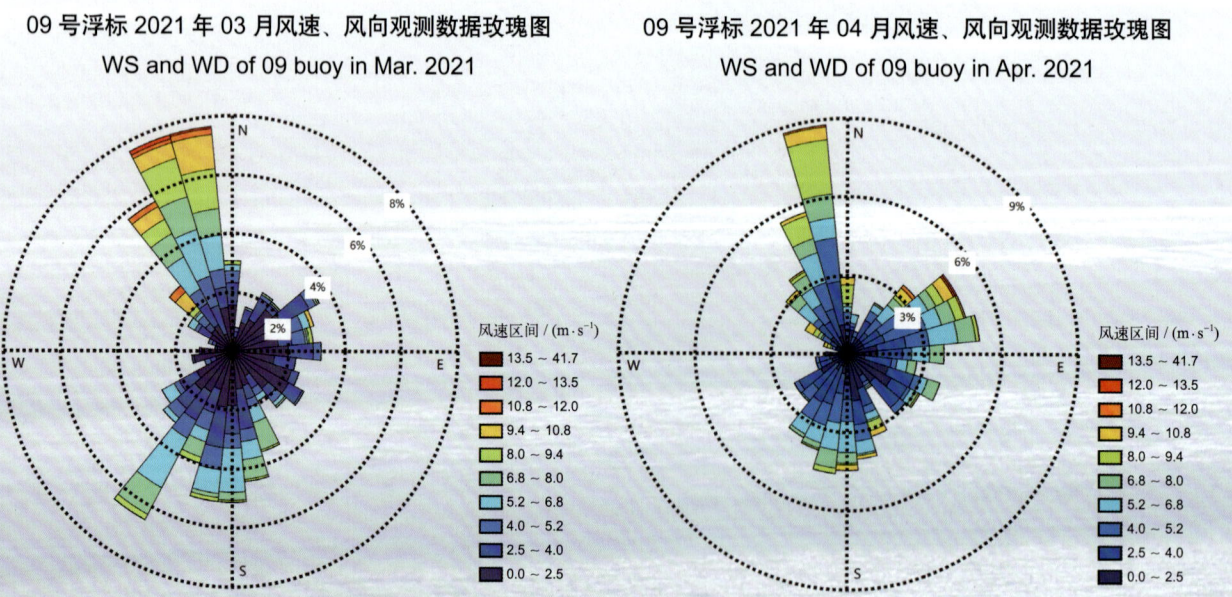

09 号浮标 2021 年 03 月风速、风向观测数据玫瑰图
WS and WD of 09 buoy in Mar. 2021

09 号浮标 2021 年 04 月风速、风向观测数据玫瑰图
WS and WD of 09 buoy in Apr. 2021

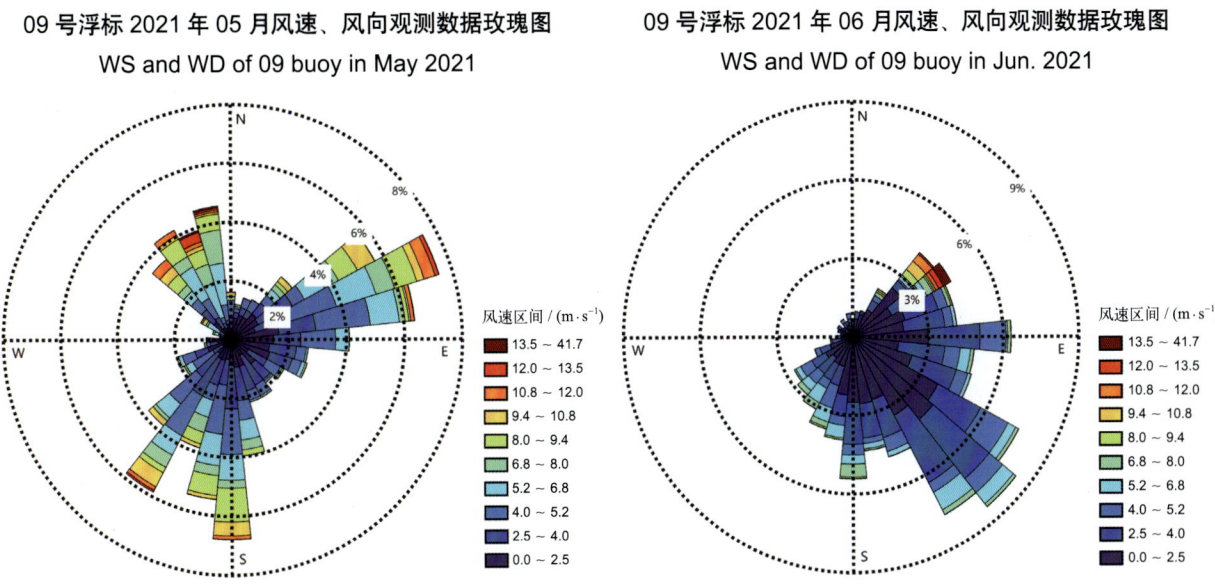

09 号浮标 2021 年 05 月风速、风向观测数据玫瑰图
WS and WD of 09 buoy in May 2021

09 号浮标 2021 年 06 月风速、风向观测数据玫瑰图
WS and WD of 09 buoy in Jun. 2021

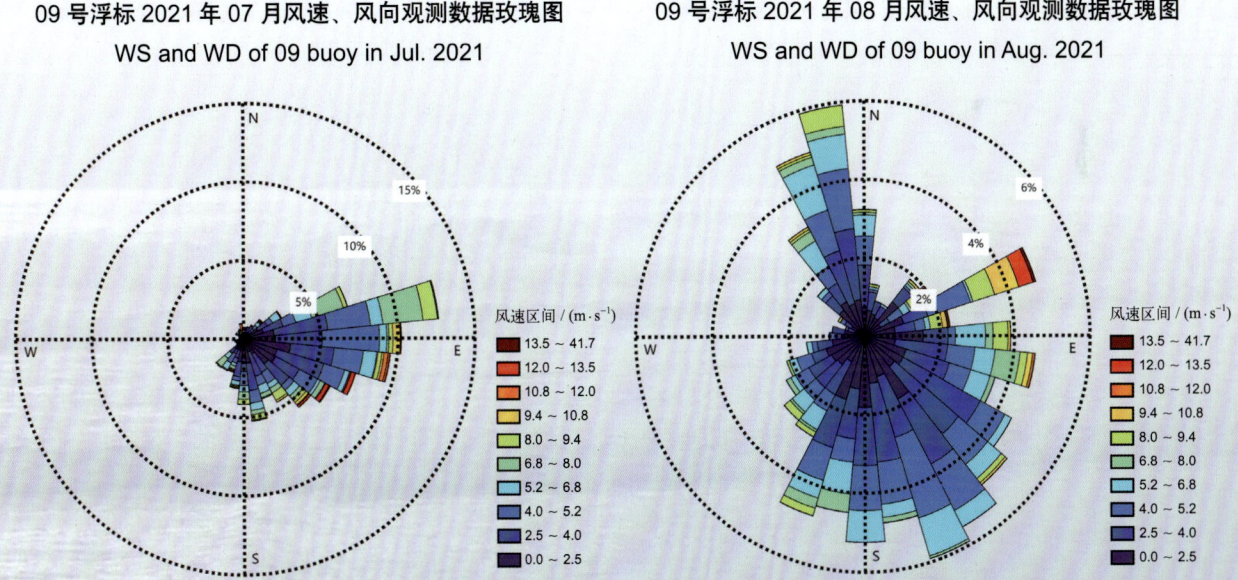

09 号浮标 2021 年 07 月风速、风向观测数据玫瑰图
WS and WD of 09 buoy in Jul. 2021

09 号浮标 2021 年 08 月风速、风向观测数据玫瑰图
WS and WD of 09 buoy in Aug. 2021

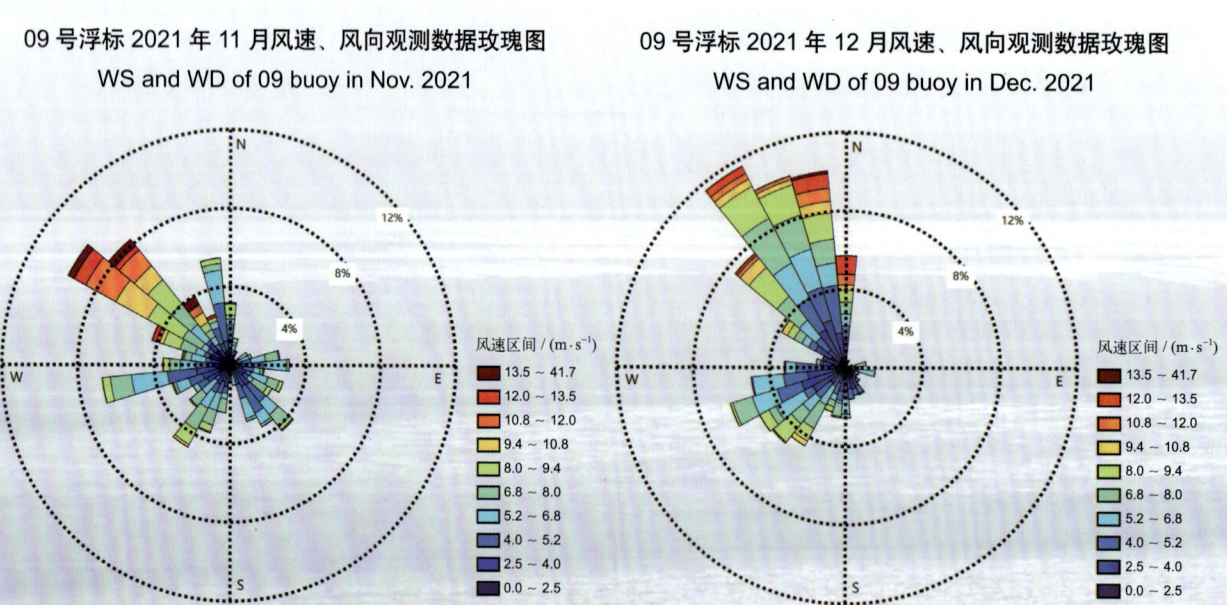

2021年度20号浮标观测数据概述及玫瑰图
(风速和风向)

2021年，20号浮标共获取314天的风速和风向长序列观测数据。获取数据的主要区间为2月1日07:30至12月11日18:00。通过对获取数据质量控制和分析，12号浮标观测海域2021年度风速、风向数据和季节数据特征如下。

年度最大风速为32.3 m/s（11月28日），对应风向为5°。2021年，20号浮标记录到的6级以上大风日数总计83天，其中6级以上大风日数最多的月份为7月（13天），参见表9。观测海域冬季代表月（2月）的6级以上大风日数为11天，大风主要风向为N；观测海域春季代表月（5月）的6级以上大风日数为9天，大风主要风向为SSW；观测海域夏季代表月（8月）的6级以上大风日数为7天，大风主要风向为SSW；观测海域秋季代表月（11月）的6级以上大风日数为9天，大风主要风向为NNW。

表9　20号浮标各月份6级以上大风日数及主要风向观测数据

月份	6级以上大风日数	6级以上大风主要风向	备注
1	—	—	缺测数据
2	11	N	
3	8	NNW	
4	8	NNW	
5	9	SSW	
6	3	N	
7	13	NE	记录1次台风
8	7	SSW	记录2次台风
9	6	NW	记录1次台风
10	9	NNE	
11	9	NNW	
12	—	—	缺测数据

2021年，20号浮标记录到4次台风过程的风速、风向变化。第一次台风过程，7月24—26日，受第6号台风"烟花"的影响，20号浮标获取到的最大风速为26.6 m/s（7月24日23:20），对应风向为23°，台风影响期间的主要风向为NNE。第二次台风过程，8月6—9日，受第9号台风"卢碧"的影响，20号浮标获取到的最大风速为12.1 m/s（8月8日06:50），对应风向为190°，台风影响期间的主要风向为NNW。第三次台风过程，8月22—25日，受第12号台风"奥麦斯"的影响，20号浮标获取到的最大风速为12.8 m/s（8月23日19:20），对应风向为200°，台风影响期间的主要风向为SSW。第四次台风过程，9月12—14日，受第14号台风"灿都"的影响，20号浮标获取到的最大风速为20.5 m/s（9月13日03:50），对应风向为47°，台风影响期间的主要风向为ENE。

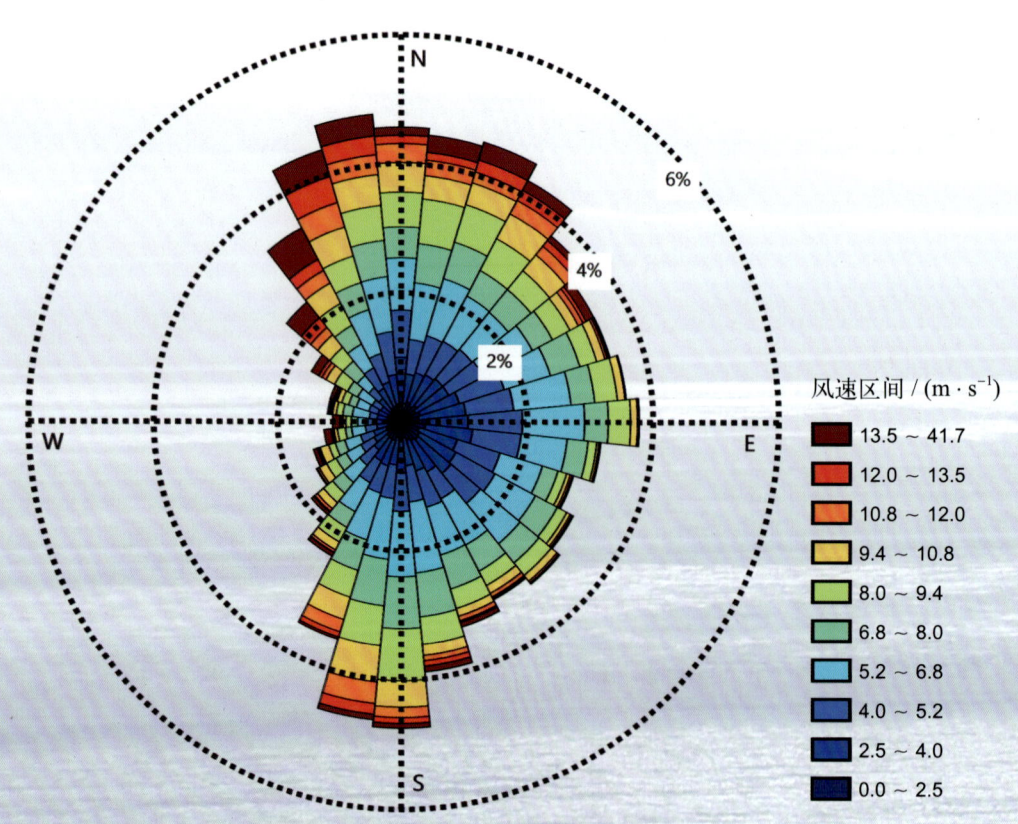

20号浮标2021年风速、风向观测数据玫瑰图
WS and WD of 20 buoy in 2021

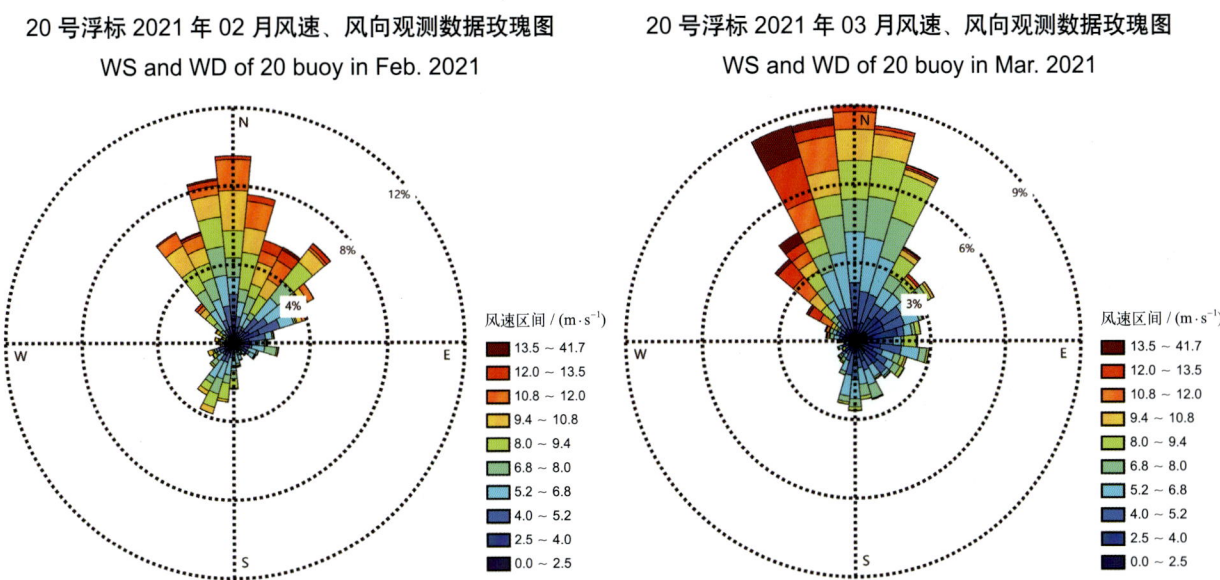

20号浮标2021年02月风速、风向观测数据玫瑰图
WS and WD of 20 buoy in Feb. 2021

20号浮标2021年03月风速、风向观测数据玫瑰图
WS and WD of 20 buoy in Mar. 2021

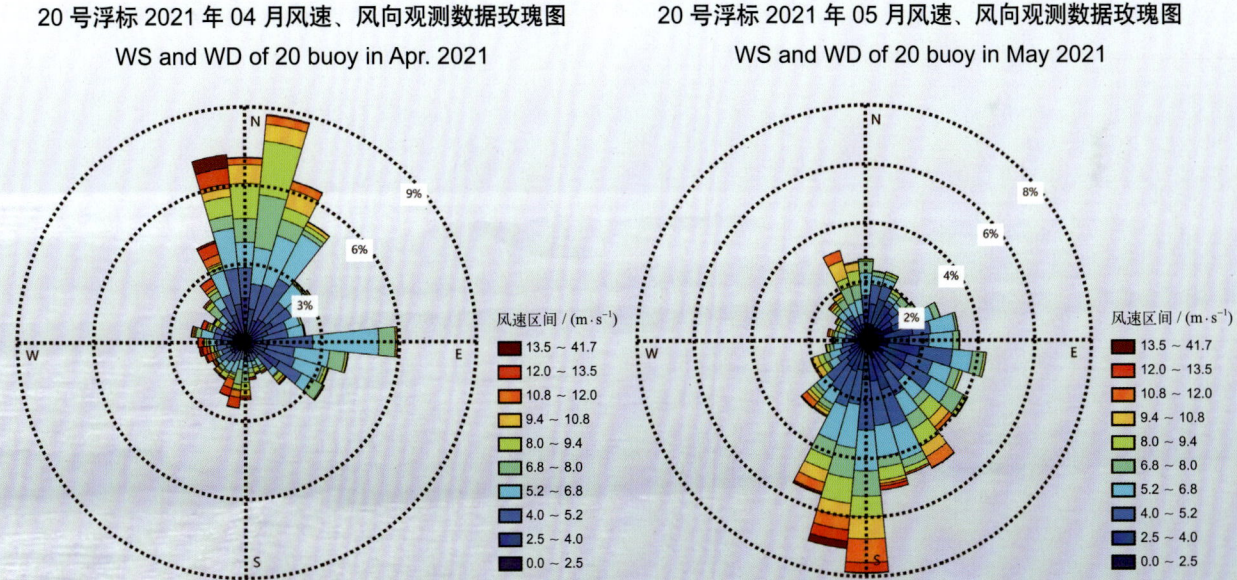

20号浮标2021年04月风速、风向观测数据玫瑰图
WS and WD of 20 buoy in Apr. 2021

20号浮标2021年05月风速、风向观测数据玫瑰图
WS and WD of 20 buoy in May 2021

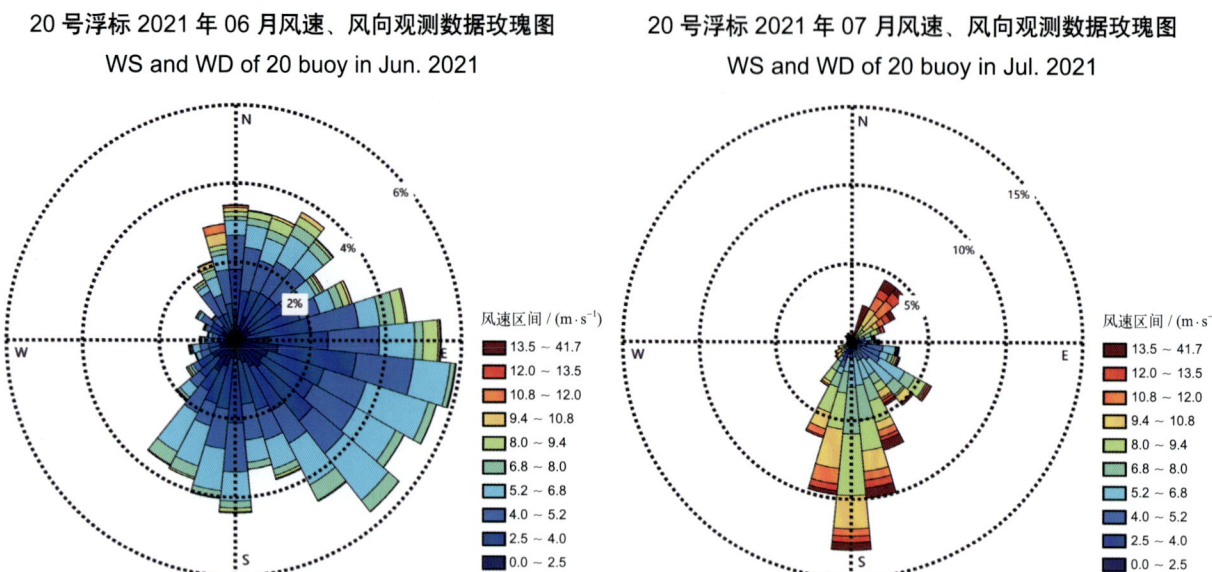

20号浮标2021年06月风速、风向观测数据玫瑰图
WS and WD of 20 buoy in Jun. 2021

20号浮标2021年07月风速、风向观测数据玫瑰图
WS and WD of 20 buoy in Jul. 2021

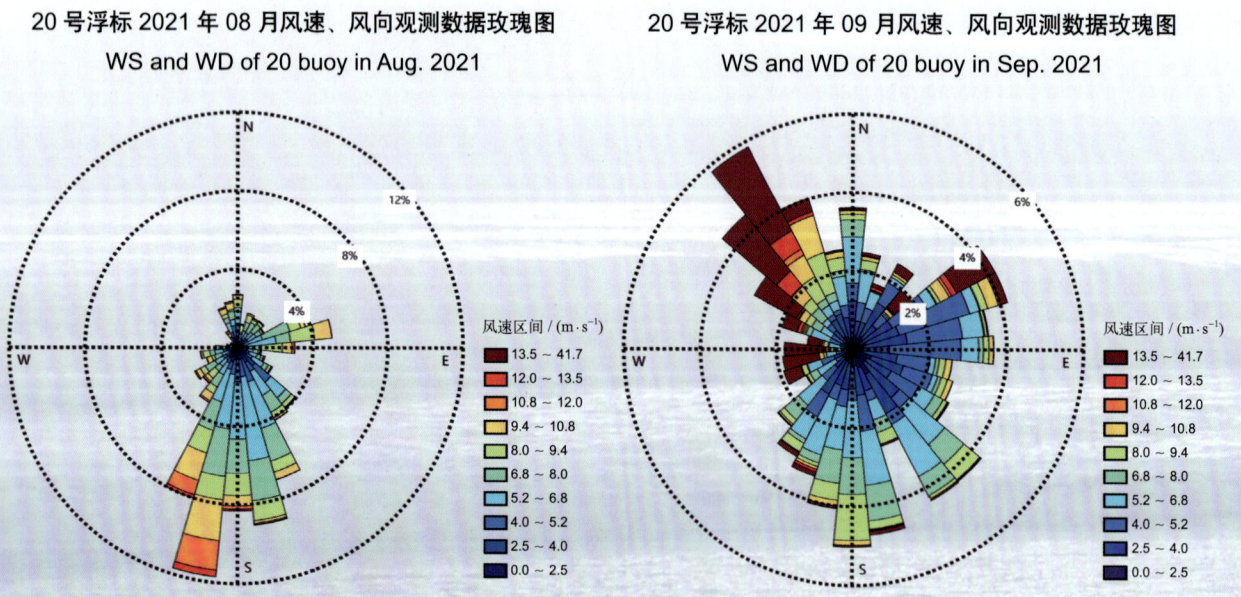

20号浮标2021年08月风速、风向观测数据玫瑰图
WS and WD of 20 buoy in Aug. 2021

20号浮标2021年09月风速、风向观测数据玫瑰图
WS and WD of 20 buoy in Sep. 2021

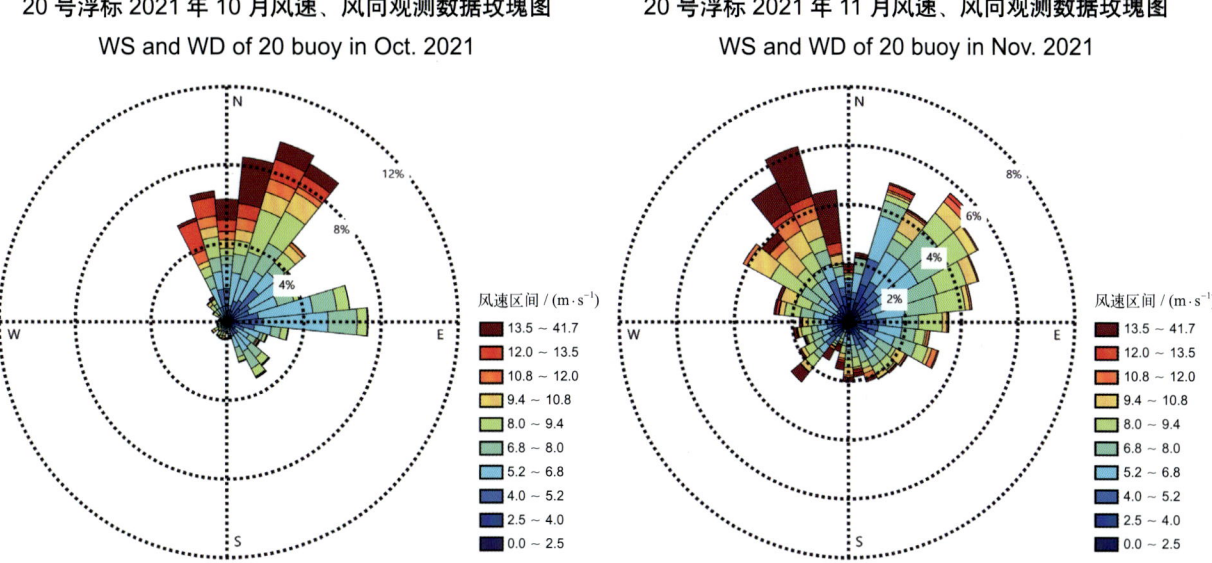

20号浮标2021年10月风速、风向观测数据玫瑰图
WS and WD of 20 buoy in Oct. 2021

20号浮标2021年11月风速、风向观测数据玫瑰图
WS and WD of 20 buoy in Nov. 2021

2021年度21号浮标观测数据概述及玫瑰图
（风速和风向）

2021年，21号浮标共获取363天的风速和风向长序列观测数据。获取数据的主要区间共两个时间段，具体为1月1日00:00至5月21日01:50和5月24日15:40至12月31日23:50。通过对获取数据质量控制和分析，观测海域2021年度风速、风向数据和季节数据特征如下。

年度最大风速为25.4 m/s（7月25日），对应风向为64°。2021年，21号浮标记录到的6级以上大风日数总计98天，其中6级以上大风日数最多的月份为1月和7月（14天），参见表10。观测海域冬季代表月（2月）的6级以上大风日数为9天，大风主要风向为NNE；观测海域春季代表月（5月）的6级以上大风日数为5天，大风主要风向为SW；观测海域夏季代表月（8月）的6级以上大风日数为6天，大风主要风向为SSW；观测海域秋季代表月（11月）的6级以上大风日数为10天，大风主要风向为NW。

表10　21号浮标各月份6级以上大风日数及主要风向观测数据

月份	6级以上大风日数	6级以上大风主要风向	备注
1	14	NW	记录1次寒潮
2	9	NNE	
3	7	NNW	
4	7	NW	
5	5	SW	缺测2天数据
6	2	E	
7	14	NE	记录1次台风
8	6	SSW	记录2次台风
9	6	NNW	记录1次台风
10	8	N	
11	10	NW	
12	10	NNW	记录1次寒潮

2021年，21号浮标记录到2次寒潮过程和4次台风过程的风速、风向变化。第一次寒潮过程，1月6—9日，获取到的最大风速为17.2 m/s（1月7日10:00），对应风向为329°，寒潮影响期间的主要风向为NNW。第二次寒潮过程，12月23—26日，获取到的最大风速为15.6 m/s（12月24日21:00），对应风向为356°，寒潮影响期间的主要风向为N。第一次台风过程，7月23—26日，受第6号台风"烟花"的影响，21号浮标获取到的最大风速为25.4 m/s（7月25日09:50），对应风向为64°，台风影响期间的主要风向为NE。第二次台风过程，8月6—9日，受第9号台风"卢碧"的影响，21号浮标获取到的最大风速为9.6 m/s（8月8日09:50），对应风向为336°，台风影响期间的主要风向为NNW。第三次台风过程，8月22—25日，受第12号台风"奥麦斯"的影响，21号浮标获取到的最大风速为12.3 m/s（8月24日00:50），对应风向为197°，台风影响期间的主要风向为SSW。第四次台风过程，9月11—14日，受第14号台风"灿都"的影响，21号浮标获取到的最大风速为22.3 m/s（9月13日14:00），对应风向为352°，台风影响期间的主要风向为N。

21号浮标2021年风速、风向观测数据玫瑰图
WS and WD of 21 buoy in 2021

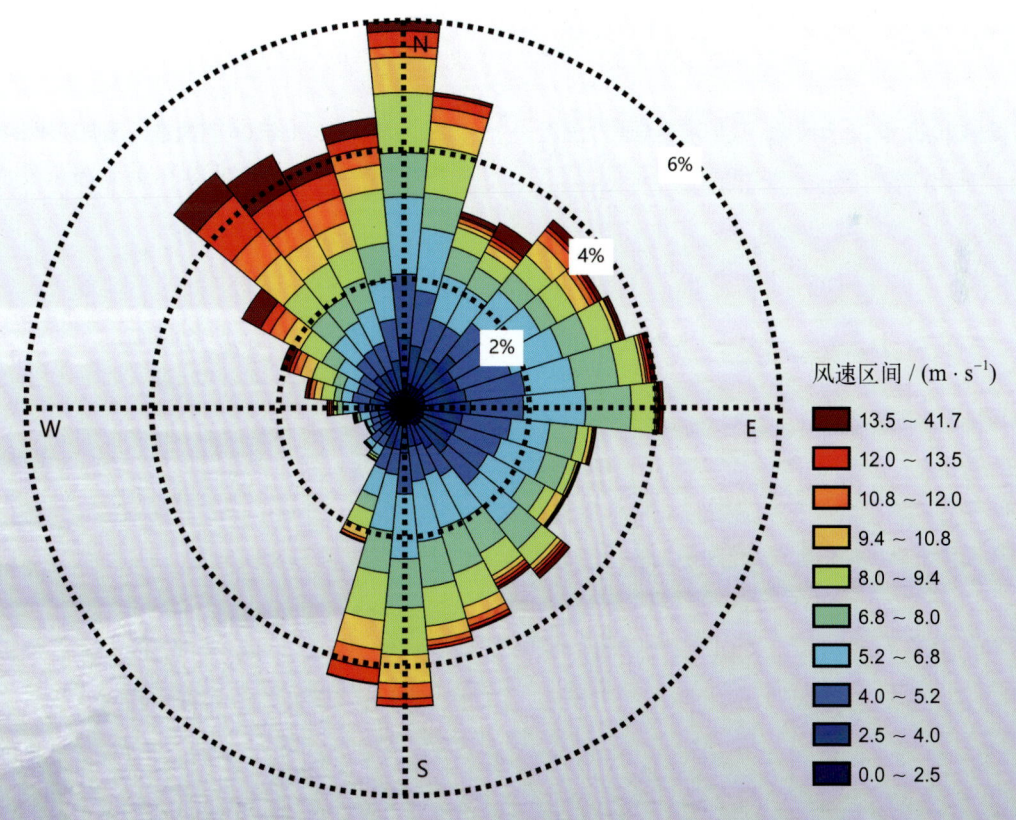

21 号浮标 2021 年 01 月风速、风向观测数据玫瑰图
WS and WD of 21 buoy in Jan. 2021

21 号浮标 2021 年 02 月风速、风向观测数据玫瑰图
WS and WD of 21 buoy in Feb. 2021

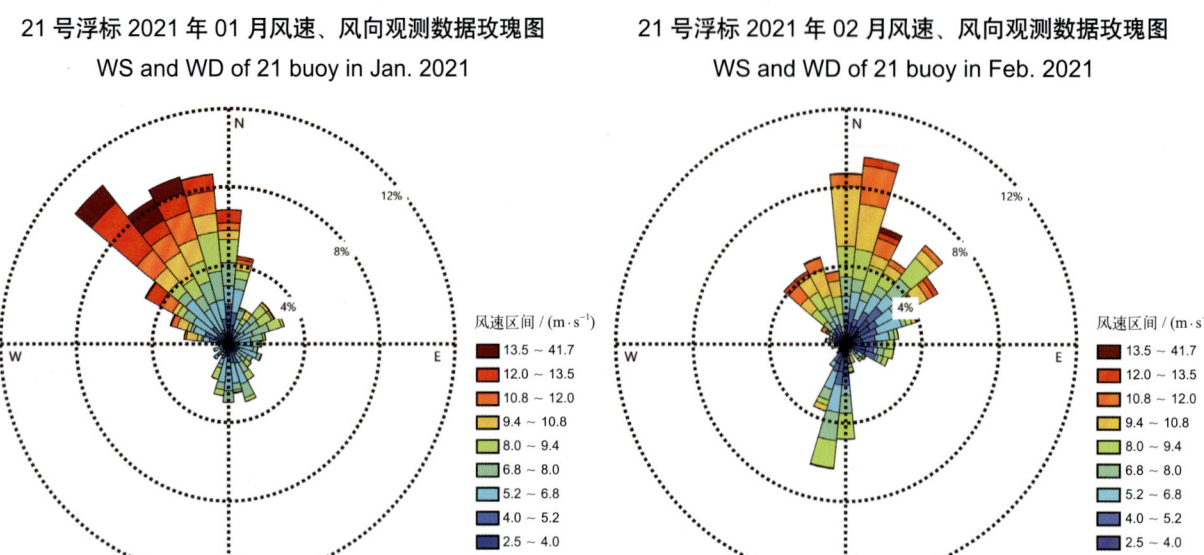

21 号浮标 2021 年 03 月风速、风向观测数据玫瑰图
WS and WD of 21 buoy in Mar. 2021

21 号浮标 2021 年 04 月风速、风向观测数据玫瑰图
WS and WD of 21 buoy in Apr. 2021

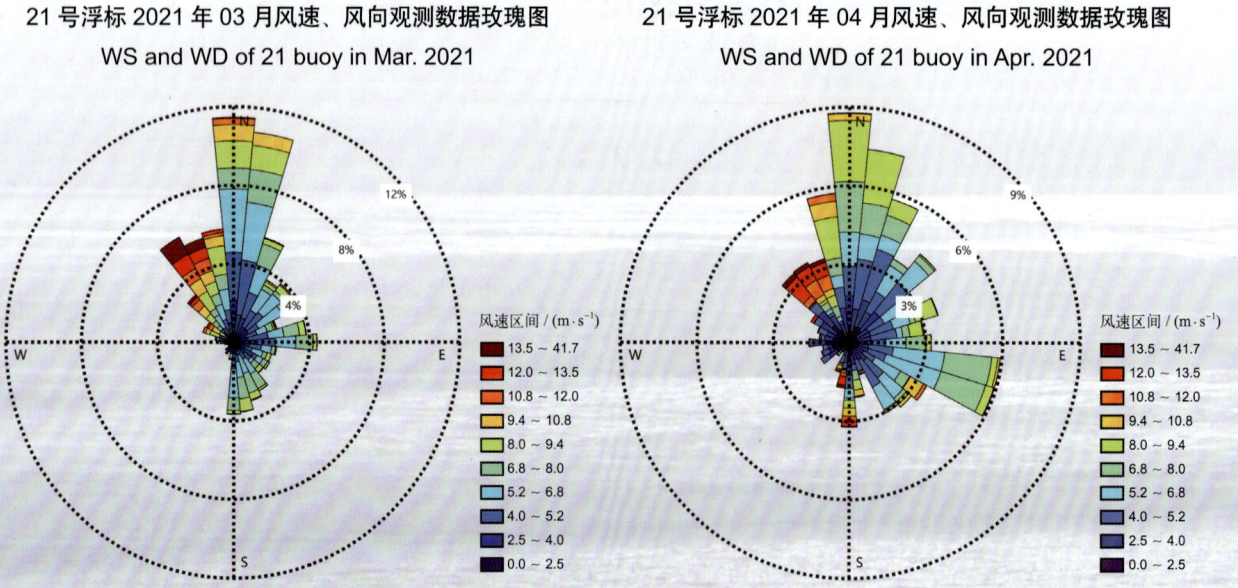

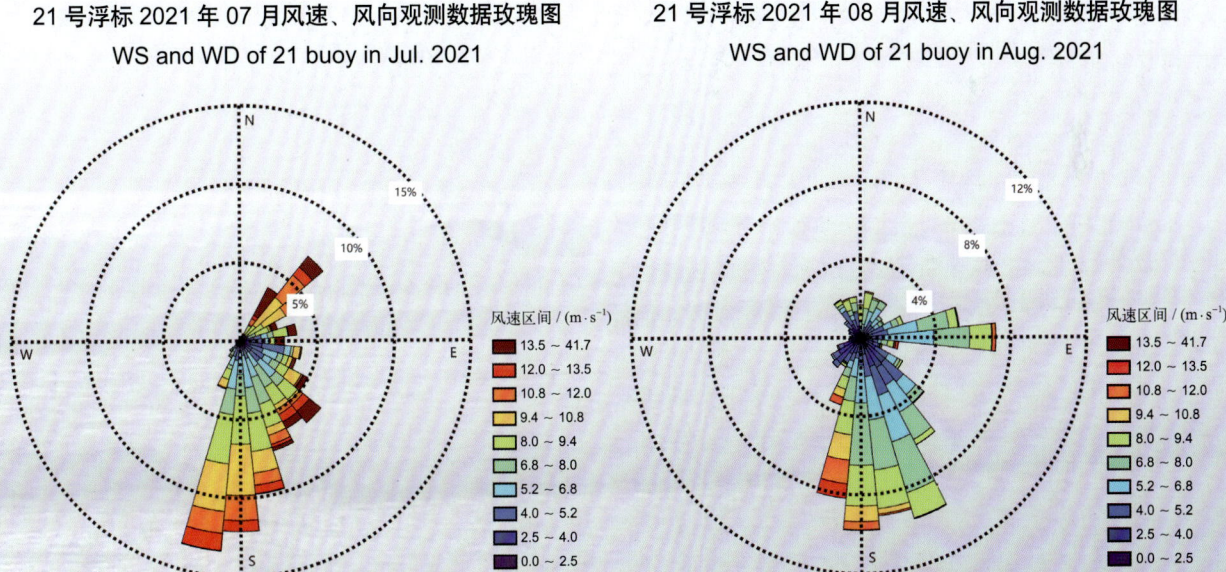

21号浮标2021年09月风速、风向观测数据玫瑰图
WS and WD of 21 buoy in Sep. 2021

21号浮标2021年10月风速、风向观测数据玫瑰图
WS and WD of 21 buoy in Oct. 2021

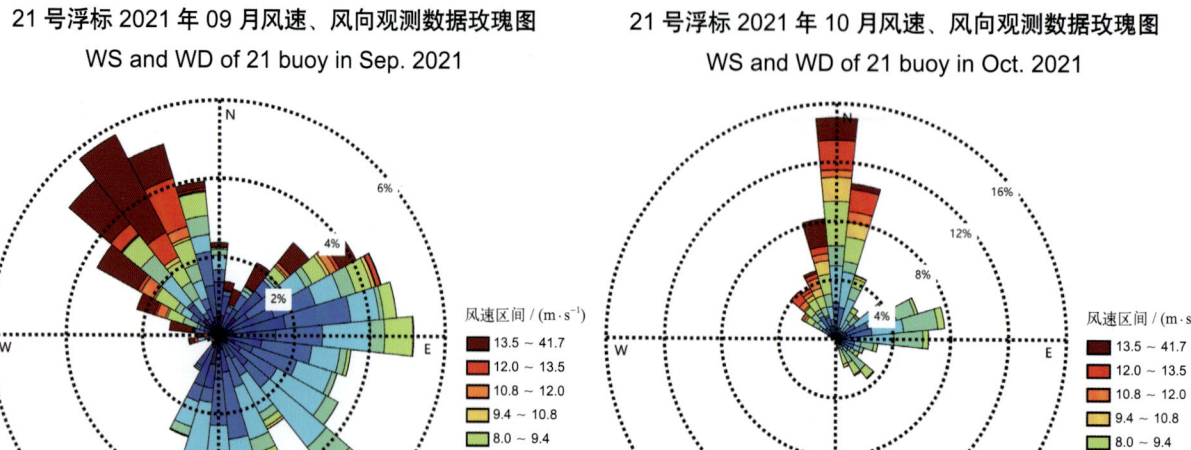

21号浮标2021年11月风速、风向观测数据玫瑰图
WS and WD of 21 buoy in Nov. 2021

21号浮标2021年12月风速、风向观测数据玫瑰图
WS and WD of 21 buoy in Dec. 2021

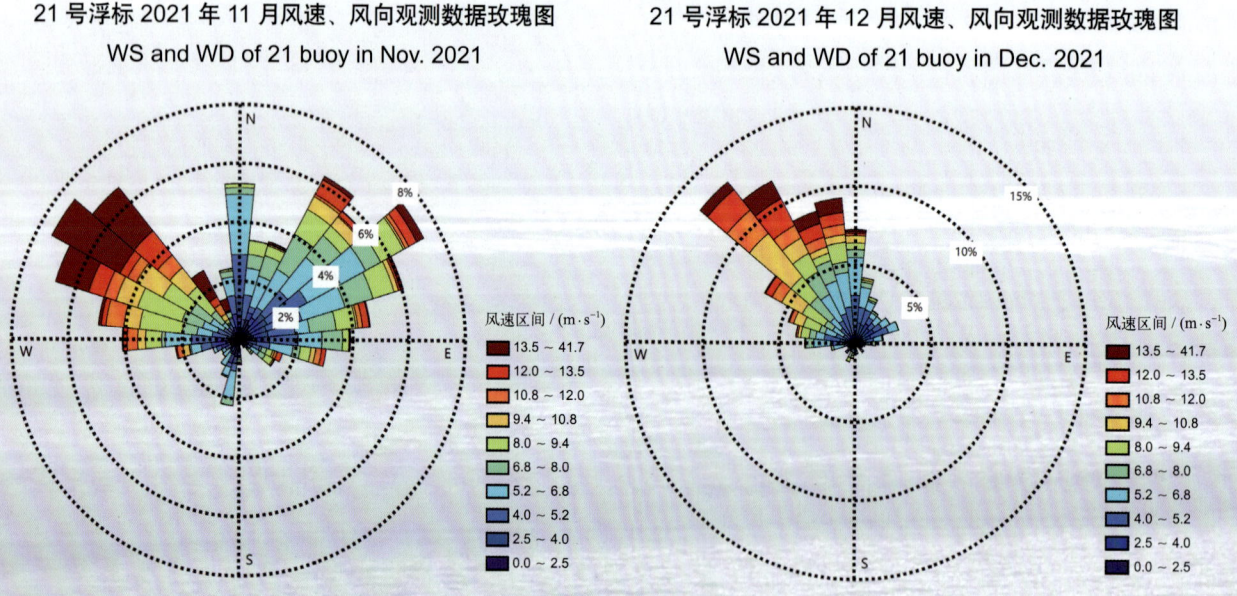

2021年度22号浮标观测数据概述及玫瑰图
(风速和风向)

2021年，22号浮标共获取349天的风速和风向长序列观测数据。获取数据的主要区间共两个时间段，具体为1月14日02:00至5月21日01:40和5月25日08:10至12月31日23:50。通过对获取数据质量控制和分析，20号浮标观测海域2021年度风速、风向数据和季节数据特征如下。

年度最大风速为28.4 m/s（7月25日），对应风向为85°。2021年，22号浮标记录到的6级以上大风日数总计89天，其中6级以上大风日数最多的月份为7月（14天），参见表11。观测海域冬季代表月（2月）的6级以上大风日数为11天，大风主要风向为NE；观测海域春季代表月（5月）的6级以上大风日数为9天，大风主要风向为SSW；观测海域夏季代表月（8月）的6级以上大风日数为2天，大风主要风向为SE；观测海域秋季代表月（11月）的6级以上大风日数为10天，大风主要风向为NW。

表11 22号浮标各月份6级以上大风日数及主要风向观测数据

月份	6级以上大风日数	6级以上大风主要风向	备注
1	7	N	缺测13天数据
2	11	NE	
3	6	N	
4	6	N	
5	9	SSW	缺测3天数据
6	1	E	
7	14	SSW	记录1次台风
8	2	SE	记录2次台风
9	3	NW	记录1次台风
10	7	NE	
11	10	NW	
12	13	NNW	记录1次寒潮

2021年，22号浮标记录到1次寒潮过程和4次台风过程的风速、风向变化。寒潮的具体过程中，12月24—26日，获取到的最大风速为15.8 m/s（12月25日01:10），对应风向为9°，寒潮影响期间的主要风向为N。第一次台风过程，7月24—26日，受第6号台风"烟花"的影响，22号浮标获取到的最大风速为28.4 m/s（7月25日08:40），对应风向为85°，台风影响期间的主要风向为ENE。第二次台风过程，8月6—9日，受第9号台风"卢碧"的影响，22号浮标获取到的最大风速为10.9 m/s（8月7日19:40），对应风向为39°，台风影响期间的主要风向为N。第三次台风过程，8月22—25日，受第12号台风"奥麦斯"的影响，22号浮标获取到的最大风速为11.0 m/s（8月24日23:00），对应风向为211°，台风影响期间的主要风向为SW。第四次台风过程，9月12—14日，受第14号台风"灿都"的影响，22号浮标获取到的最大风速为21.5 m/s（9月13日07:00），对应风向为64°，台风影响期间的主要风向为ENE。

22号浮标2021年风速、风向观测数据玫瑰图
WS and WD of 22 buoy in 2021

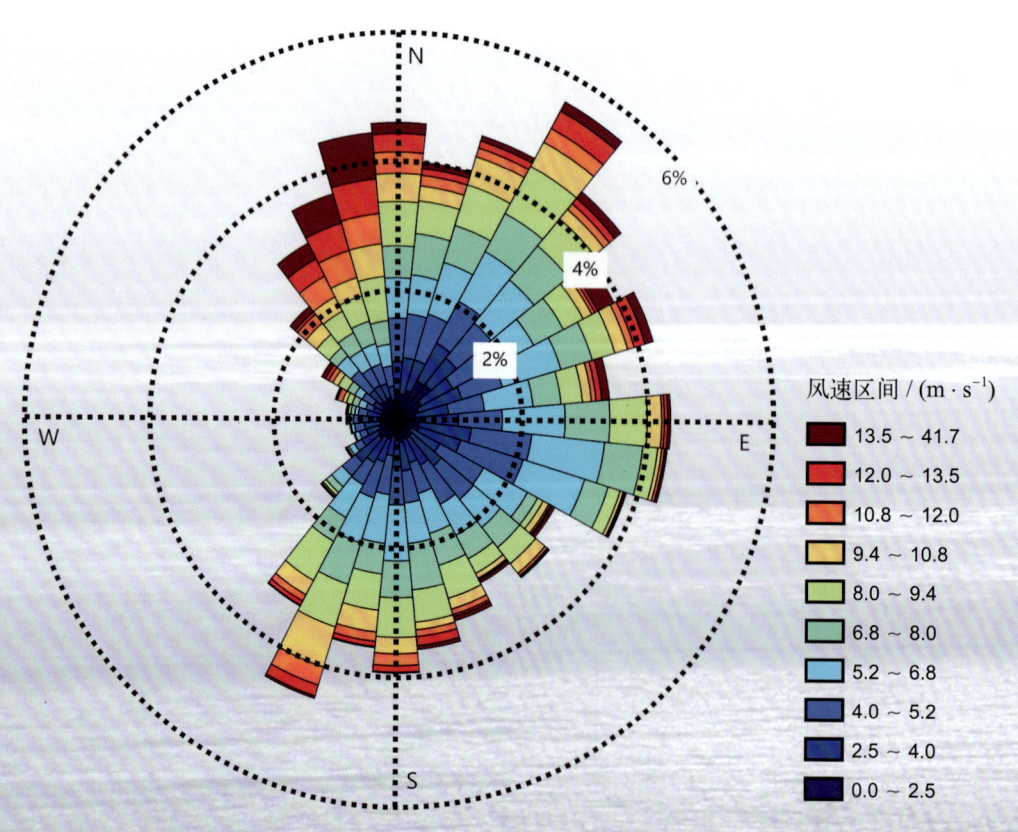

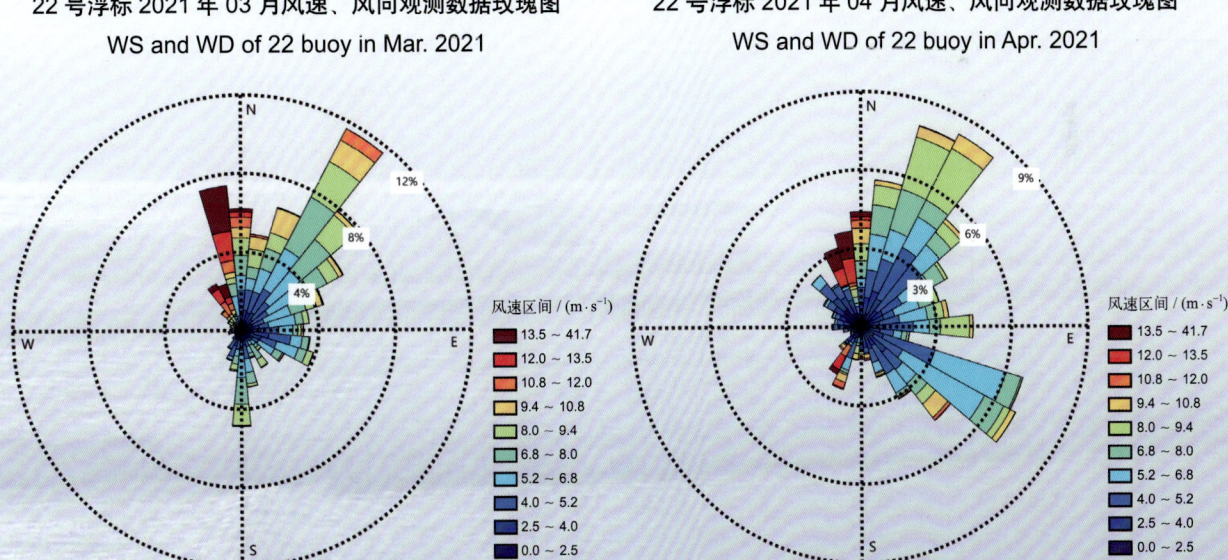

22号浮标2021年01月风速、风向观测数据玫瑰图
WS and WD of 22 buoy in Jan. 2021

22号浮标2021年02月风速、风向观测数据玫瑰图
WS and WD of 22 buoy in Feb. 2021

22号浮标2021年03月风速、风向观测数据玫瑰图
WS and WD of 22 buoy in Mar. 2021

22号浮标2021年04月风速、风向观测数据玫瑰图
WS and WD of 22 buoy in Apr. 2021

22 号浮标 2021 年 05 月风速、风向观测数据玫瑰图
WS and WD of 22 buoy in May 2021

22 号浮标 2021 年 06 月风速、风向观测数据玫瑰图
WS and WD of 22 buoy in Jun. 2021

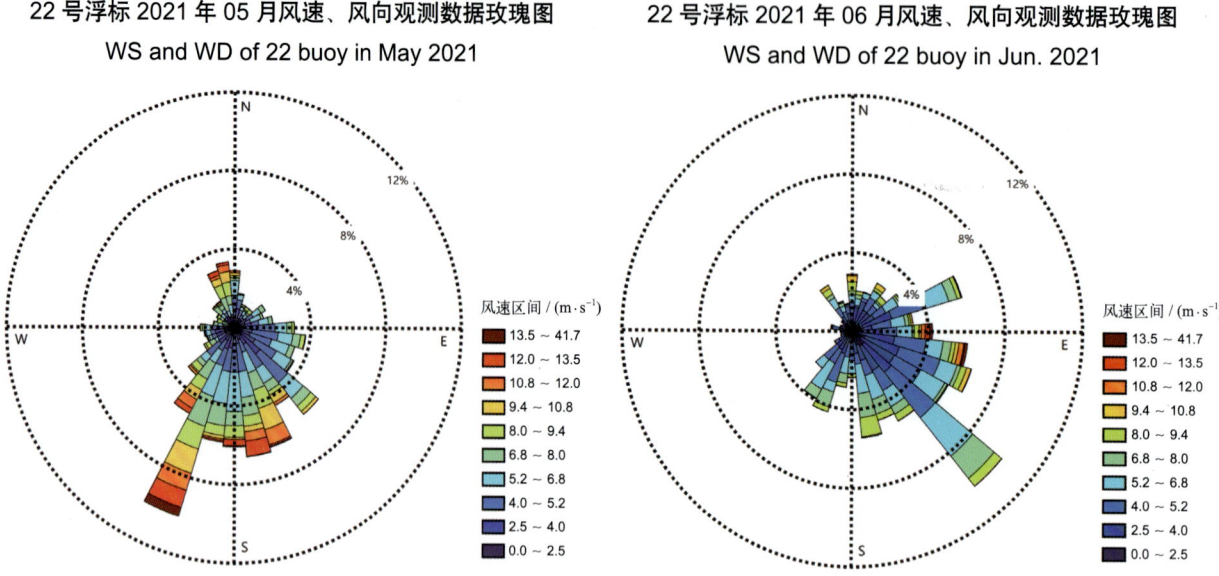

22 号浮标 2021 年 07 月风速、风向观测数据玫瑰图
WS and WD of 22 buoy in Jul. 2021

22 号浮标 2021 年 08 月风速、风向观测数据玫瑰图
WS and WD of 22 buoy in Aug. 2021

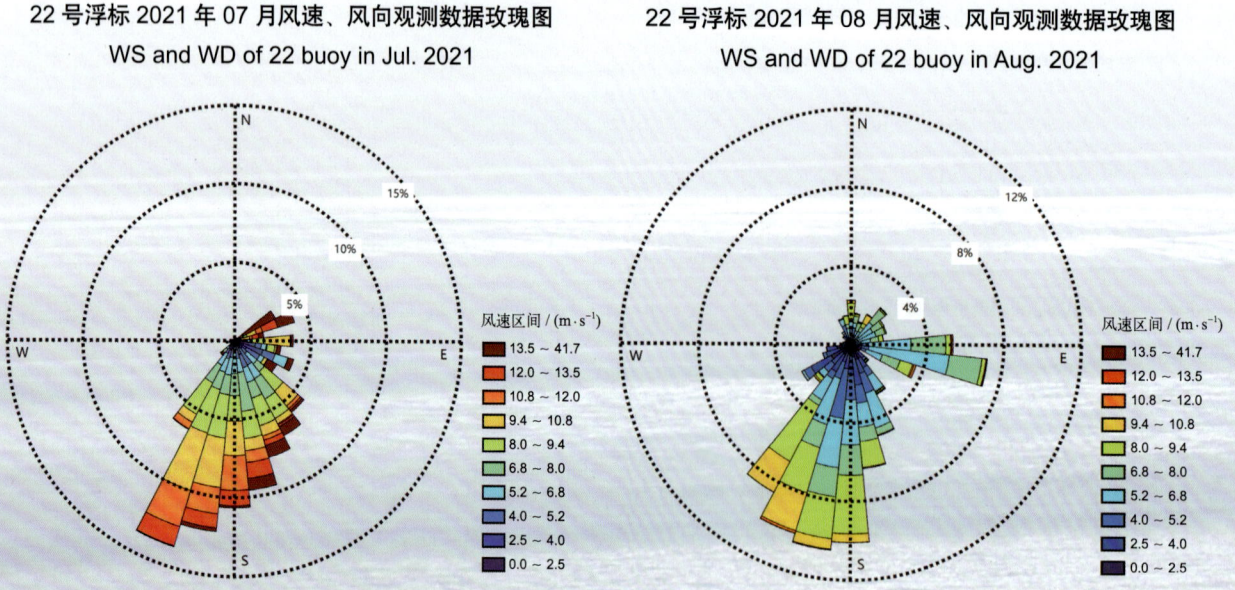

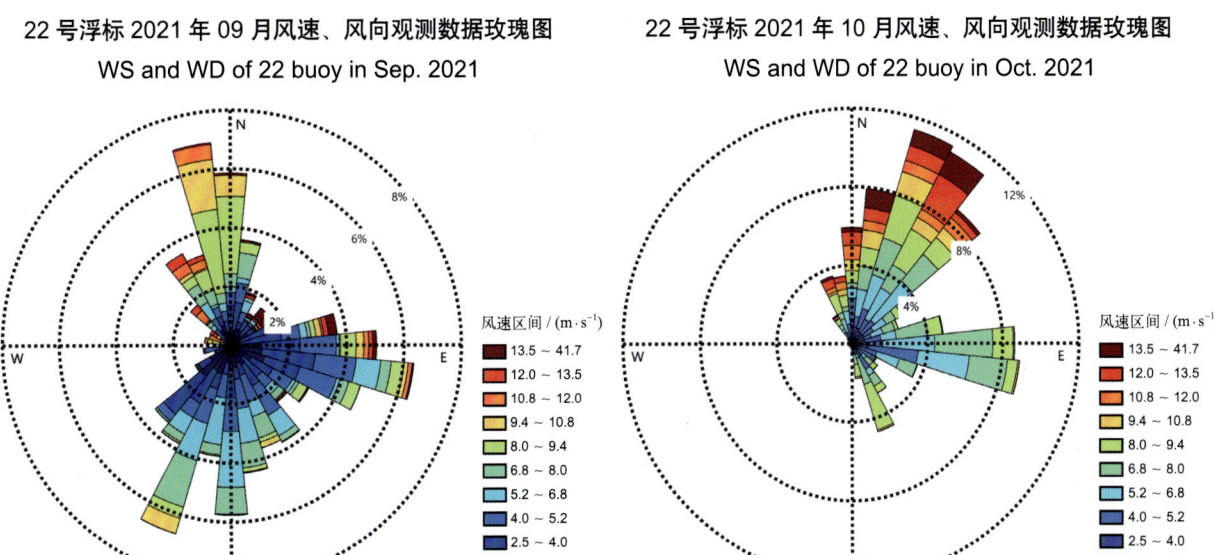

22 号浮标 2021 年 09 月风速、风向观测数据玫瑰图
WS and WD of 22 buoy in Sep. 2021

22 号浮标 2021 年 10 月风速、风向观测数据玫瑰图
WS and WD of 22 buoy in Oct. 2021

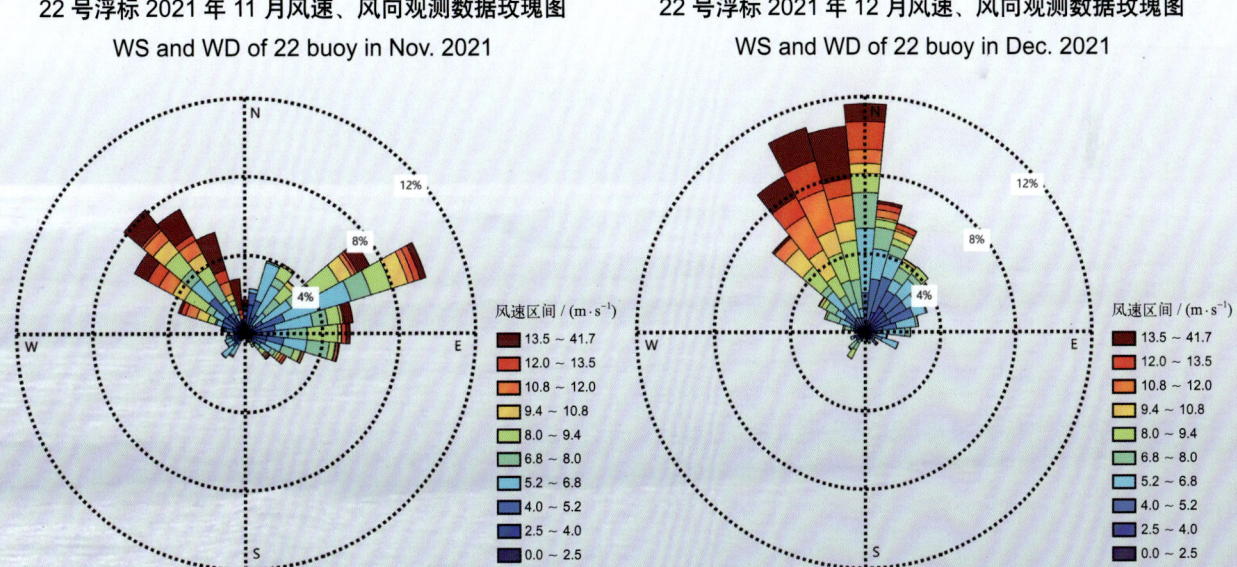

22 号浮标 2021 年 11 月风速、风向观测数据玫瑰图
WS and WD of 22 buoy in Nov. 2021

22 号浮标 2021 年 12 月风速、风向观测数据玫瑰图
WS and WD of 22 buoy in Dec. 2021

2021年度23号浮标观测数据概述及玫瑰图
(风速和风向)

2021年，23号浮标共获取250天的风速和风向长序列观测数据。获取数据的主要区间为4月26日10:30至12月31日23:50。通过对获取数据质量控制和分析，23号浮标观测海域2021年度风速、风向数据和季节数据特征如下。

年度最大风速为19.5 m/s（11月7日），对应风向为53°。2021年，23号浮标记录到的6级以上大风日数总计39天，其中6级以上大风日数最多的月份为10月（11天），参见表12。观测海域春季代表月（5月）的6级以上大风日数为4天，大风主要风向为SW；观测海域夏季代表月（8月）的6级以上大风日数为1天，大风主要风向为W；观测海域秋季代表月（11月）的6级以上大风日数为6天，大风主要风向为ENE。

表12　23号浮标各月份6级以上大风日数及主要风向观测数据

月份	6级以上大风日数	6级以上大风主要风向	备注
1	—	—	缺测数据
2	—	—	缺测数据
3	—	—	缺测数据
4	—	—	缺测数据
5	4	SW	
6	1	SSE	
7	4	SSE	记录1次台风
8	1	W	
9	4	ENE	
10	11	ENE	
11	6	ENE	记录1次寒潮
12	8	W	

2021年，23浮标记录到1次寒潮过程和1次台风过程的风速、风向变化。寒潮的具体过程中，11月5—8日，获取到的最大风速为19.5 m/s（11月7日03:20），对应风向为53°，寒潮影响期间的主要风向为NNW。台风的具体过程中，7月28—31日，受第6号台风"烟花"的影响，23浮标获取到的最大风速为15.4 m/s（7月30日01:00），对应风向为86°，台风影响期间的主要风向为E。

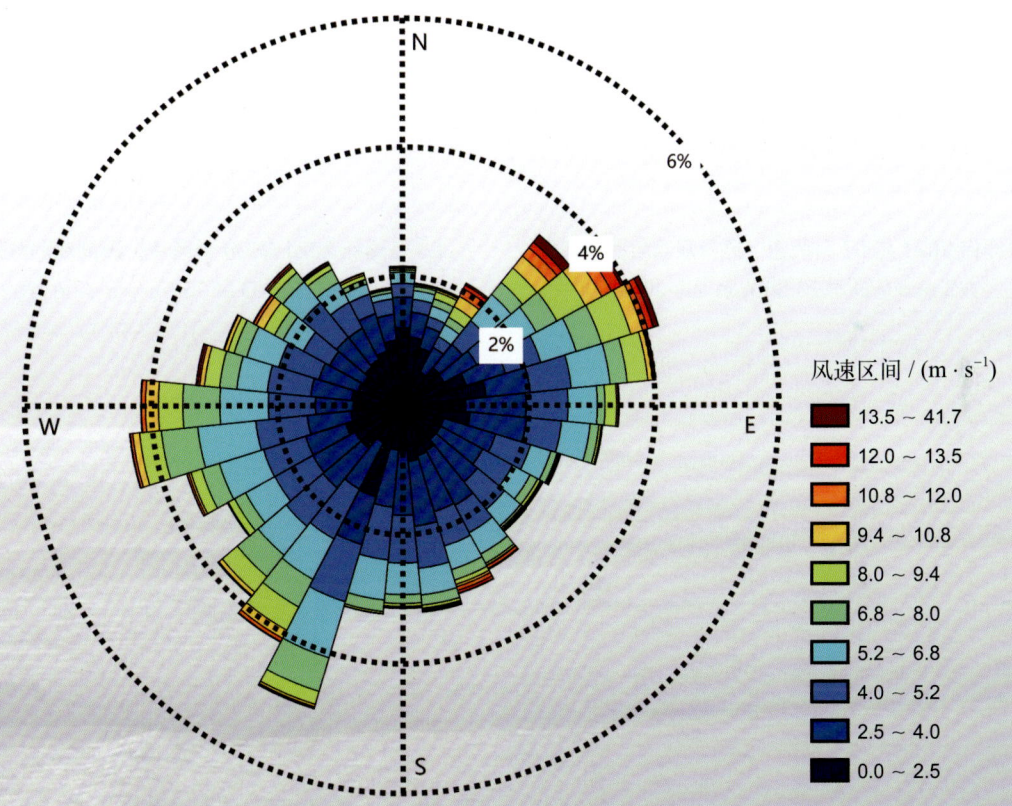

23号浮标2021年风速、风向观测数据玫瑰图
WS and WD of 23 buoy in 2021

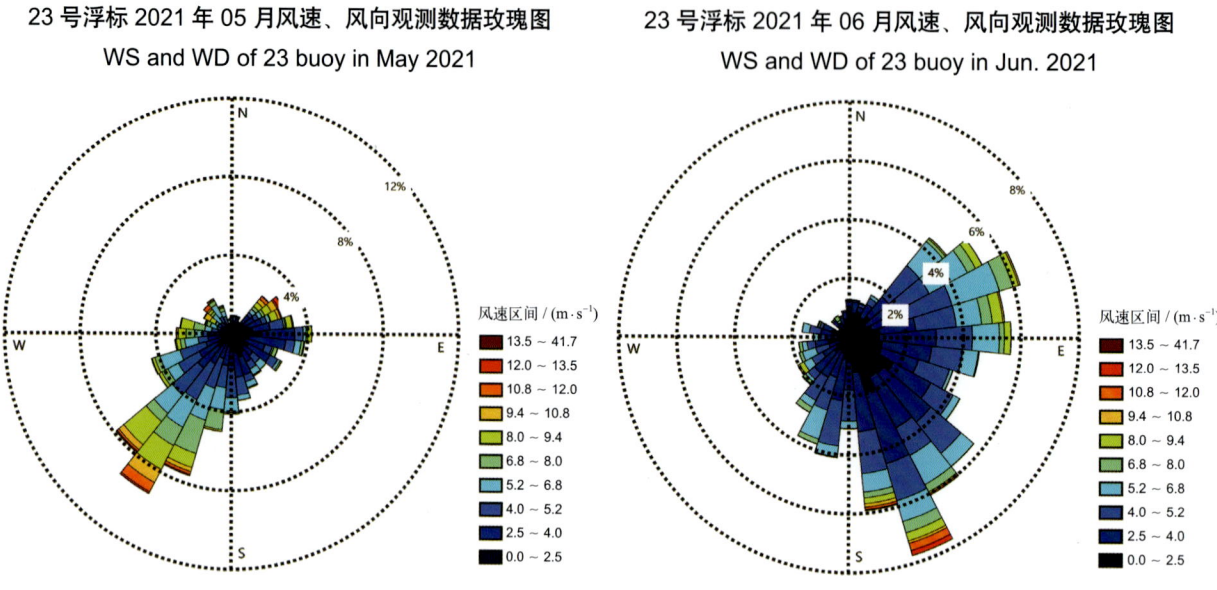

23号浮标2021年05月风速、风向观测数据玫瑰图
WS and WD of 23 buoy in May 2021

23号浮标2021年06月风速、风向观测数据玫瑰图
WS and WD of 23 buoy in Jun. 2021

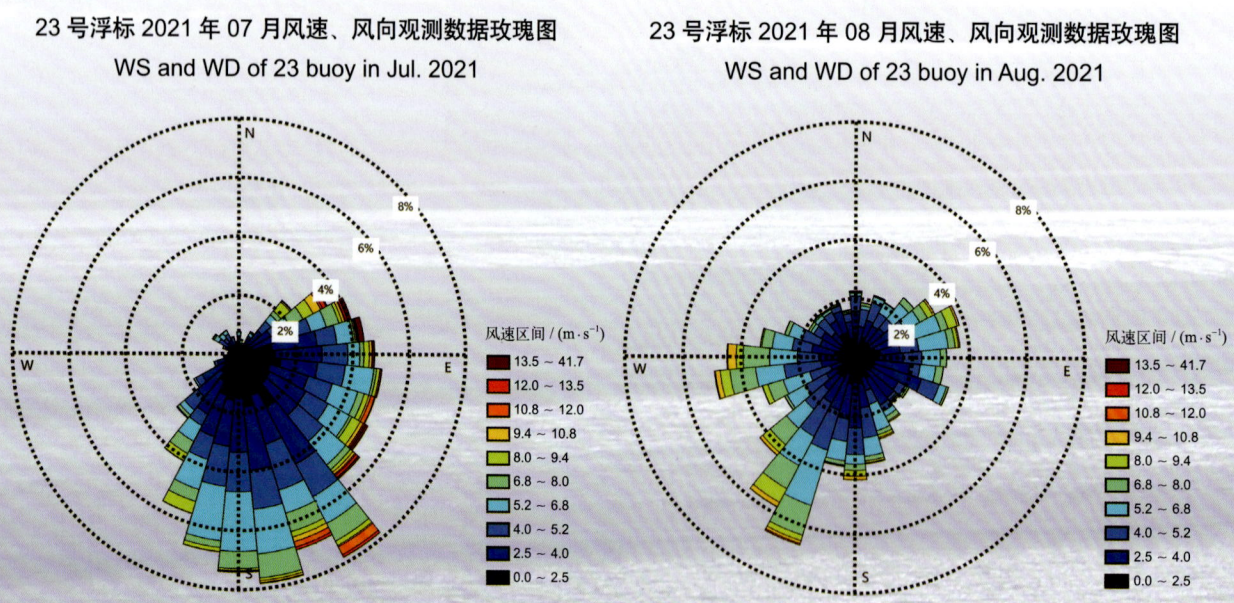

23号浮标2021年07月风速、风向观测数据玫瑰图
WS and WD of 23 buoy in Jul. 2021

23号浮标2021年08月风速、风向观测数据玫瑰图
WS and WD of 23 buoy in Aug. 2021

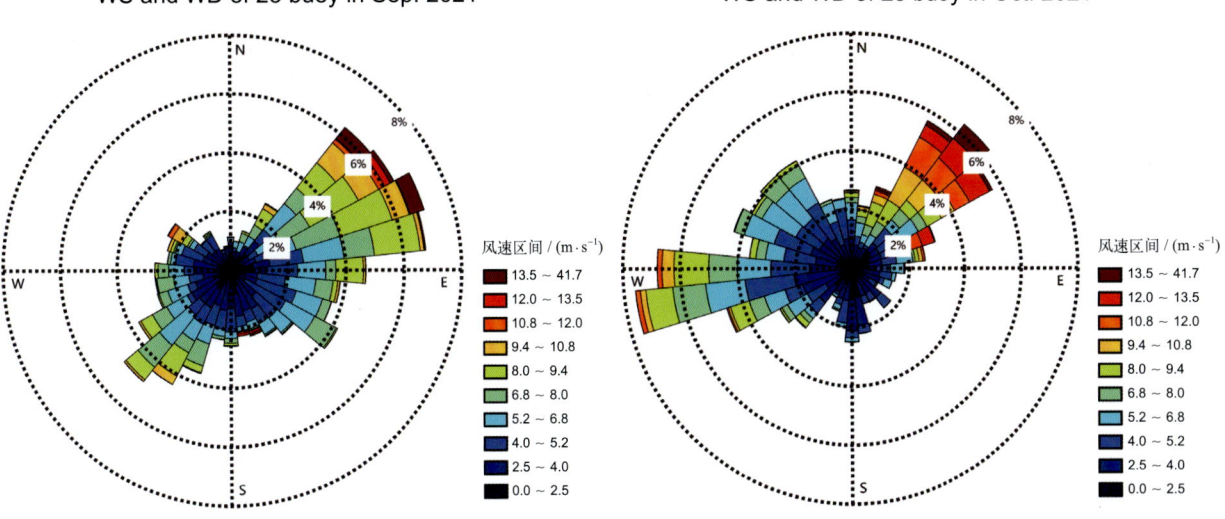

23号浮标2021年09月风速、风向观测数据玫瑰图
WS and WD of 23 buoy in Sep. 2021

23号浮标2021年10月风速、风向观测数据玫瑰图
WS and WD of 23 buoy in Oct. 2021

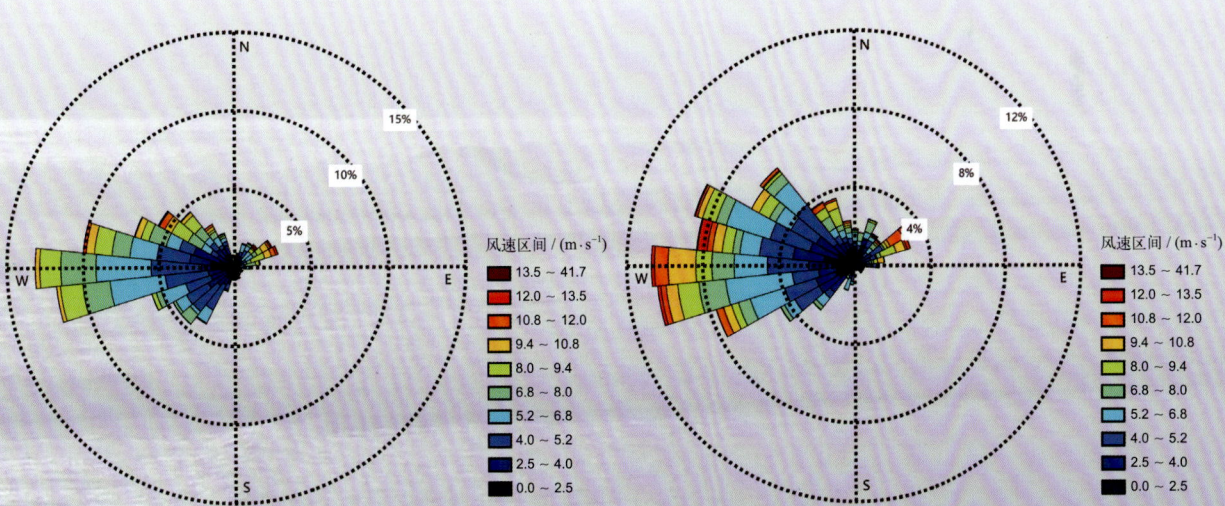

23号浮标2021年11月风速、风向观测数据玫瑰图
WS and WD of 23 buoy in Nov. 2021

23号浮标2021年12月风速、风向观测数据玫瑰图
WS and WD of 23 buoy in Dec. 2021

2 水文观测

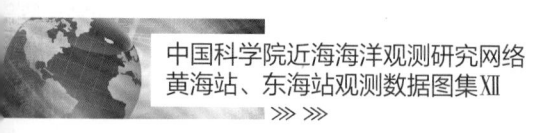

2021年度02号浮标观测数据概述及曲线
（水温和盐度）

2021年，02号浮标共获取365天的水温长序列观测数据和214天的盐度长序列观测数据。获取数据的主要区间共三个时间段，具体为1月1日00:00至3月16日22:10、4月1日12:40至6月9日13:30和10月8日09:00至12月31日23:30。通过对获取数据质量控制和分析，02号浮标观测海域2021年度水温、盐度数据和季节数据特征如下。

年度水温平均值为13.91℃，年度盐度平均值为30.32；测得的年度最高水温和最低水温分别为31.0℃和1.3℃；测得的年度最高盐度和最低盐度分别为31.4和28.6。以2月为冬季代表月，观测海域冬季的平均水温是2.49℃，平均盐度是30.03；以5月为春季代表月，观测海域春季的平均水温是11.42℃，平均盐度是29.58；以8月为夏季代表月，观测海域夏季的平均水温是25.81℃；以11月为秋季代表月，观测海域秋季的平均水温是15.06℃，平均盐度是31.00。

2021年，02号浮标布放海域月度水温、盐度变化特征与该海域的气温和降水等因素密切相关。02号浮标观测海域的水温、盐度月平均值、最高值和最低值数据参见表13。

2021年，02号浮标记录到1次寒潮过程的水温、盐度变化。寒潮的具体过程中，1月6—7日，水温降幅为1.0℃（从5.1℃降至4.1℃）；盐度降幅为0.4（从30.2降至29.8）。

表13　02号浮标各月份水温、盐度观测数据

月份	水温 /℃			盐度			备注
	平均	最高	最低	平均	最高	最低	
1	4.08	7.2	2.0	30.18	30.8	29.8	记录1次寒潮
2	2.49	4.2	1.3	30.03	30.6	29.6	
3	3.44	6.8	2.3	30.09	30.5	29.3	缺测15天盐度数据
4	6.87	10.0	4.4	29.85	30.6	29.2	
5	11.42	15.9	8.1	29.58	30.2	28.6	
6	17.69	23.2	12.2	—	—	—	缺测盐度数据
7	23.83	31.0	17.5	—	—	—	缺测盐度数据
8	25.81	29.6	23.3	—	—	—	缺测盐度数据
9	23.54	26.3	21.9	—	—	—	缺测盐度数据
10	19.62	22.7	17.3	30.97	31.3	30.2	
11	15.06	17.6	11.9	31.00	31.4	30.4	
12	10.11	12.9	6.0	31.17	31.4	30.8	

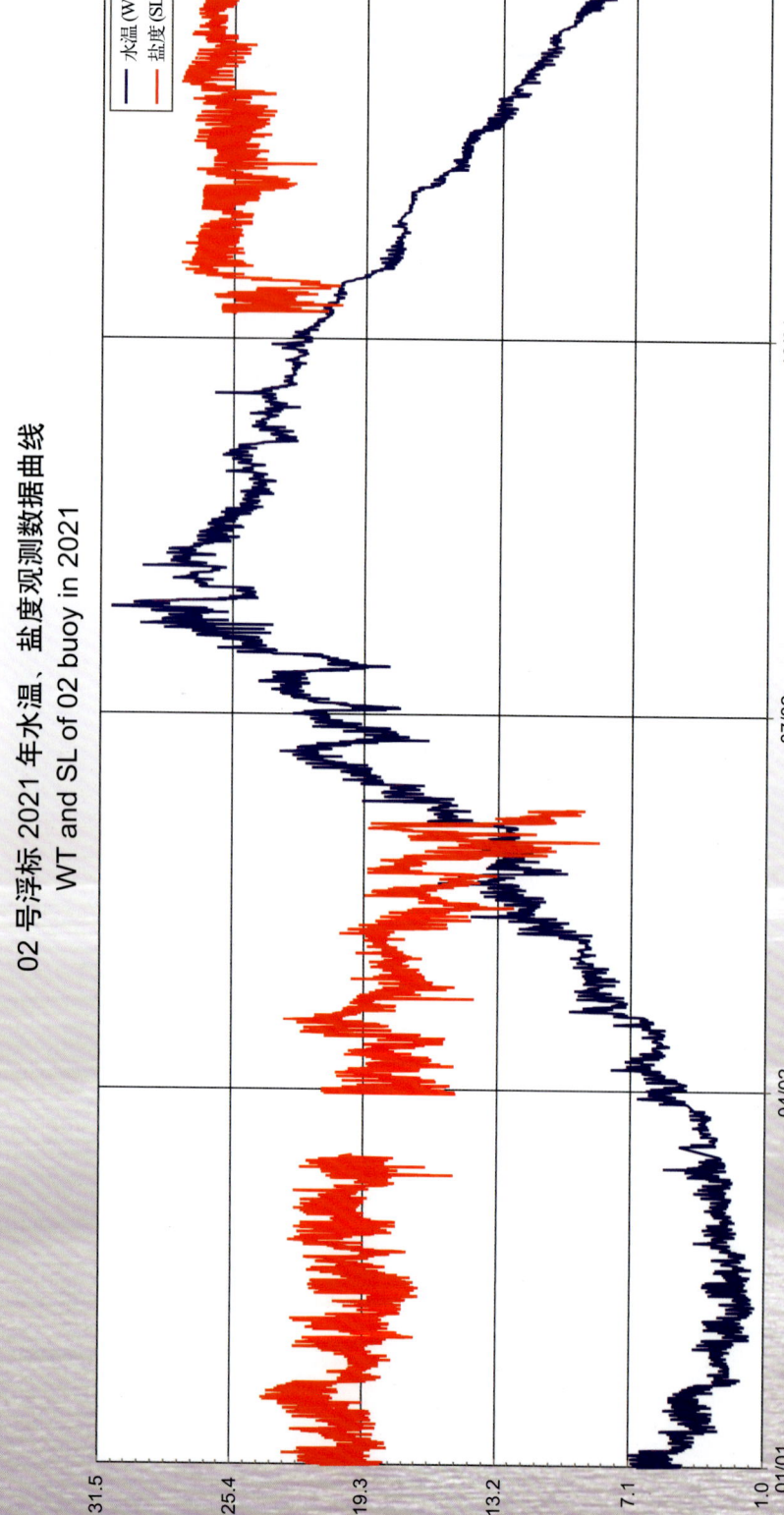

02号浮标2021年水温、盐度观测数据曲线
WT and SL of 02 buoy in 2021

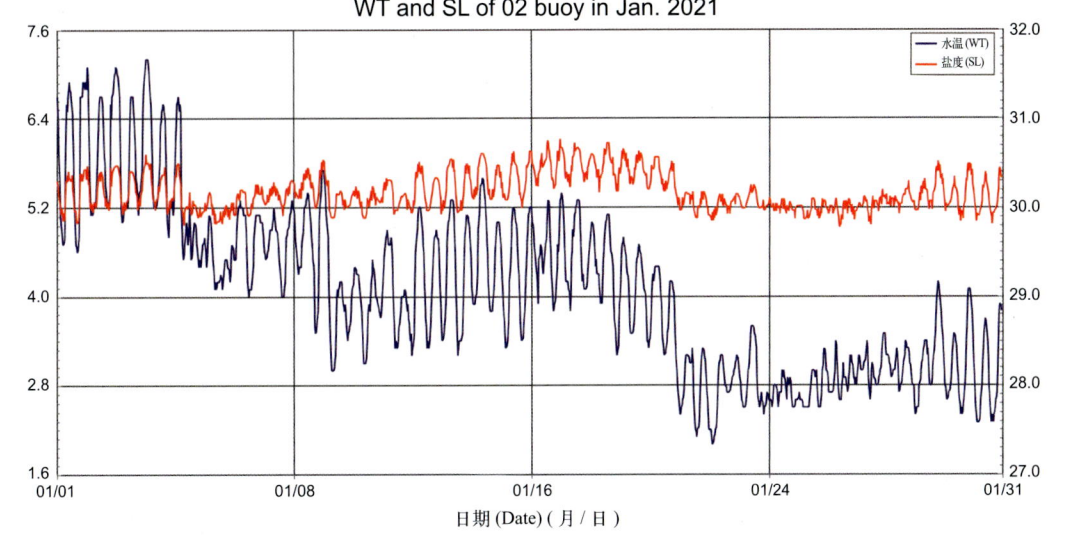

02号浮标2021年01月水温、盐度观测数据曲线
WT and SL of 02 buoy in Jan. 2021

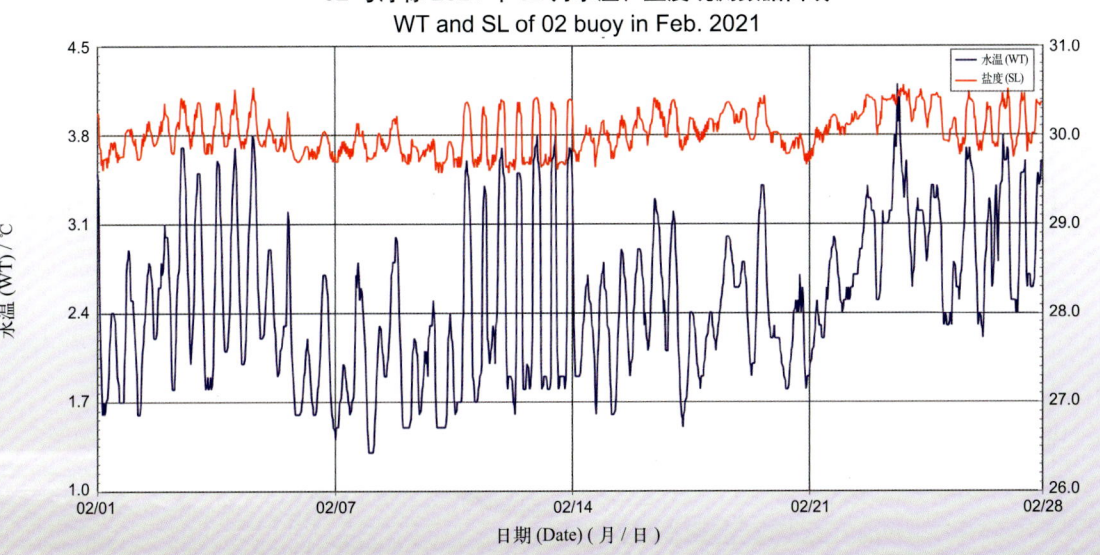

02号浮标2021年02月水温、盐度观测数据曲线
WT and SL of 02 buoy in Feb. 2021

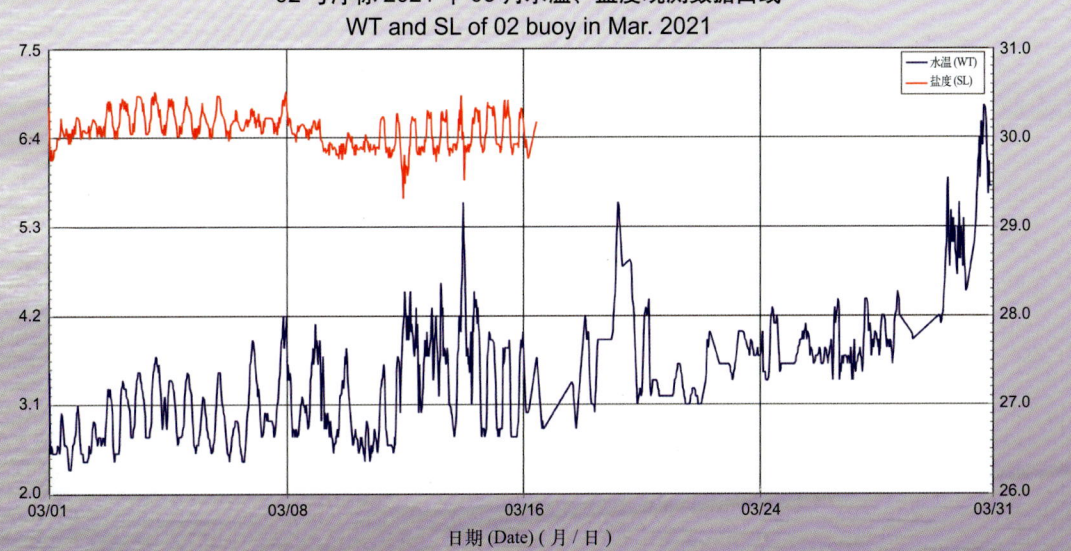

02号浮标2021年03月水温、盐度观测数据曲线
WT and SL of 02 buoy in Mar. 2021

02号浮标2021年04月水温、盐度观测数据曲线
WT and SL of 02 buoy in Apr. 2021

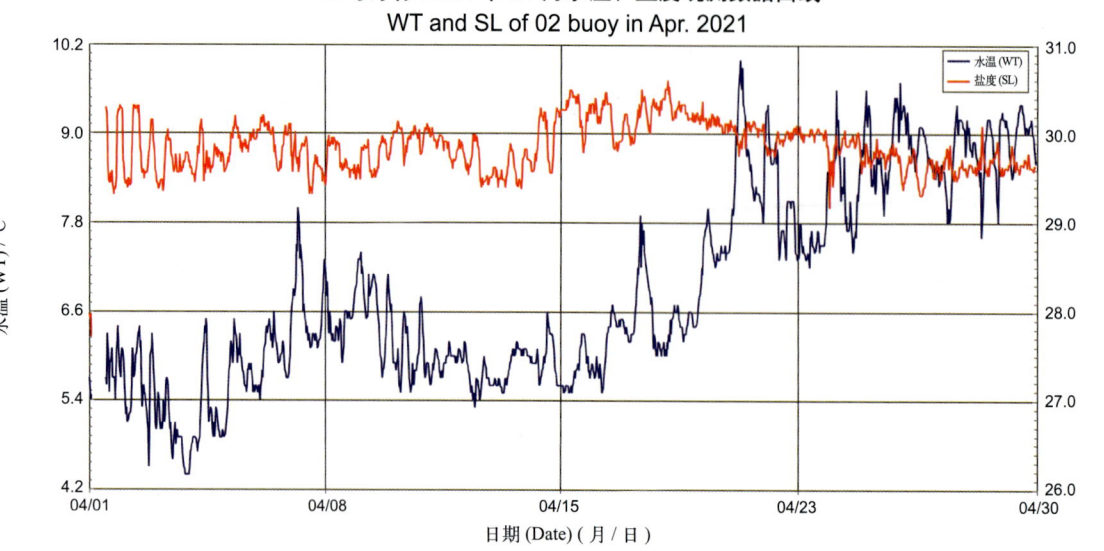

02号浮标2021年05月水温、盐度观测数据曲线
WT and SL of 02 buoy in May 2021

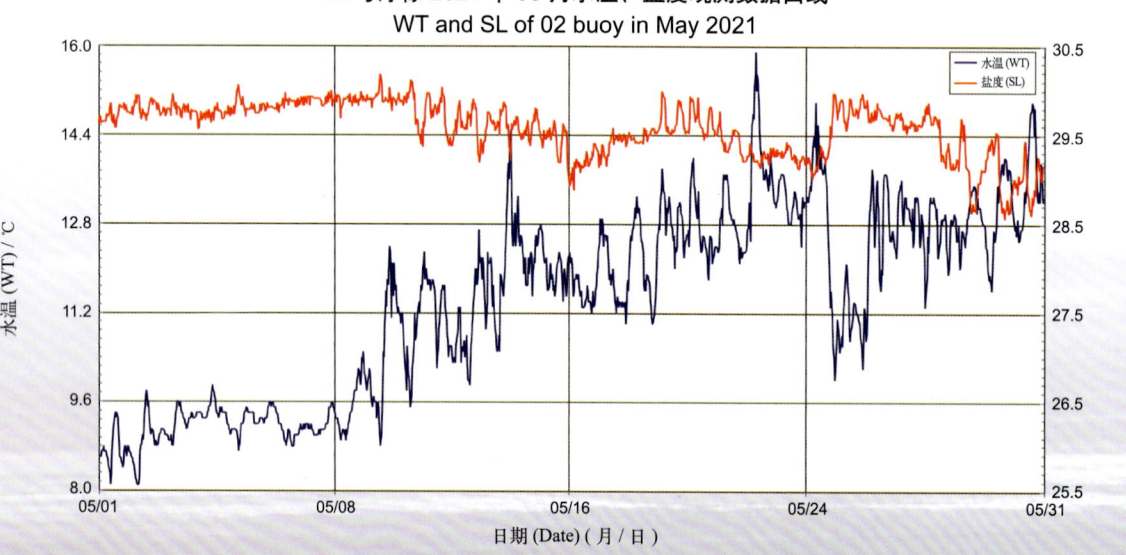

02号浮标2021年06月水温、盐度观测数据曲线
WT and SL of 02 buoy in Jun. 2021

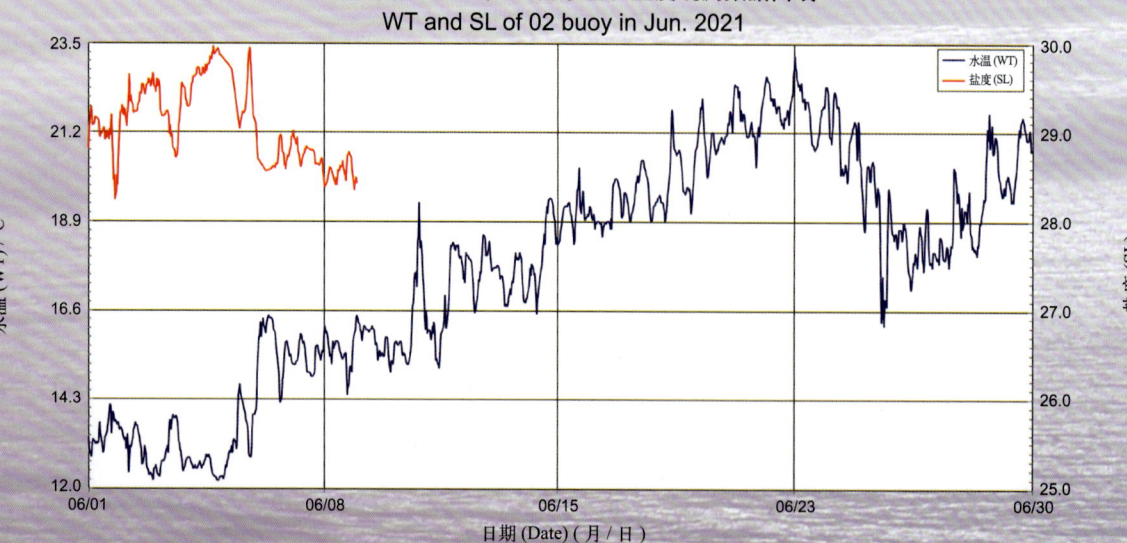

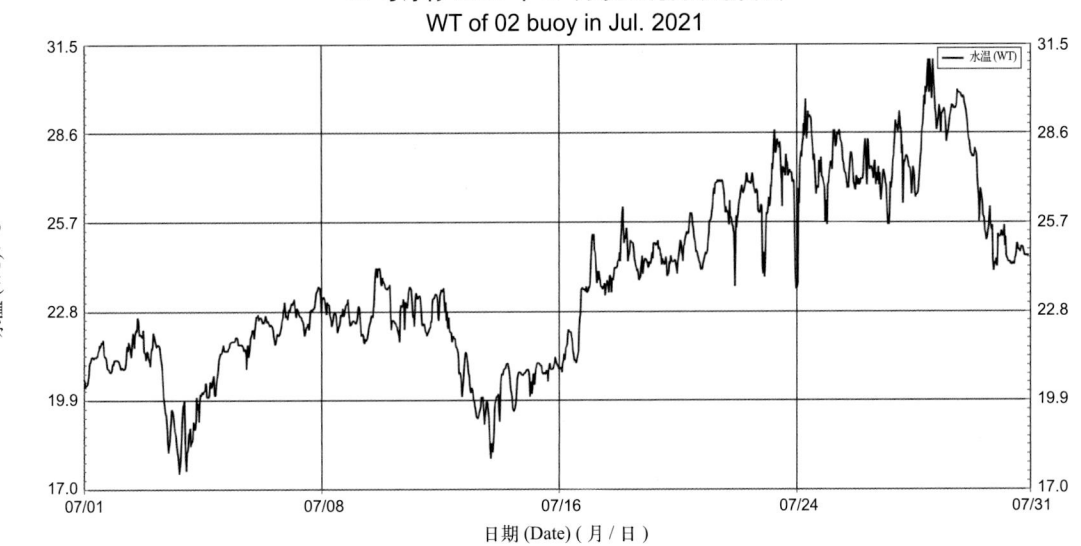

02 号浮标 2021 年 07 月水温观测数据曲线
WT of 02 buoy in Jul. 2021

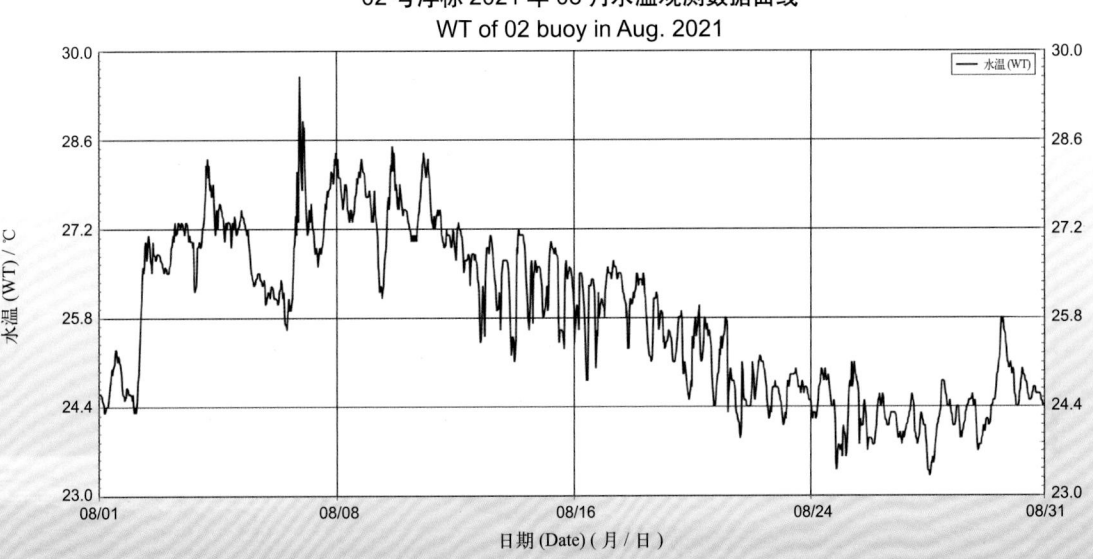

02 号浮标 2021 年 08 月水温观测数据曲线
WT of 02 buoy in Aug. 2021

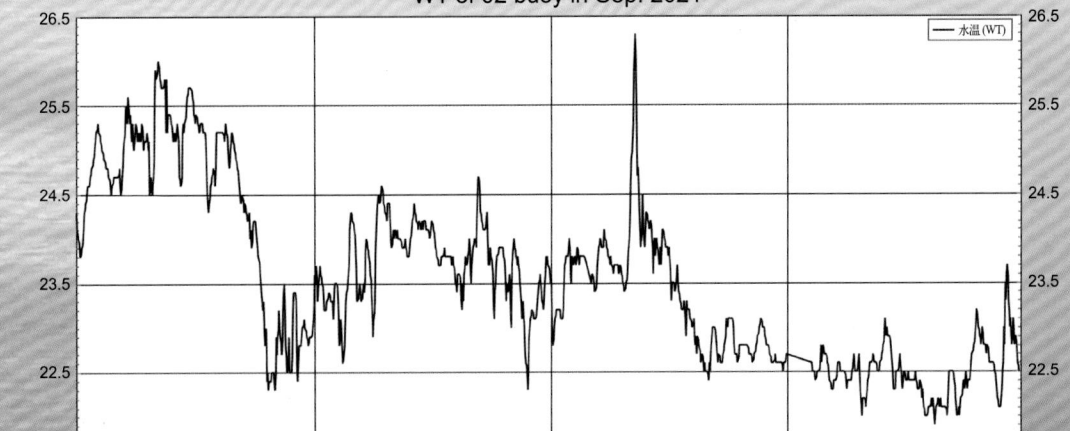

02 号浮标 2021 年 09 月水温观测数据曲线
WT of 02 buoy in Sep. 2021

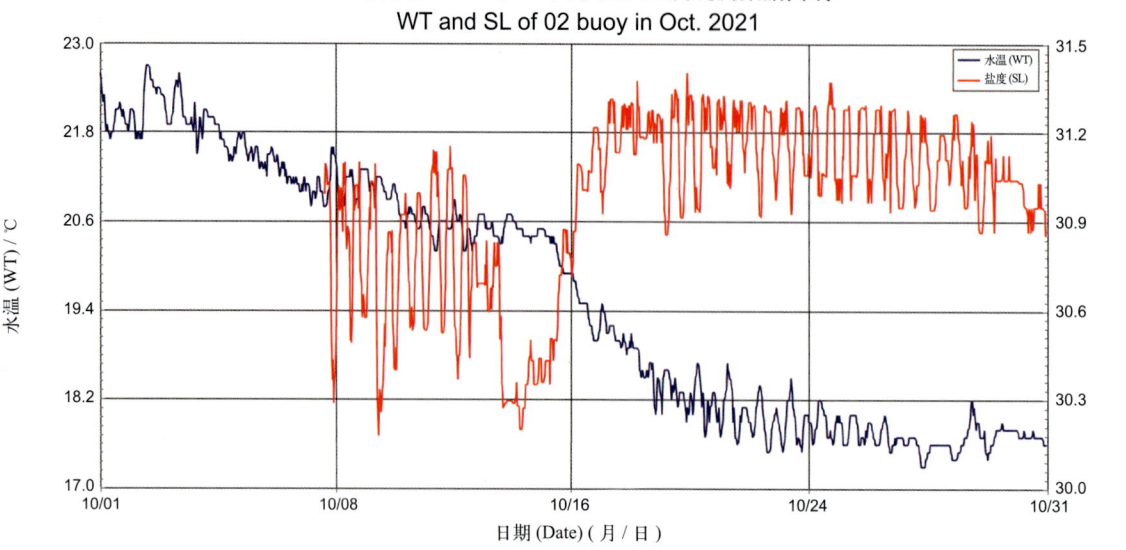

02号浮标2021年10月水温、盐度观测数据曲线
WT and SL of 02 buoy in Oct. 2021

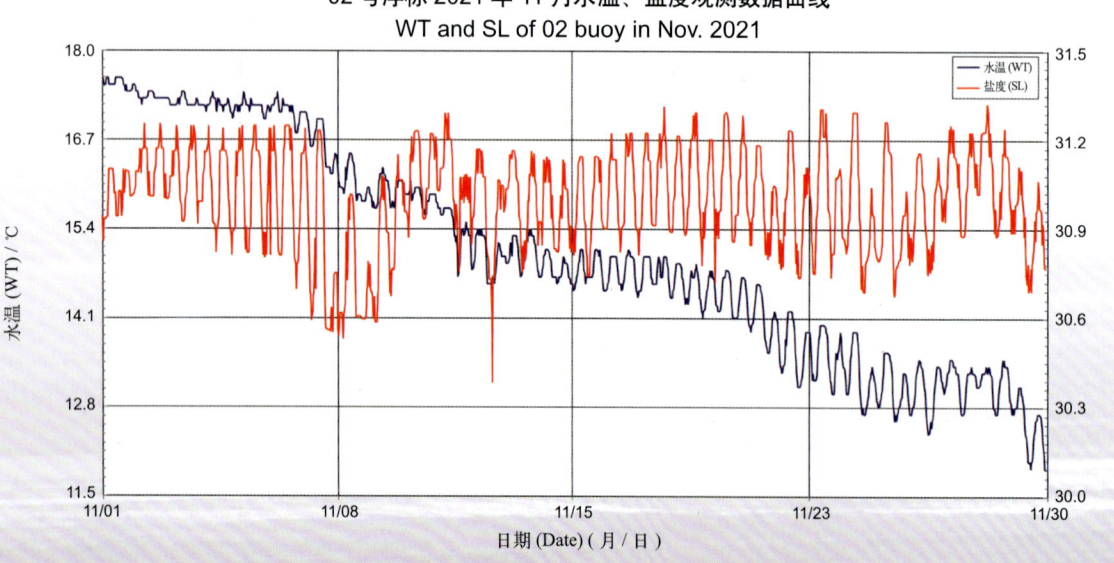

02号浮标2021年11月水温、盐度观测数据曲线
WT and SL of 02 buoy in Nov. 2021

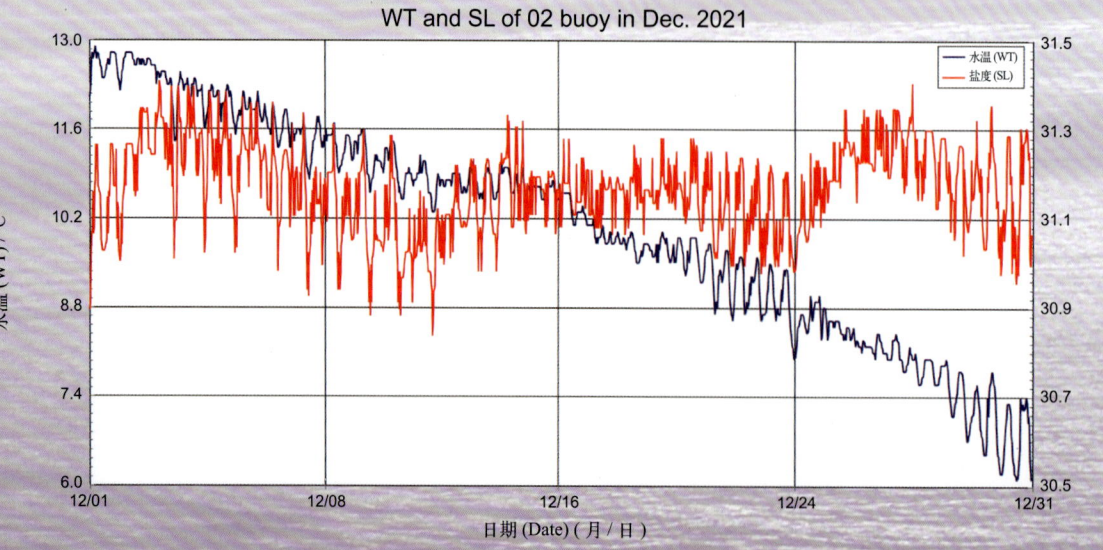

02号浮标2021年12月水温、盐度观测数据曲线
WT and SL of 02 buoy in Dec. 2021

2021年度06号浮标观测数据概述及曲线
(水温和盐度)

2021年，06号浮标共获取345天的水温和盐度长序列观测数据。获取数据的主要区间共两个时间段，具体为1月1日00:00至4月21日16:00和5月12日22:00至12月31日23:50。通过对获取数据质量控制和分析，06号浮标观测海域2021年度水温、盐度数据和季节数据特征如下。

年度水温平均值为20.19℃，年度盐度平均值为30.80；测得的年度最高水温和最低水温分别为29.7℃和8.9℃；测得的年度最高盐度和最低盐度分别为34.8和20.5。以2月为冬季代表月，观测海域冬季的平均水温是12.38℃，平均盐度是32.73；以5月为春季代表月，观测海域春季的平均水温是20.09℃，平均盐度是29.89；以8月为夏季代表月，观测海域夏季的平均水温是27.65℃，平均盐度是29.96；以11月为秋季代表月，观测海域秋季的平均水温是20.08℃，平均盐度是28.35。

2021年，06号浮标布放海域月度水温、盐度变化特征与该海域的气温和降水等因素密切相关。06号浮标观测海域的水温、盐度月平均值、最高值和最低值数据参见表14。

2021年，06号浮标记录到2次寒潮过程和4次台风过程的水温、盐度变化。第一次寒潮过程，1月6—9日，水温降幅为2.2℃（从16.1℃降至13.9℃）；盐度降幅为0.6（从34.8降至34.2）。第二次寒潮过程，12月24—26日，水温降幅为1.7℃（从18.2℃降至16.5℃）；盐度降幅为1.6（从33.7降至32.1）。第一次台风过程，7月24—26日，受第6号台风"烟花"的影响，06号浮标水温发生下降，7月24日22:00至7月25日17:30，从26.4℃降至23.8℃；盐度呈现先上升再下降的变化，7月24日09:00至7月25日19:30，从33.4升至34.0，之后于7月26日00:00降至33.1。第二次台风过程，8月6—9日，受第9号台风"卢碧"的影响，06号浮标水温呈现先上升再下降的变化，8月6日00:00至8月6日15:30，从27.5℃升至28.5℃，之后于8月7日11:00降至27.2℃；盐度呈现先下降再上升的变化，8月6日05:00至23:00，从30.5降至28.6，之后于8月8日07:00升至31.6。第三次台风过程，8月22—25日，受第12号台风"奥麦斯"的影响，06号浮标水温呈现先上升再下降的变化，8月22日10:00至8月23日11:30，从27.1℃升至28.5℃，之后于8月25日05:30降至27.1℃；盐度呈现先下降再上升的变化，8月22日17:00至8月23日13:30，从30.3降至24.4，之后于8月24日19:00升至30.5。第四次台风过程，9月12—14日，受第14号台风"灿都"的影响，06号浮标水温发生下降，9月12日02:30至9月13日23:00，从28.6℃降至23.9℃；盐度发生上升，9月12日05:30至9月13日23:00，从28.5升至33.1。

表14 06号浮标各月份水温、盐度观测数据

月份	水温/℃			盐度			备注
	平均	最高	最低	平均	最高	最低	
1	13.77	16.2	8.9	34.21	34.8	31.1	记录1次寒潮
2	12.38	14.1	10.7	32.73	34.6	29.0	
3	12.47	14.5	10.4	31.39	33.0	26.7	
4	14.18	18.3	13.1	29.95	33.5	25.8	缺测9天数据
5	20.09	22.5	19.1	29.89	31.3	27.5	缺测11天数据
6	23.39	26.1	20.9	29.02	31.9	26.1	
7	25.96	29.5	23.5	29.84	34.0	25.0	记录1次台风
8	27.65	29.6	26.3	29.96	33.6	24.4	记录2次台风
9	27.25	29.7	23.9	29.39	33.1	24.7	记录1次台风
10	25.09	27.4	22.3	31.14	33.6	24.6	
11	20.08	22.8	16.9	28.35	33.1	20.5	
12	17.99	19.1	15.4	32.98	33.8	30.4	记录1次寒潮

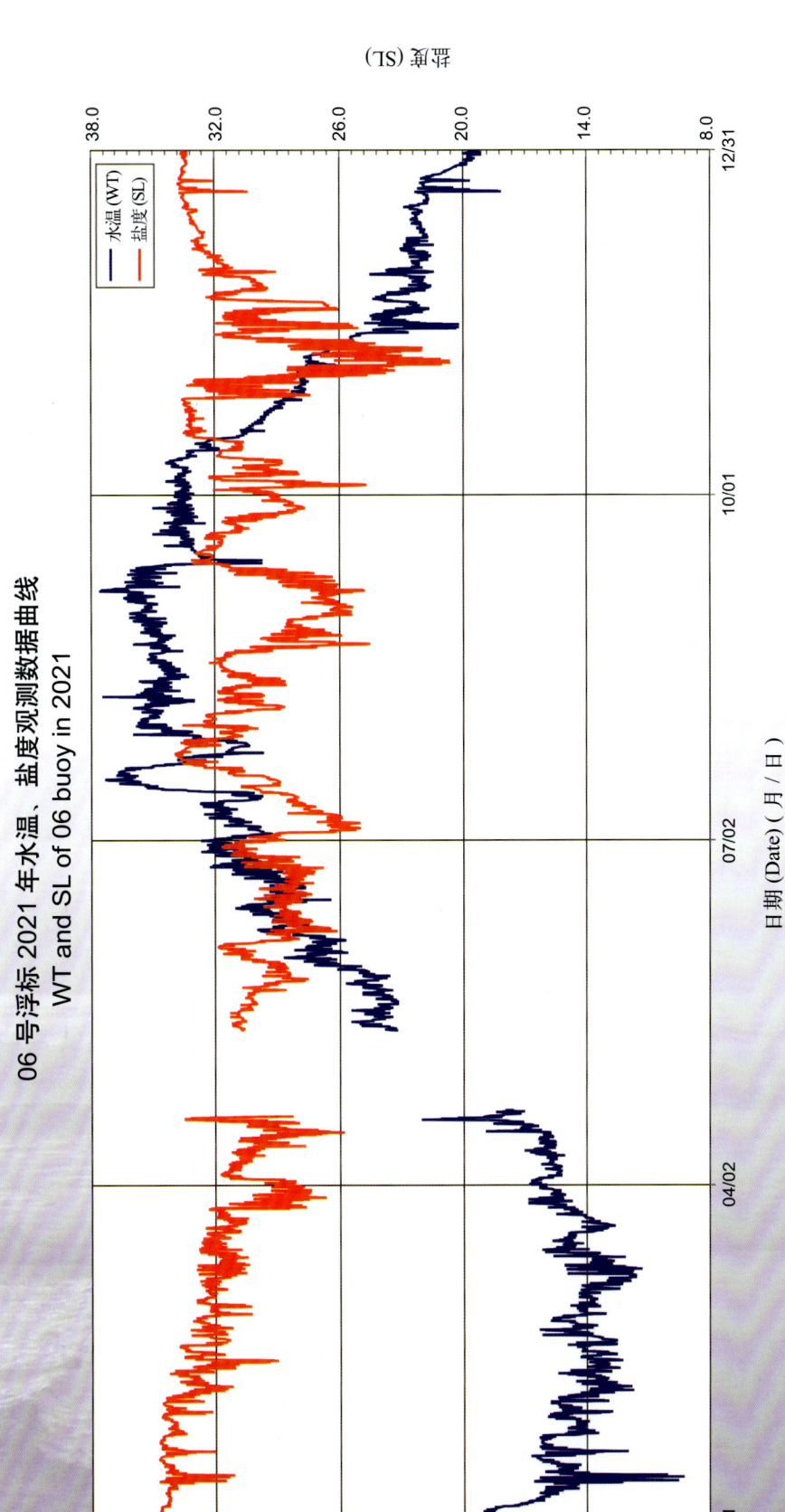

06号浮标2021年水温、盐度观测数据曲线
WT and SL of 06 buoy in 2021

06 号浮标 2021 年 01 月水温、盐度观测数据曲线
WT and SL f 06 buoy in Jan. 2021

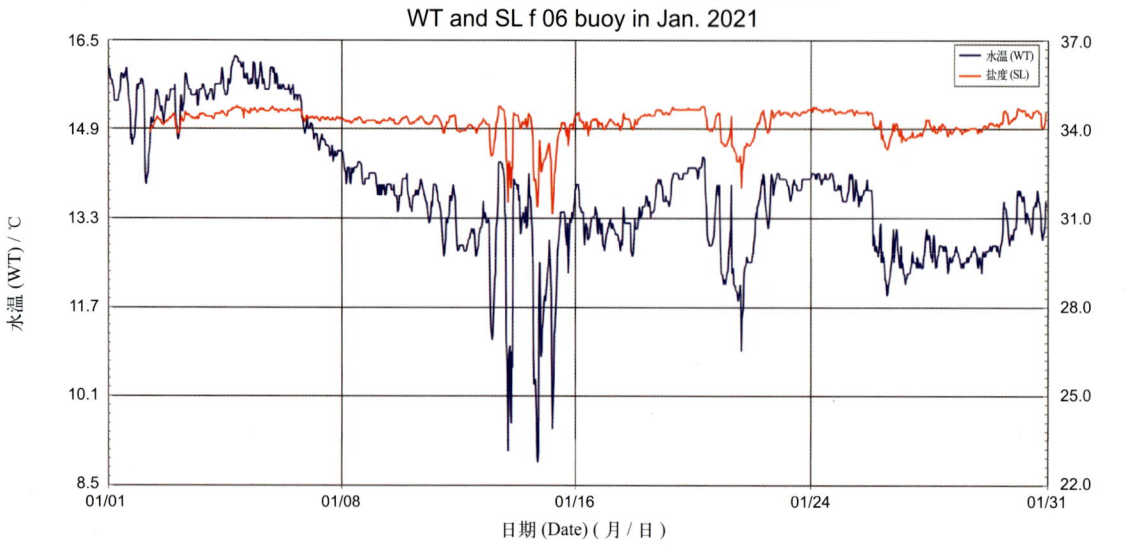

06 号浮标 2021 年 02 月水温、盐度观测数据曲线
WT and SL of 06 buoy in Feb. 2021

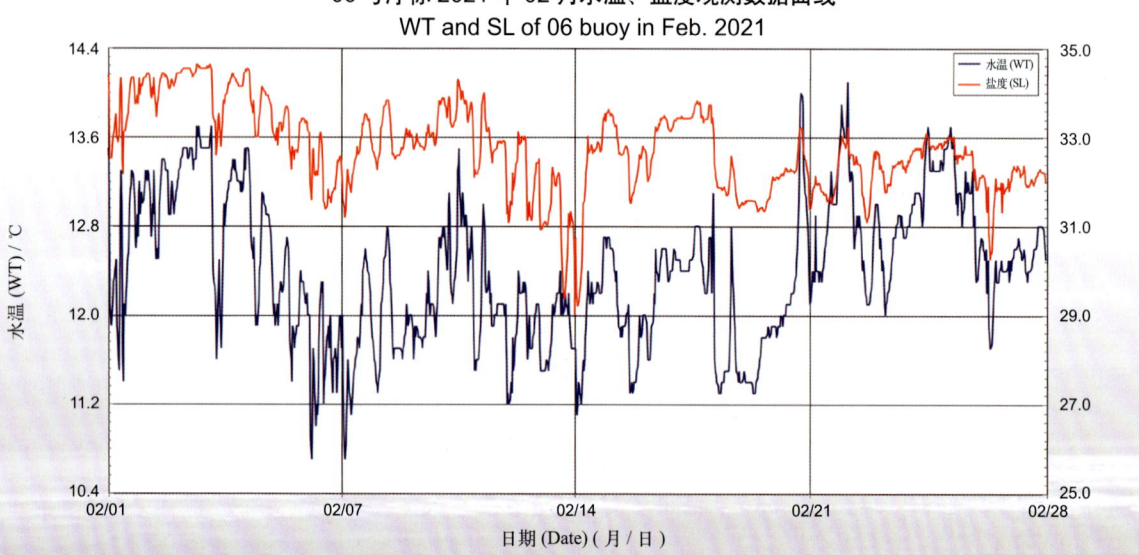

06 号浮标 2021 年 03 月水温、盐度观测数据曲线
WT and SL of 06 buoy in Mar. 2021

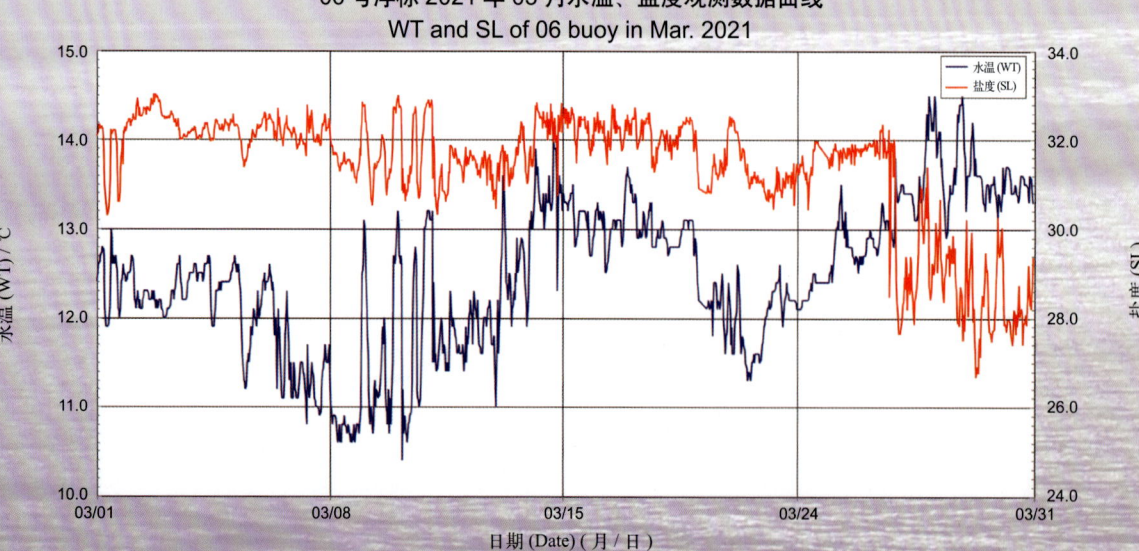

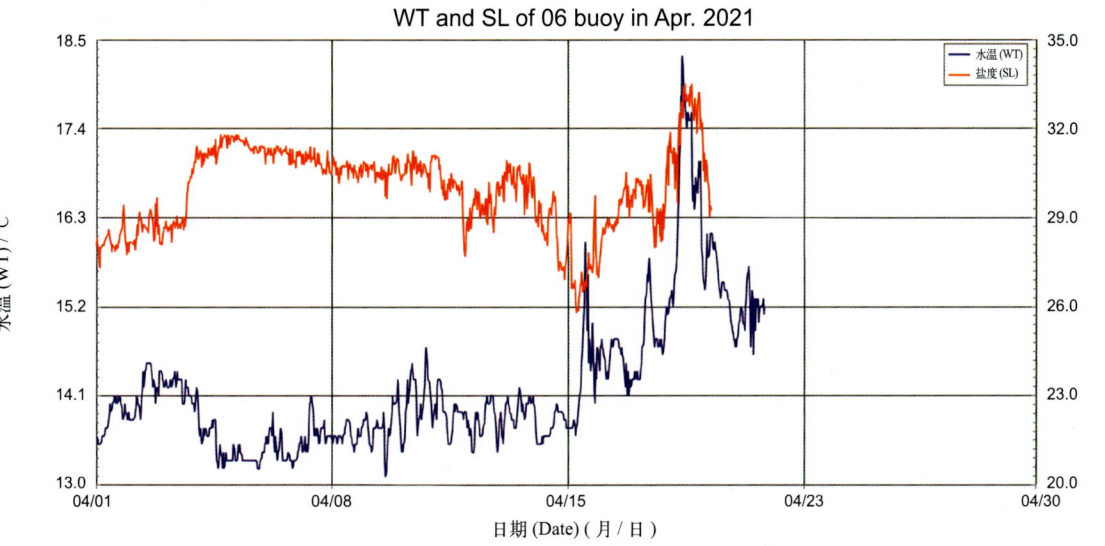

06号浮标2021年04月水温、盐度观测数据曲线
WT and SL of 06 buoy in Apr. 2021

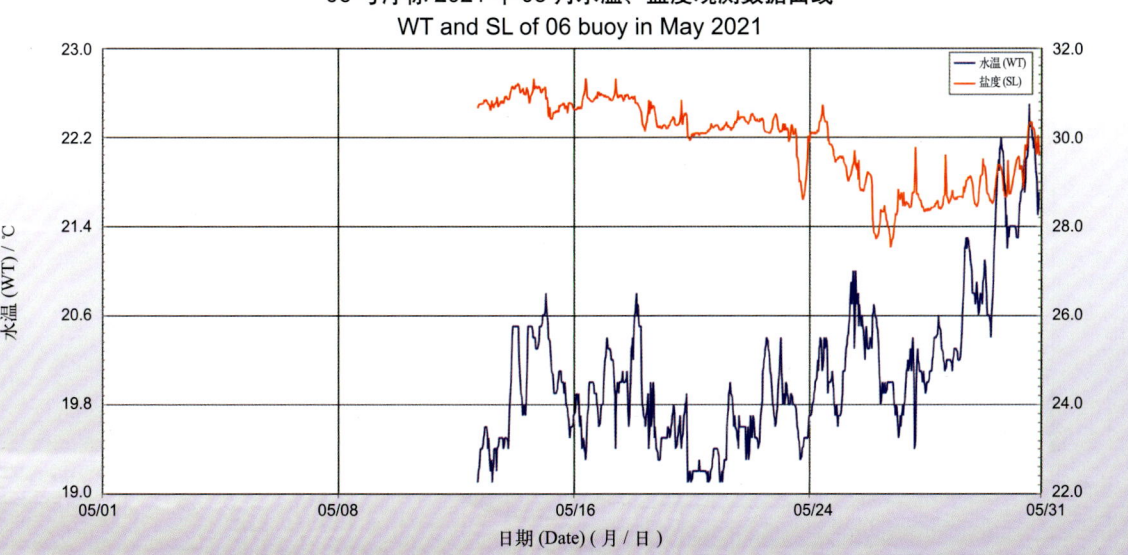

06号浮标2021年05月水温、盐度观测数据曲线
WT and SL of 06 buoy in May 2021

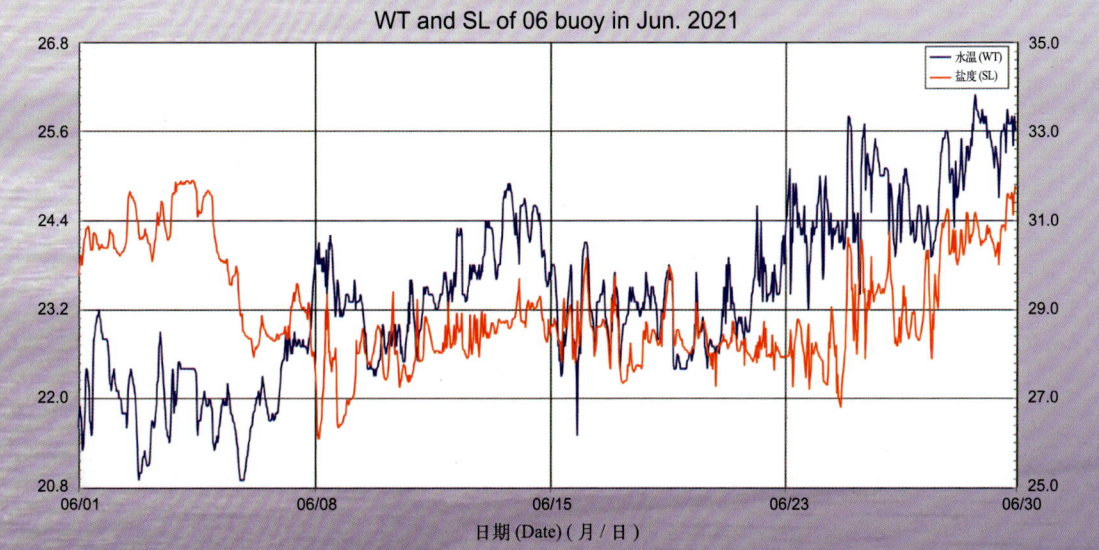

06号浮标2021年06月水温、盐度观测数据曲线
WT and SL of 06 buoy in Jun. 2021

06 号浮标 2021 年 07 月水温、盐度观测数据曲线
WT and SL of 06 buoy in Jul. 2021

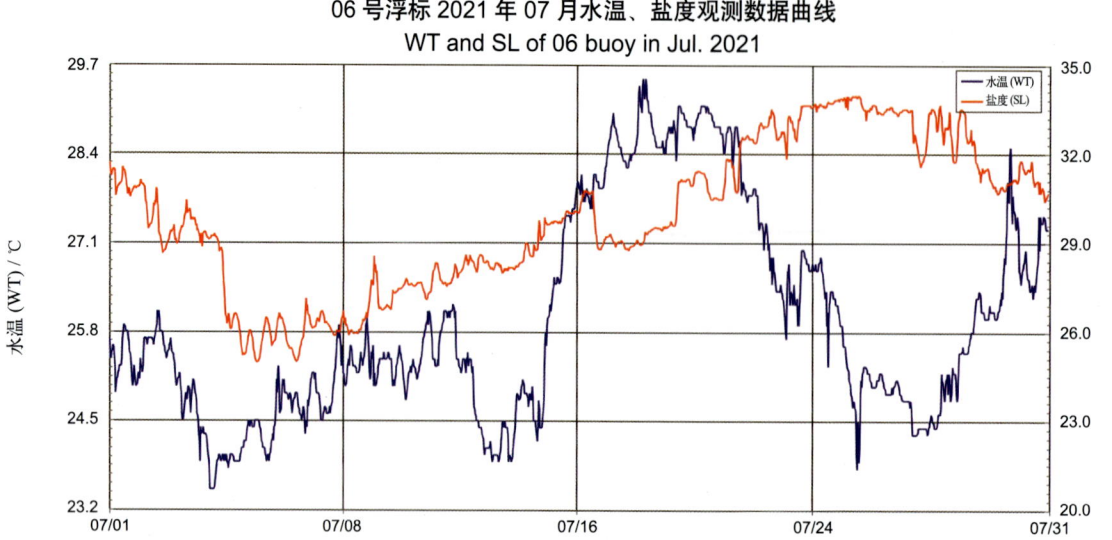

06 号浮标 2021 年 08 月水温、盐度观测数据曲线
WT and SL of 06 buoy in Aug. 2021

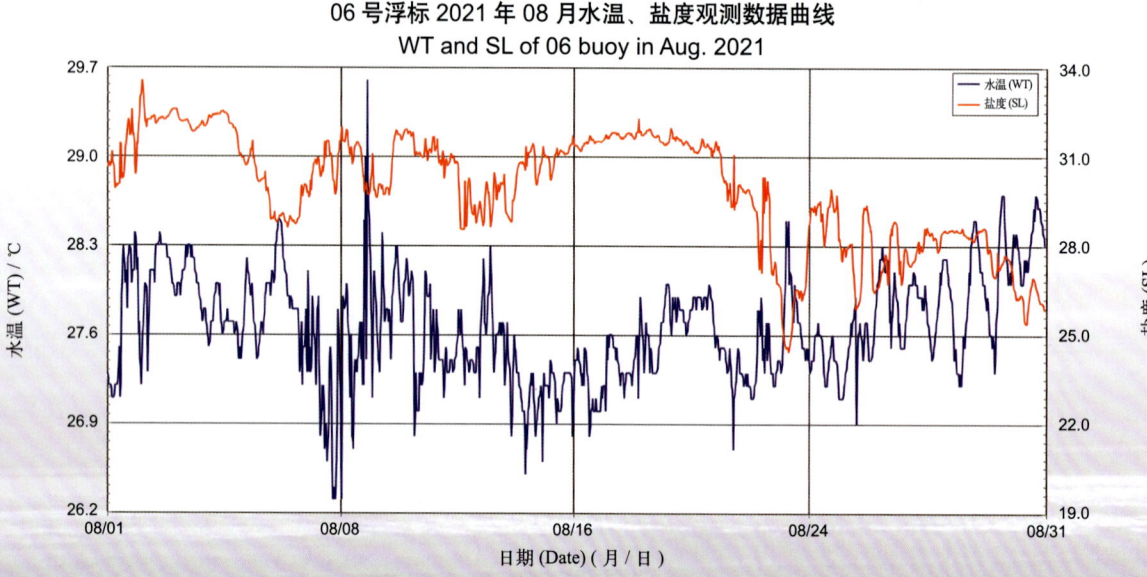

06 号浮标 2021 年 09 月水温、盐度观测数据曲线
WT and SL of 06 buoy in Sep. 2021

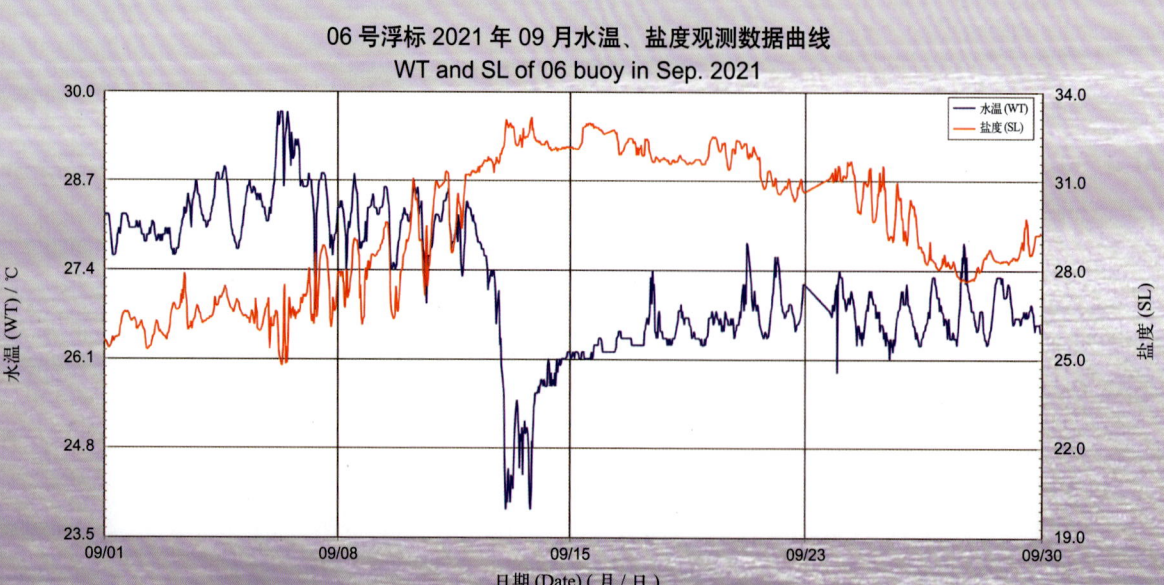

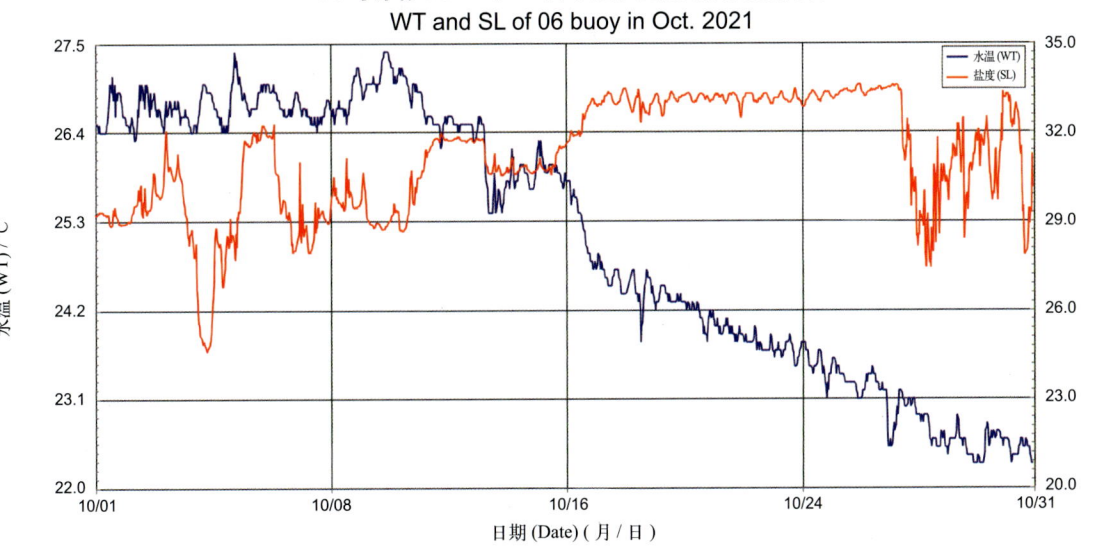

06号浮标2021年10月水温、盐度观测数据曲线
WT and SL of 06 buoy in Oct. 2021

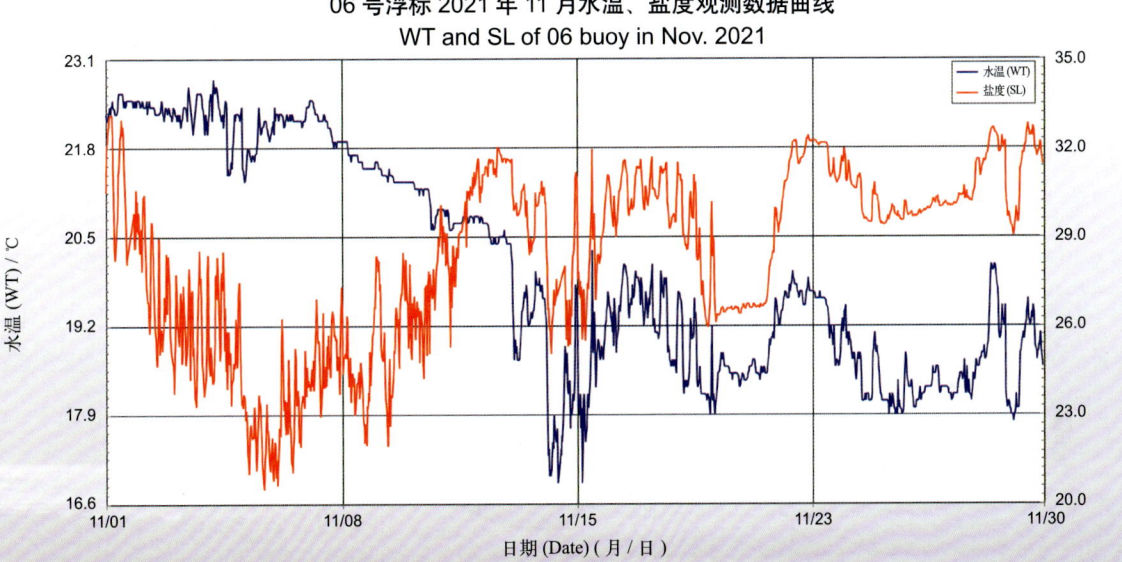

06号浮标2021年11月水温、盐度观测数据曲线
WT and SL of 06 buoy in Nov. 2021

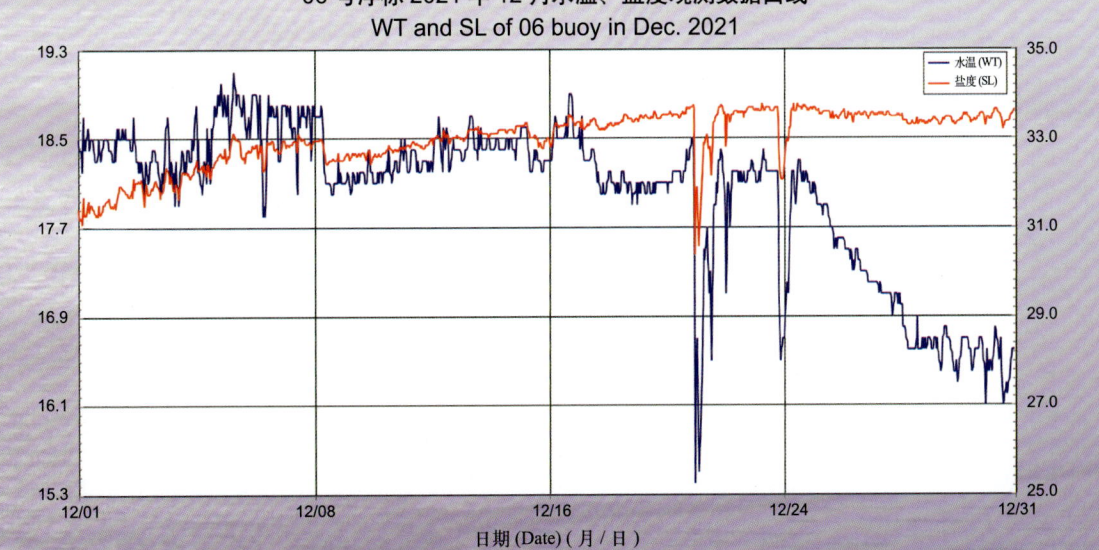

06号浮标2021年12月水温、盐度观测数据曲线
WT and SL of 06 buoy in Dec. 2021

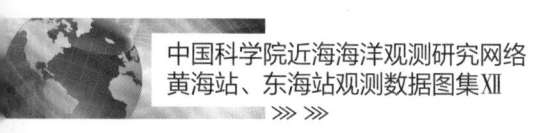

2021年度09号浮标观测数据概述及曲线
（水温和盐度）

2021年，09号浮标共获取365天的水温和盐度长序列观测数据。通过对获取数据质量控制和分析，09号浮标观测海域2021年度水温、盐度数据和季节数据特征如下。

年度水温平均值为15.58℃，年度盐度平均值为31.32；测得的年度最高水温和最低水温分别为28.8℃和4.5℃；测得的年度最高盐度和最低盐度分别为32.7和29.9。以2月为冬季代表月，观测海域冬季的平均水温是5.43℃，平均盐度是31.93；以5月为春季代表月，观测海域春季的平均水温是13.95℃，平均盐度是31.75；以8月为夏季代表月，观测海域夏季的平均水温是26.66℃，平均盐度是31.13；以11月为秋季代表月，观测海域秋季的平均水温是16.25℃，平均盐度是30.67。

2021年，09号浮标布放海域月度水温、盐度变化特征与该海域的气温和降水等因素密切相关。09号浮标观测海域的水温、盐度月平均值、最高值和最低值数据参见表15。

2021年，09号浮标记录到3次寒潮过程和1次台风过程的水温、盐度变化。第一次寒潮过程，1月5—8日，水温降幅为1.4℃（从7.4℃降至6.0℃），盐度变化幅度为0.4（31.5～31.9）。第二次寒潮过程，11月5日—8日，水温降幅为1.5℃（从19.0℃降至17.5℃），盐度变化幅度为0.3（30.5～30.8）。第三次寒潮过程，12月23—26日，水温降幅为2.1℃（从10.8℃降至8.7℃），盐度变化幅度为0.3（30.8～31.1）。台风的具体过程中，7月28—31日，受第6号台风"烟花"的影响，09号浮标的水温发生上升，7月29日07:00至7月31日14:30，从25.8℃升至27.8℃；盐度变化不大。

表15 09号浮标各月份水温、盐度观测数据

月份	水温/℃			盐度			备注
	平均	最高	最低	平均	最高	最低	
1	5.50	7.6	4.5	31.79	32.0	31.5	记录1次寒潮
2	5.43	6.4	4.8	31.93	32.1	31.7	
3	6.94	9.9	5.4	31.74	32.0	31.2	
4	10.36	13.2	8.3	31.76	32.0	31.5	
5	13.95	17.1	11.6	31.75	31.9	31.5	
6	18.86	22.6	15.9	31.85	32.7	31.6	
7	24.16	27.8	20.3	30.91	32.7	29.9	记录1次台风
8	26.66	28.8	25.5	31.13	31.4	30.6	
9	25.20	26.6	24.4	30.82	31.1	30.5	
10	21.70	25.3	18.9	30.63	30.9	30.3	
11	16.25	19.2	13.8	30.67	30.9	30.4	记录1次寒潮
12	11.28	14.1	7.8	30.87	31.2	30.5	记录1次寒潮

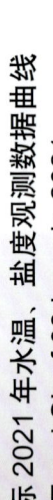

09 号浮标 2021 年水温、盐度观测数据曲线
WT and SL of 09 buoy in 2021

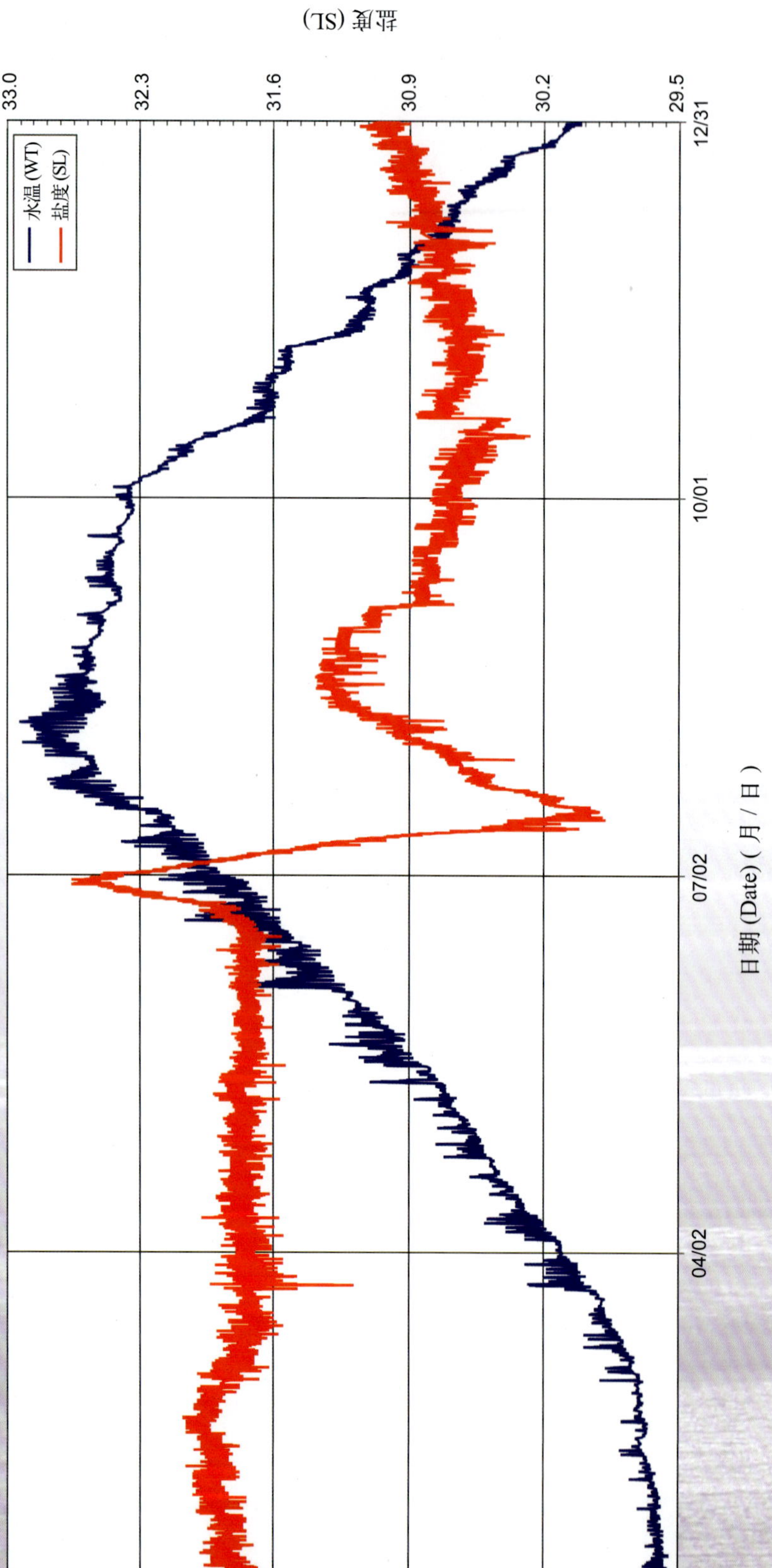

09号浮标2021年01月水温、盐度观测数据曲线
WT and SL of 09 buoy in Jan. 2021

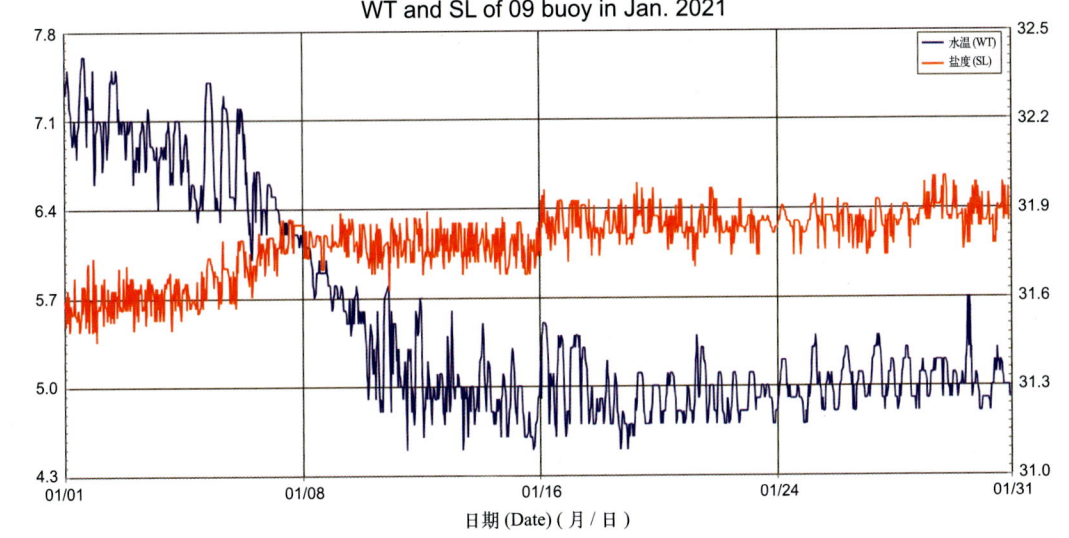

09号浮标2021年02月水温、盐度观测数据曲线
WT and SL of 09 buoy in Feb. 2021

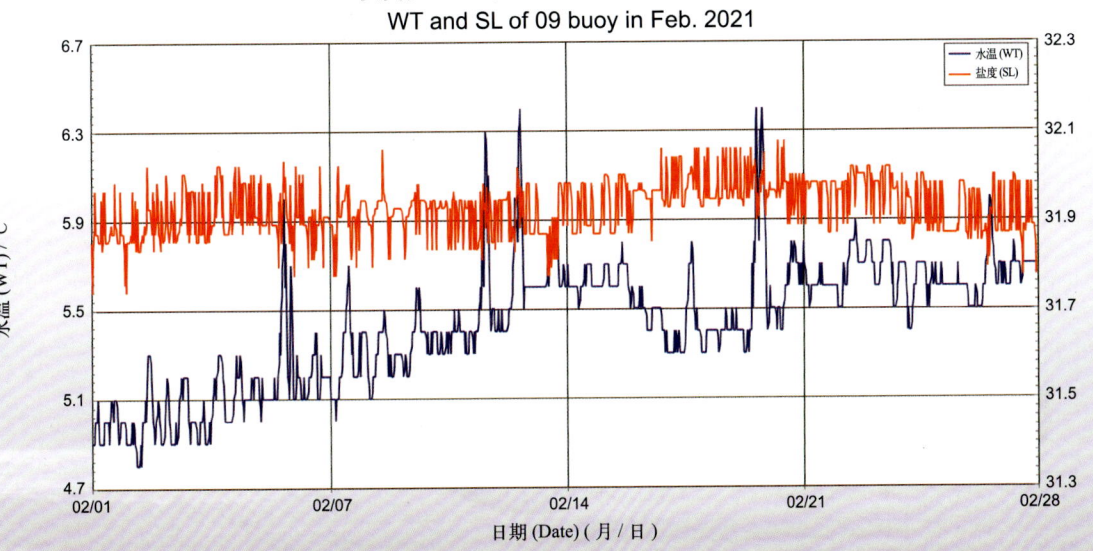

09号浮标2021年03月水温、盐度观测数据曲线
WT and SL of 09 buoy in Mar. 2021

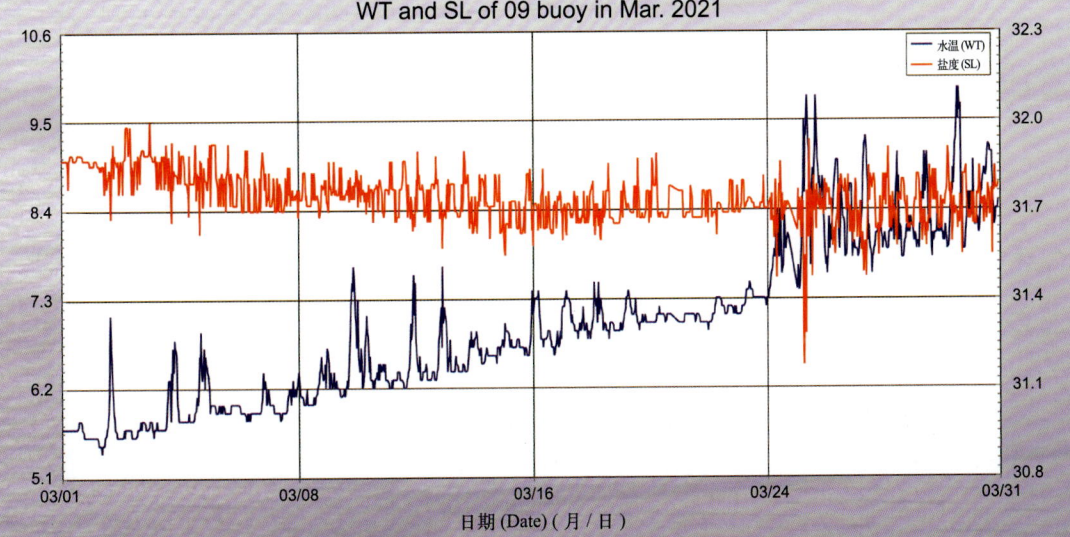

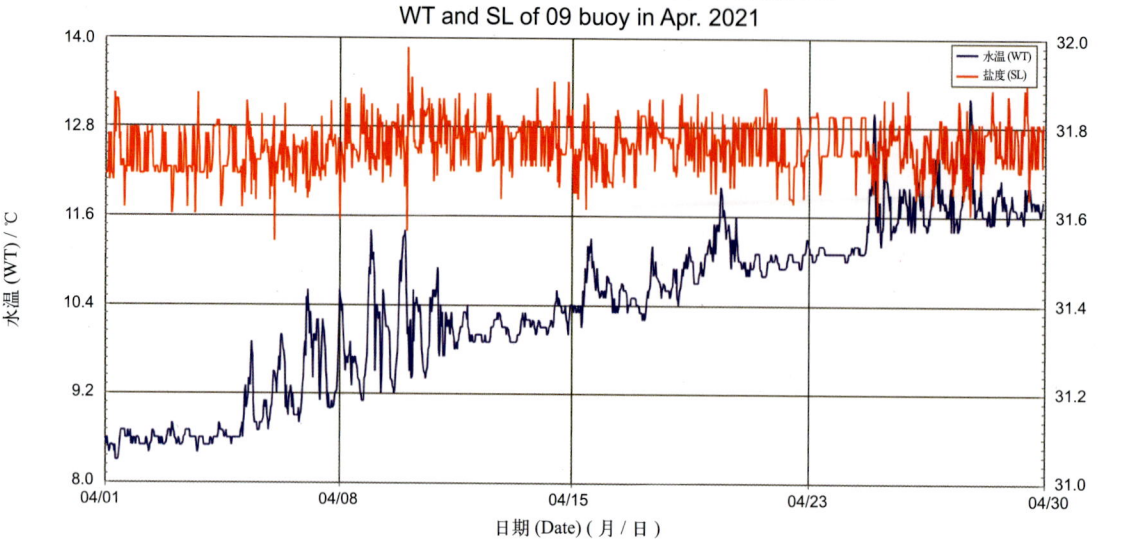

09号浮标2021年04月水温、盐度观测数据曲线
WT and SL of 09 buoy in Apr. 2021

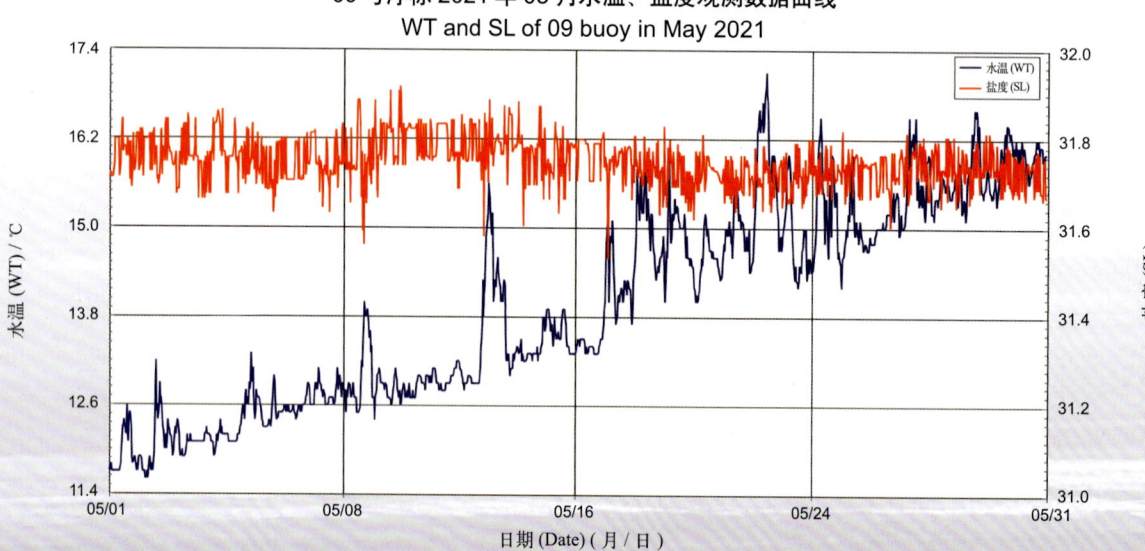

09号浮标2021年05月水温、盐度观测数据曲线
WT and SL of 09 buoy in May 2021

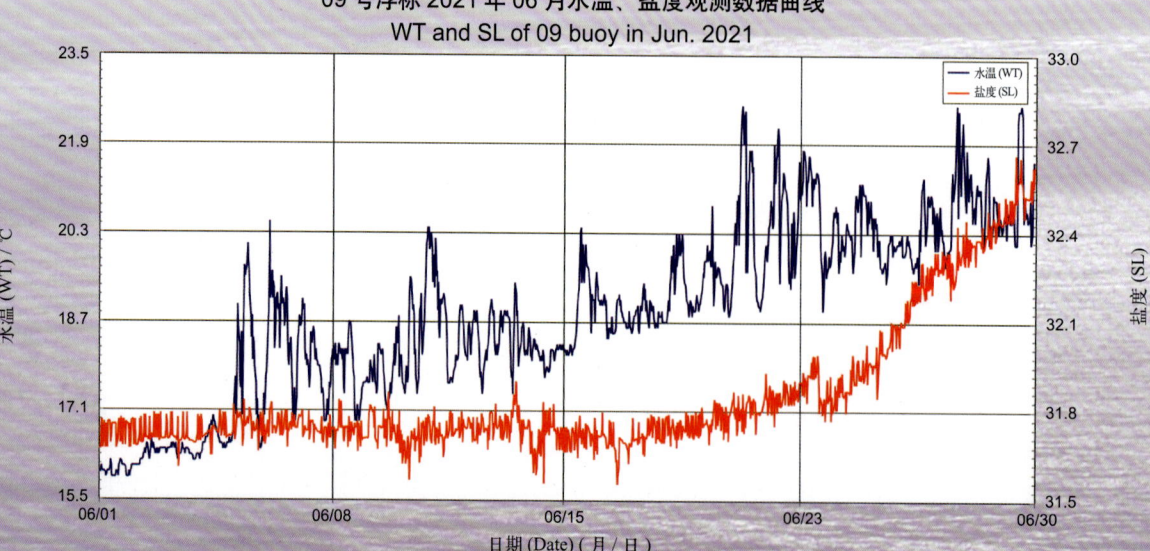

09号浮标2021年06月水温、盐度观测数据曲线
WT and SL of 09 buoy in Jun. 2021

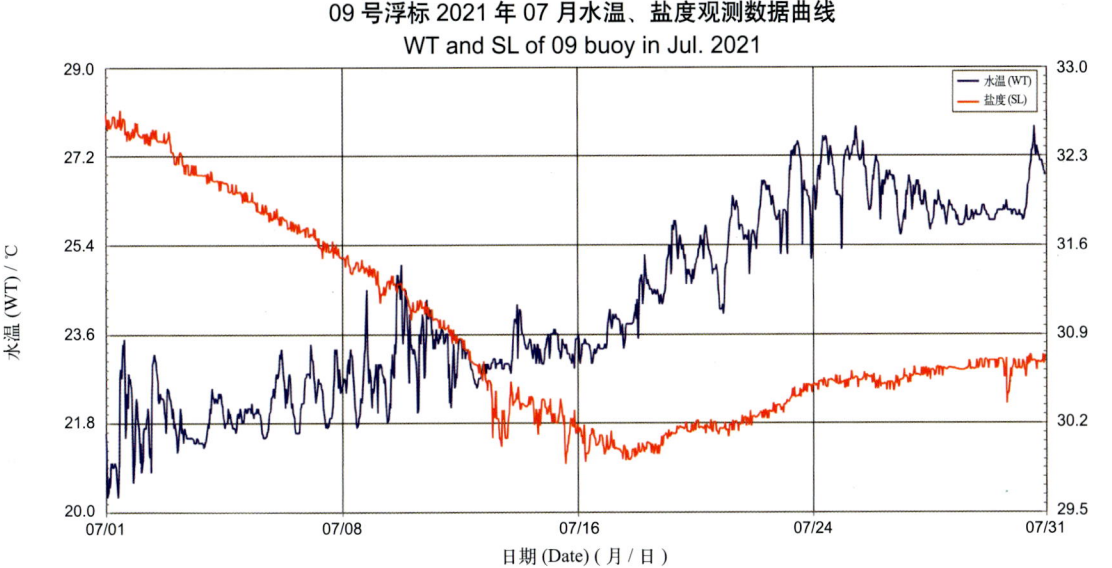

09号浮标2021年07月水温、盐度观测数据曲线
WT and SL of 09 buoy in Jul. 2021

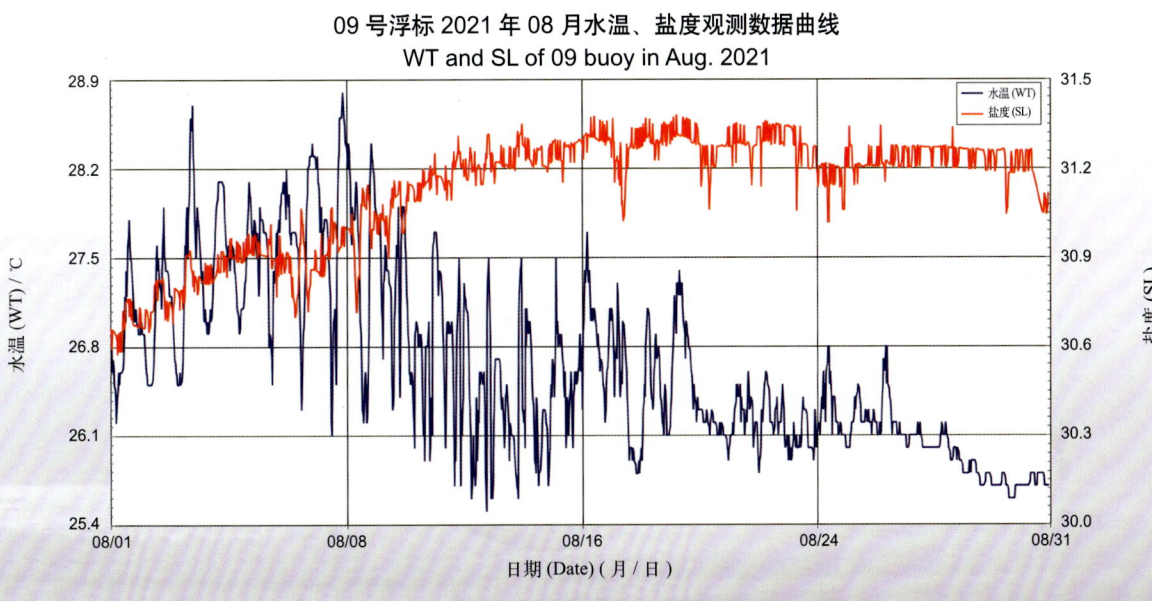

09号浮标2021年08月水温、盐度观测数据曲线
WT and SL of 09 buoy in Aug. 2021

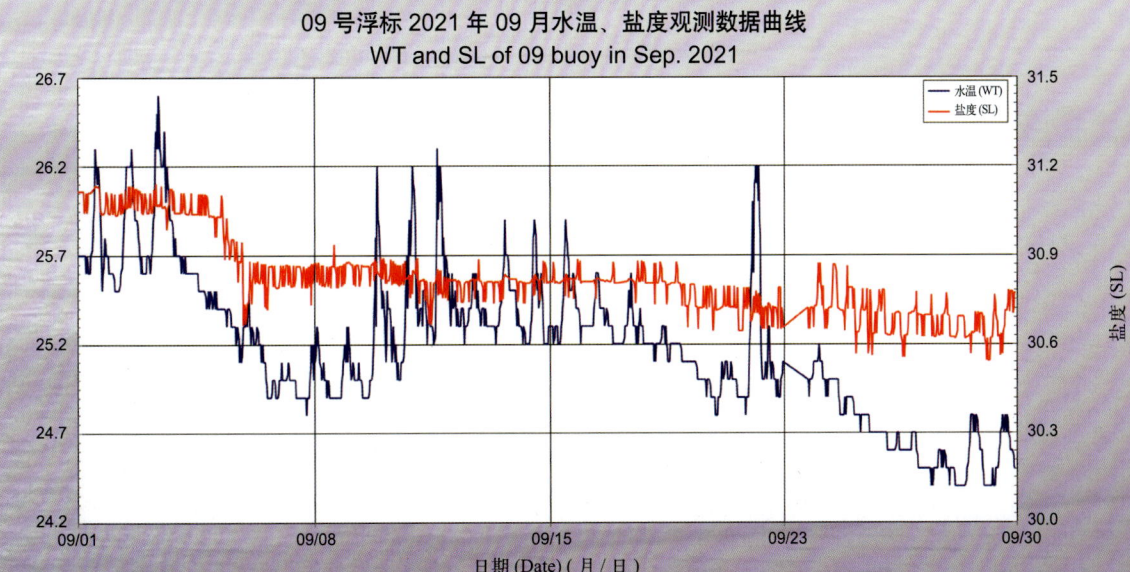

09号浮标2021年09月水温、盐度观测数据曲线
WT and SL of 09 buoy in Sep. 2021

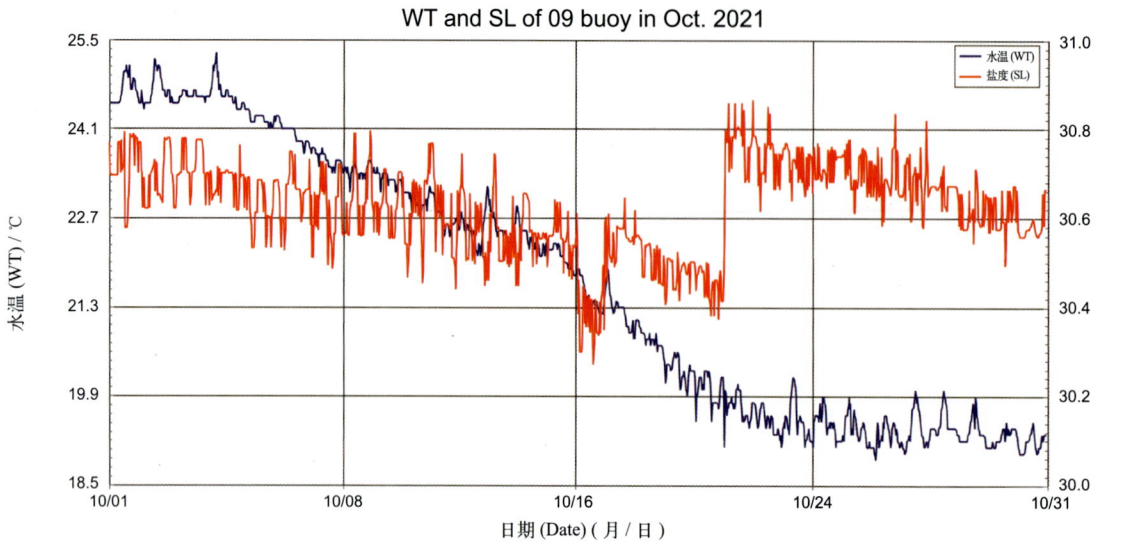

09号浮标2021年10月水温、盐度观测数据曲线
WT and SL of 09 buoy in Oct. 2021

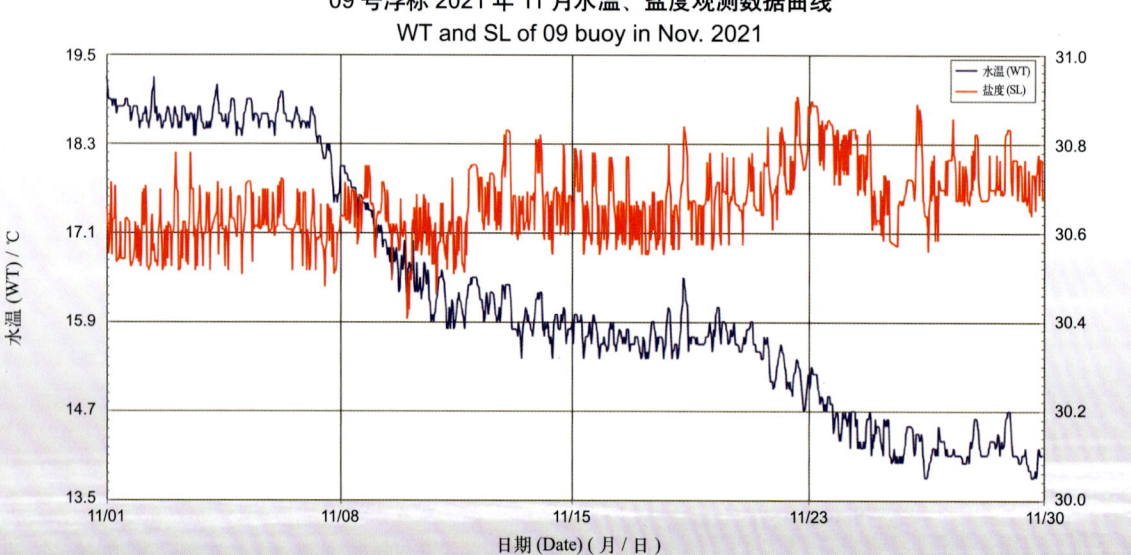

09号浮标2021年11月水温、盐度观测数据曲线
WT and SL of 09 buoy in Nov. 2021

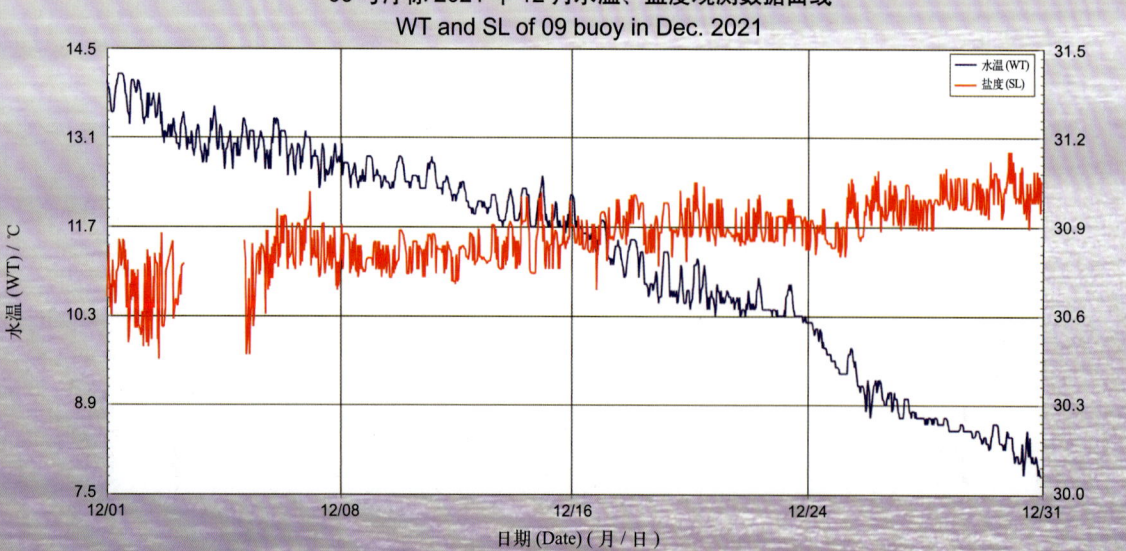

09号浮标2021年12月水温、盐度观测数据曲线
WT and SL of 09 buoy in Dec. 2021

2021年度21号浮标观测数据概述及曲线
（水温和盐度）

2021年，21号浮标共获取346天的水温长序列观测数据和299天的盐度长序列观测数据。获取水温数据的主要区间为1月1日00:00至5月21日01:30、5月24日15:30至8月12日18:20和8月30日10:30至12月31日23:50；获取盐度数据主要区间共四个时间段，具体为1月1日00:00至5月21日01:30、5月24日15:30至7月25日20:20、8月30日10:30至10月17日06:30和11月16日10:20至12月31日23:50。通过对获取数据质量控制和分析，21号浮标观测海域2021年度水温、盐度数据和季节数据特征如下。

年度水温平均值为18.77℃，年度盐度平均值为29.34；测得的年度最高水温和最低水温分别为29.2℃和7.4℃；测得的年度最高盐度和最低盐度分别为34.3和22.7。以2月为冬季代表月，观测海域冬季的平均水温是11.22℃，平均盐度是31.14；以5月为春季代表月，观测海域春季的平均水温是19.13℃，平均盐度是28.65；以11月为秋季代表月，观测海域秋季的平均水温是19.46℃，平均盐度是28.06。

2021年，21号浮标布放海域月度水温、盐度变化特征与该海域的气温和降水等因素密切相关。21号浮标观测海域的水温、盐度月平均值、最高值和最低值数据参见表16。

2021年，21号浮标记录到2次寒潮过程和2次台风过程的水温、盐度变化。第一次寒潮过程，1月6—9日，水温降幅为3.9℃（从13.4℃降至9.5℃），盐度变化幅度为2.7（30.7～33.4）。第二次寒潮过程，12月23—26日，水温降幅为1.6℃（从16.4℃降至14.8℃），盐度变化幅度为4.1（27.3～31.4）。第一次台风过程，7月23—26日，受第6号台风"烟花"的影响，21号浮标的水温发生下降，7月23日05:20至7月25日06:40，从26.8℃降至23.1℃；盐度发生上升，7月24日16:10至7月25日12:10，从30.3升至34.1。第二次台风过程，9月11—14日，受第14号台风"灿都"的影响，21号浮标的水温发生下降，9月11日22:00至9月13日22:50，从27.2℃降至24.7℃；盐度发生上升，9月12日01:40至9月14日13:30，从25.2升至31.4。

表16 21号浮标各月份水温、盐度观测数据

月份	水温 / ℃			盐度			备注
	平均	最高	最低	平均	最高	最低	
1	10.12	14.3	7.4	31.68	34.3	28.1	记录1次寒潮
2	11.22	13.8	9.4	31.14	33.6	27.3	
3	12.10	15.4	10.3	30.85	33.9	26.1	
4	14.63	18.6	12.4	29.55	32.5	25.8	
5	19.13	22.6	16.7	28.65	31.2	24.8	缺测2天数据
6	22.63	25.1	20.2	26.57	30.1	22.9	
7	25.40	29.2	22.6	28.75	34.1	24.4	缺测6天盐度数据，记录1次台风
8	—	—	—	—	—	—	缺测数据
9	26.71	29	24.7	27.47	31.4	22.7	记录1次台风
10	24.83	27.7	20.8	28.25	30.1	23.1	缺测14天盐度数据
11	19.46	22.8	16.6	28.06	31.4	24.3	缺测15天盐度数据
12	16.39	18.9	12.9	30.48	33.2	27.1	记录1次寒潮

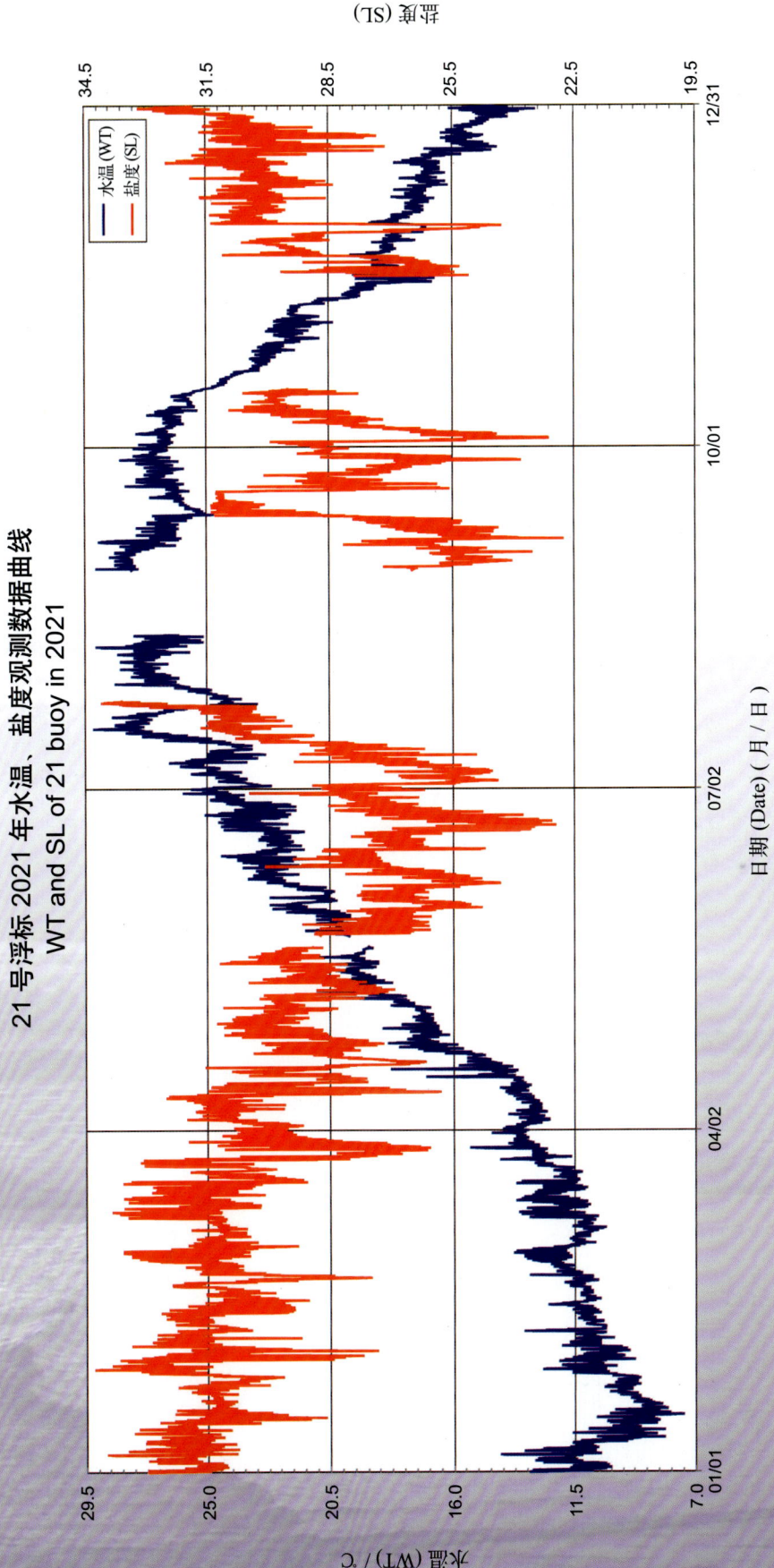

21 号浮标 2021 年水温、盐度观测数据曲线
WT and SL of 21 buoy in 2021

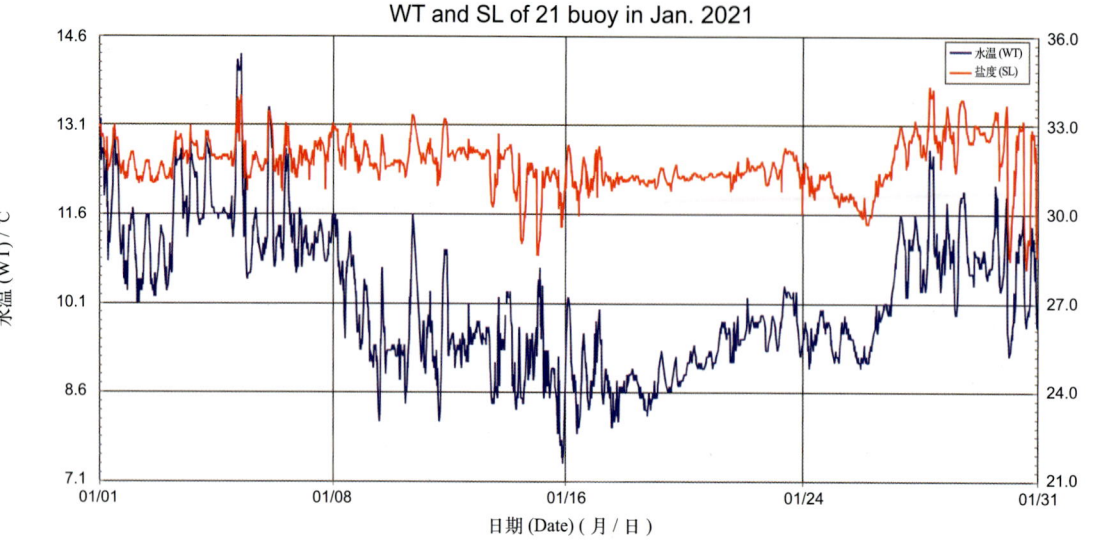

21号浮标2021年01月水温、盐度观测数据曲线
WT and SL of 21 buoy in Jan. 2021

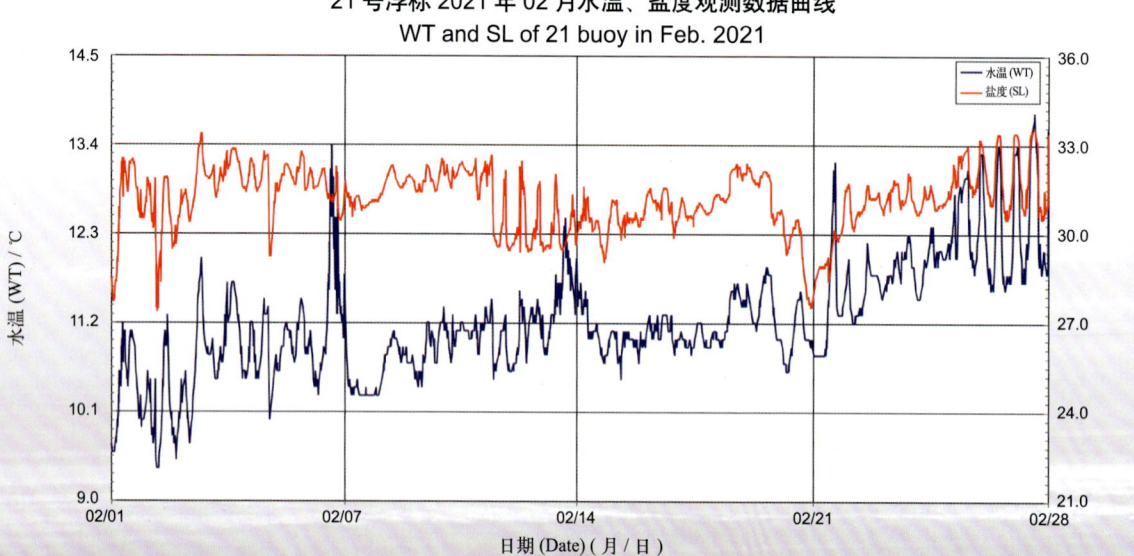

21号浮标2021年02月水温、盐度观测数据曲线
WT and SL of 21 buoy in Feb. 2021

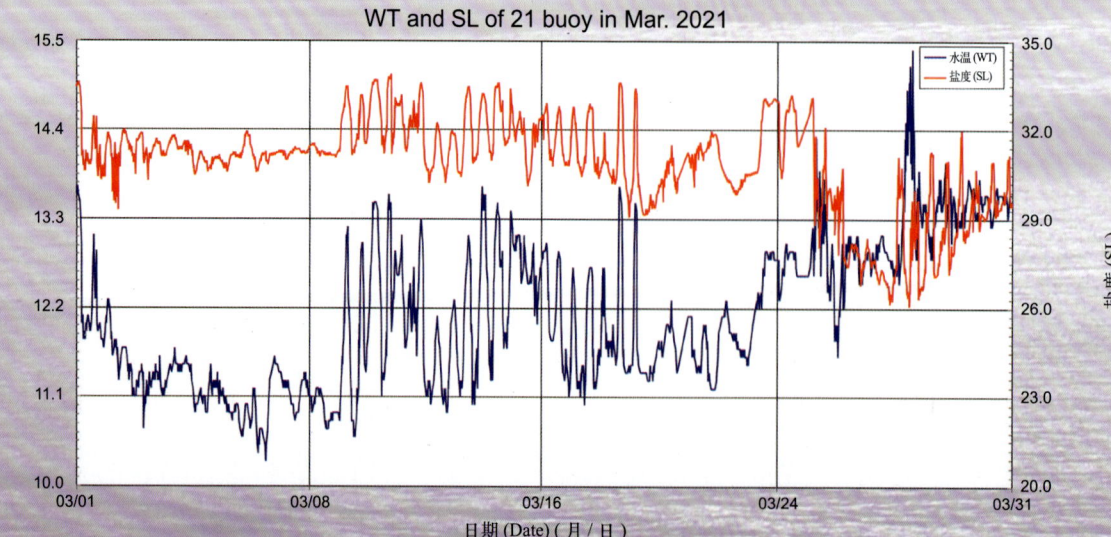

21号浮标2021年03月水温、盐度观测数据曲线
WT and SL of 21 buoy in Mar. 2021

21号浮标2021年04月水温、盐度观测数据曲线
WT and SL of 21 buoy in Apr. 2021

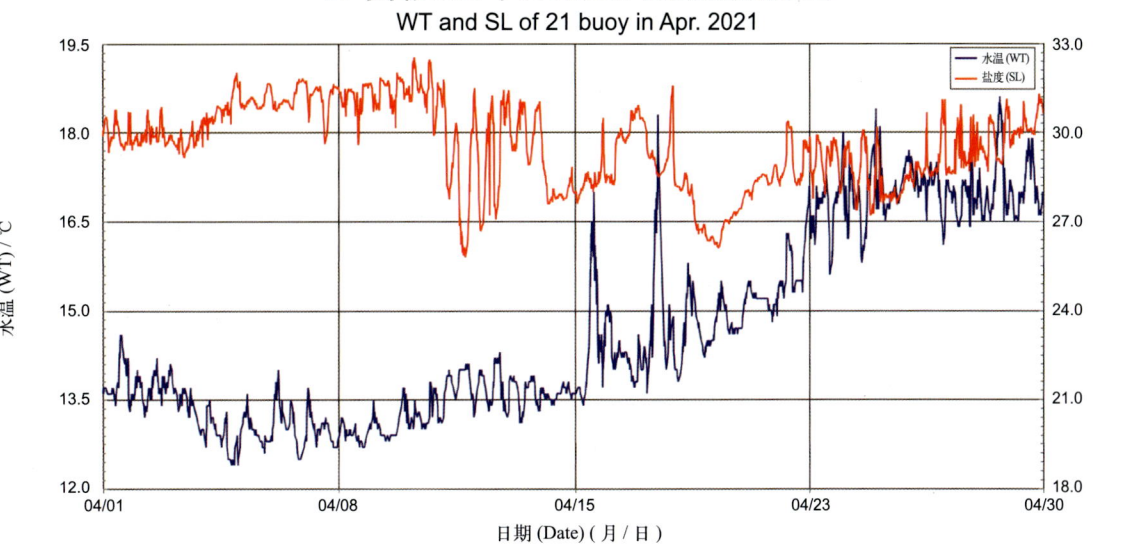

21号浮标2021年05月水温、盐度观测数据曲线
WT and SL of 21 buoy in May 2021

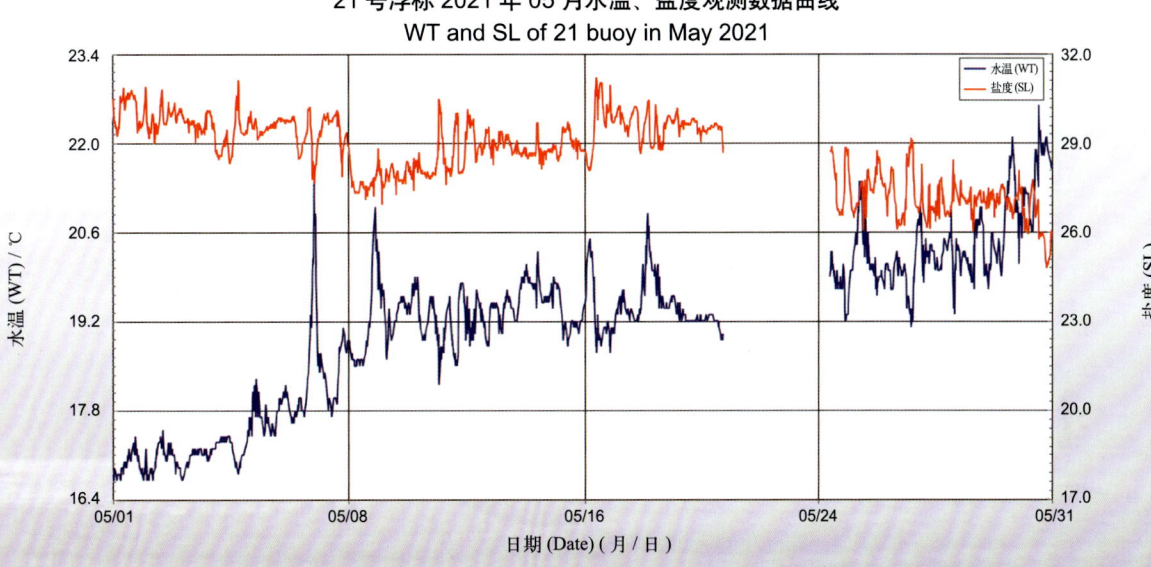

21号浮标2021年06月水温、盐度观测数据曲线
WT and SL of 21 buoy in Jun. 2021

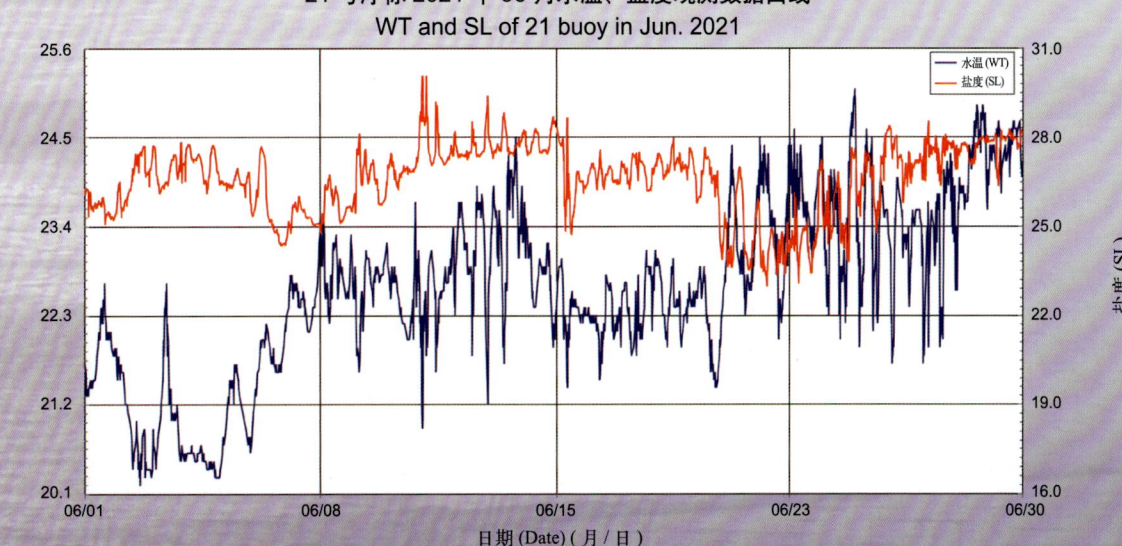

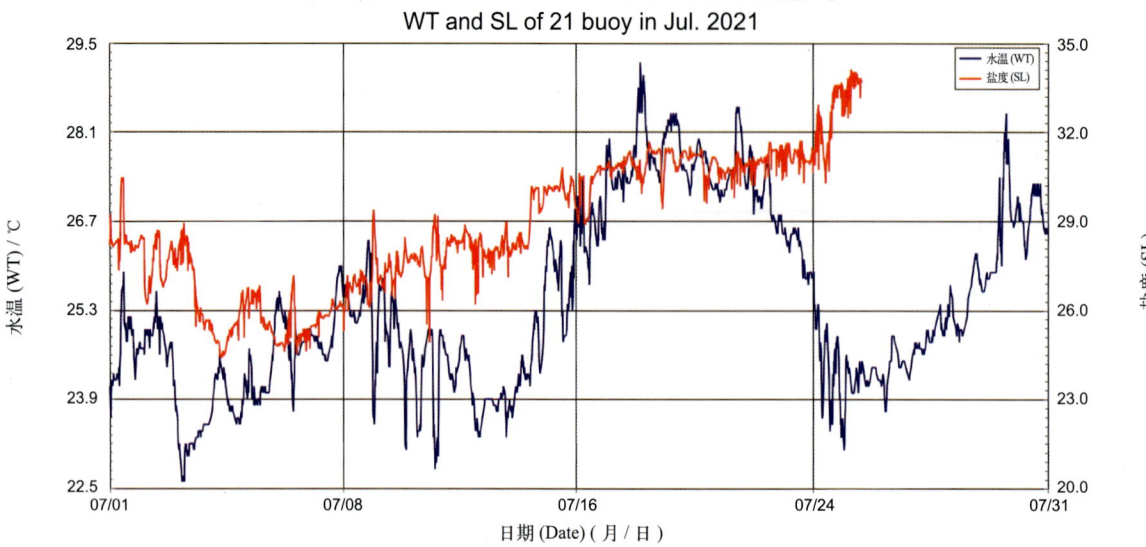

21号浮标 2021 年 07 月水温、盐度观测数据曲线
WT and SL of 21 buoy in Jul. 2021

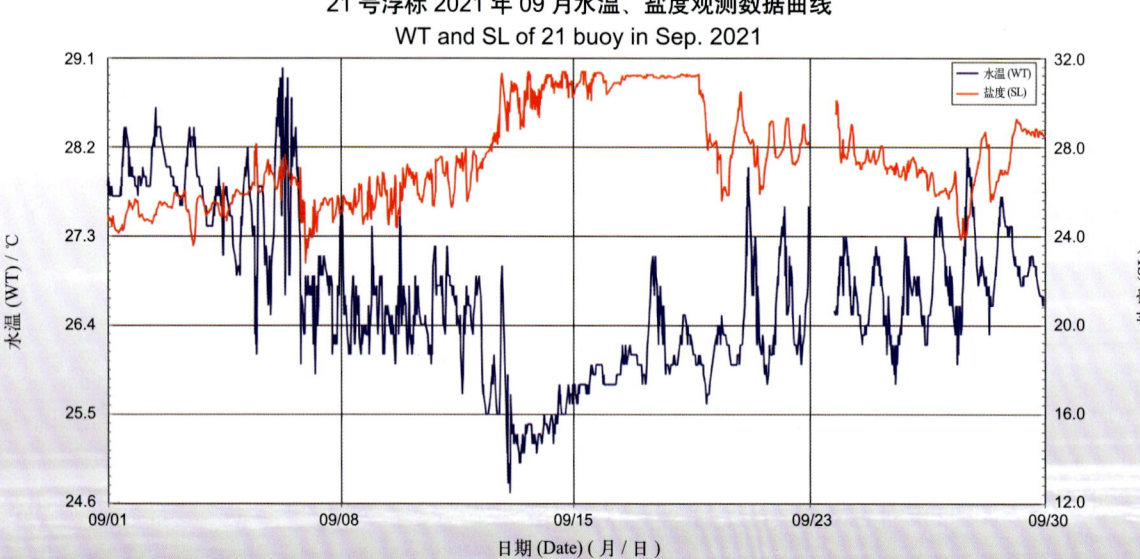

21号浮标 2021 年 09 月水温、盐度观测数据曲线
WT and SL of 21 buoy in Sep. 2021

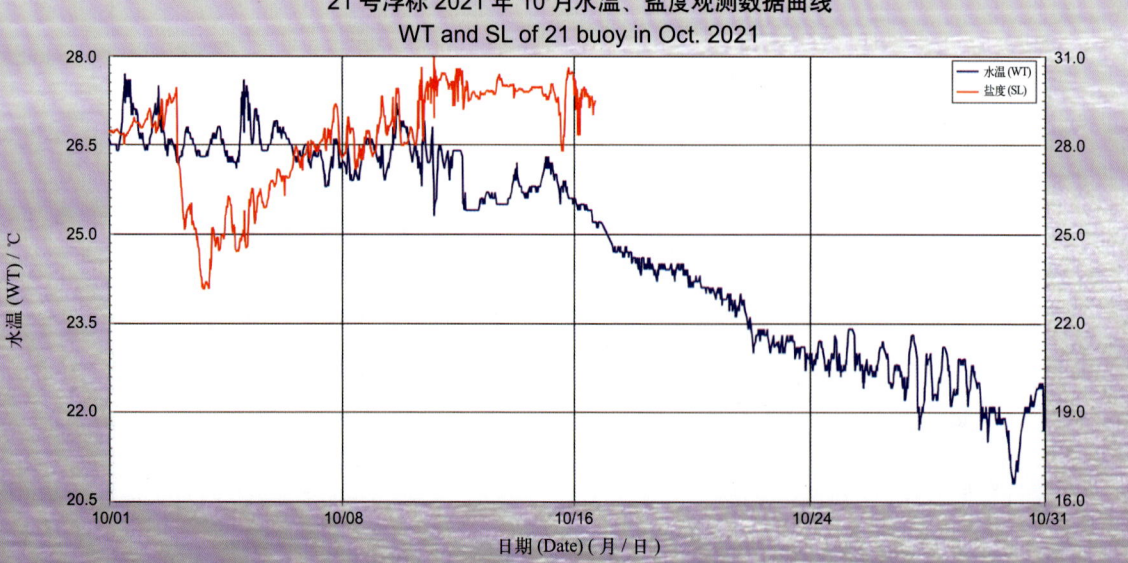

21号浮标 2021 年 10 月水温、盐度观测数据曲线
WT and SL of 21 buoy in Oct. 2021

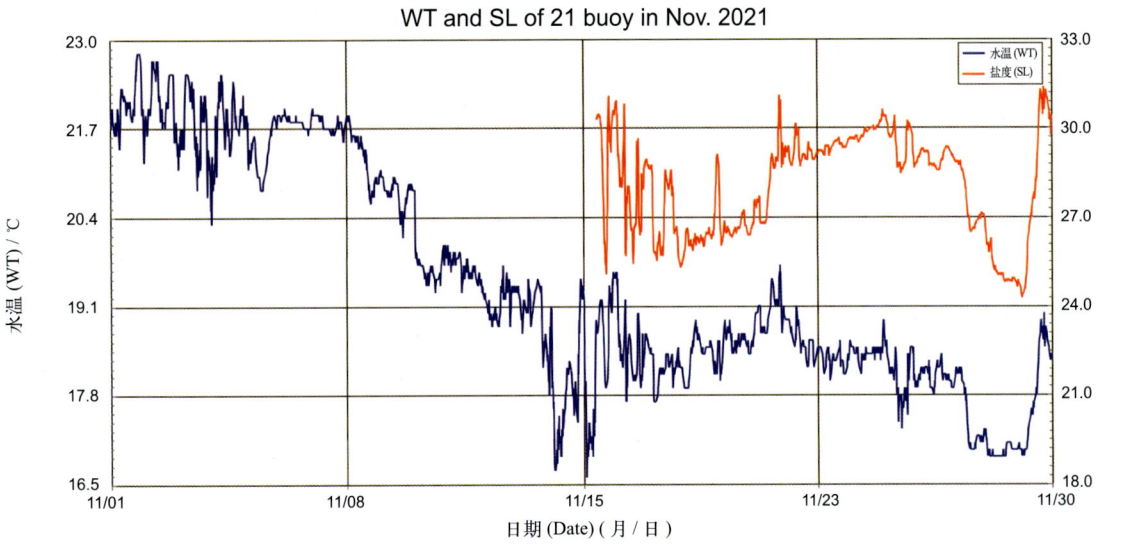

21号浮标2021年11月水温、盐度观测数据曲线
WT and SL of 21 buoy in Nov. 2021

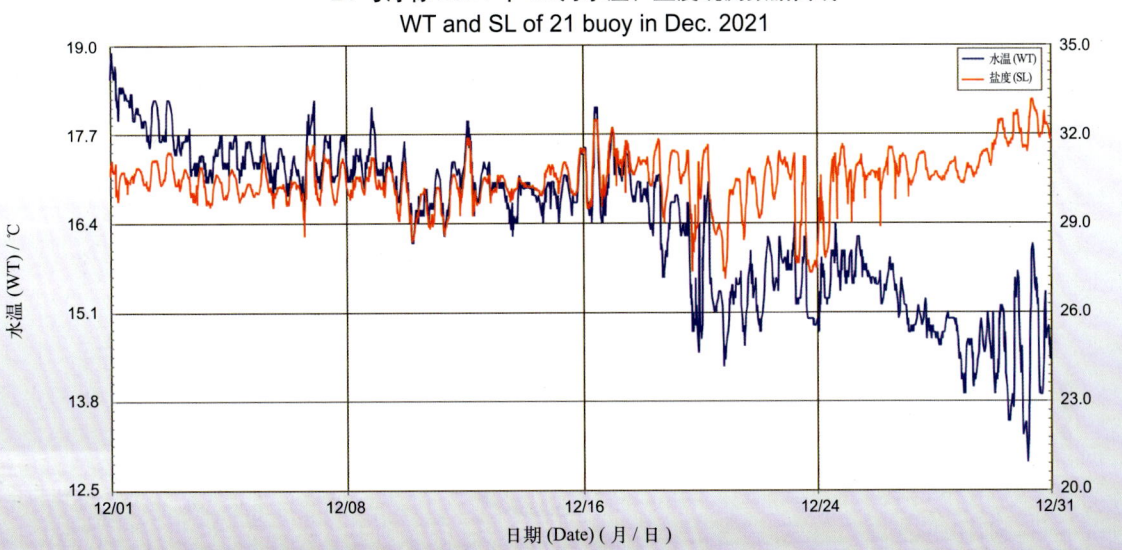

21号浮标2021年12月水温、盐度观测数据曲线
WT and SL of 21 buoy in Dec. 2021

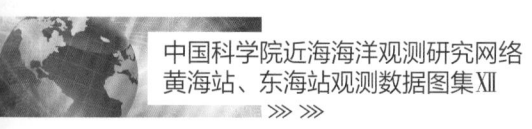

2021年度22号浮标观测数据概述及曲线
（水温和盐度）

2021年，22号浮标共获取347天的水温和盐度长序列观测数据。获取数据的主要区间共两个时间段，具体为1月14日02:00至5月21日01:40和5月25日08:10至12月31日23:50。通过对获取数据质量控制和分析，22号浮标观测海域2021年度水温、盐度数据和季节数据特征如下。

年度水温平均值为19.95℃，年度盐度平均值为30.03；测得的年度最高水温和最低水温分别为30.2℃和7.6℃；测得的年度最高盐度和最低盐度分别为34.8和22.7。以2月为冬季代表月，观测海域冬季的平均水温是11.81℃，平均盐度是31.31；以5月为春季代表月，观测海域春季的平均水温是19.23℃，平均盐度是29.69；以8月为夏季代表月，观测海域夏季的平均水温是27.31℃，平均盐度是27.60；以11月为秋季代表月，观测海域秋季的平均水温是20.00℃，平均盐度是29.88。

2021年，22号浮标布放海域月度水温、盐度变化特征与该海域的气温和降水等因素密切相关。22号浮标观测海域的水温、盐度月平均值、最高值和最低值数据参见表17。

2021年，22号浮标记录到1次寒潮过程和4次台风过程的水温、盐度变化。寒潮的具体过程中，12月24—26日，水温降幅为2.3℃（从17.3℃降至15.0℃），盐度变化幅度为6.0（27.6～33.6）。第一次台风过程，7月24—26日，受第6号台风"烟花"的影响，22号浮标的水温发生下降，7月24日11:50至7月26日04:20，从26.8℃降至23.7℃；盐度发生下降，7月25日15:00至7月26日18:40，从34.3降至30.9。第二次台风过程，8月6—9日，受第9号台风"卢碧"的影响，22号浮标的水温发生下降，8月6日18:00至8月8日02:20，从28.6℃降至26.6℃；盐度发生下降，8月6日17:50至8月7日07:40，从30.3降至27.5。第三次台风过程，8月22—25日，受第12号台风"奥麦斯"的影响，22号浮标的水温呈现先下降再回升的变化，8月23日12:50至8月25日07:00，从28.0℃降至25.6℃，之后于8月25日15:40回升至27.4℃；盐度发生上升，8月22日14:10至8月25日07:20，从22.7升至29.0。第四次台风过程，9月12—14日，受第14号台风"灿都"的影响，22号浮标的水温呈现先上升再下降的变化，9月13日08:30至9月13日14:10，从25.4℃升至27.3℃，之后于9月14日03:40降至24.8℃；盐度呈现先上升再下降的变化，9月12日11:30至9月13日11:30，从24.7升至31.9，之后于9月14日09:10降至27.1。

表17　22号浮标各月份水温、盐度观测数据

月份	水温/℃			盐度			备注
	平均	最高	最低	平均	最高	最低	
1	11.37	14.1	7.6	32.17	34.8	26.4	缺测13天数据
2	11.81	15.1	9.3	31.31	33.9	26.7	
3	13.35	14.8	11.7	32.12	33.9	26.5	
4	15.01	18.2	12.6	30.29	33.7	26.1	
5	19.23	22.0	16.6	29.69	31.1	27.2	缺测3天数据
6	23.07	28.0	20.5	28.45	31.4	25.6	
7	25.58	29.2	22.8	29.27	34.3	24.9	缺测1天数据，记录1次台风
8	27.31	28.8	25.6	27.60	31.5	22.7	记录2次台风
9	27.05	30.2	24.8	28.08	32.6	24.3	记录1次台风
10	25.08	27.5	22.2	29.90	33.1	23.0	
11	20.00	22.8	17.7	29.88	33.0	24.8	缺测1天数据
12	17.36	19.9	14.5	32.10	34.8	27.6	记录1次寒潮

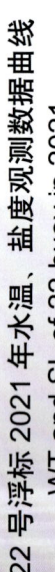

22号浮标2021年水温、盐度观测数据曲线
WT and SL of 22 buoy in 2021

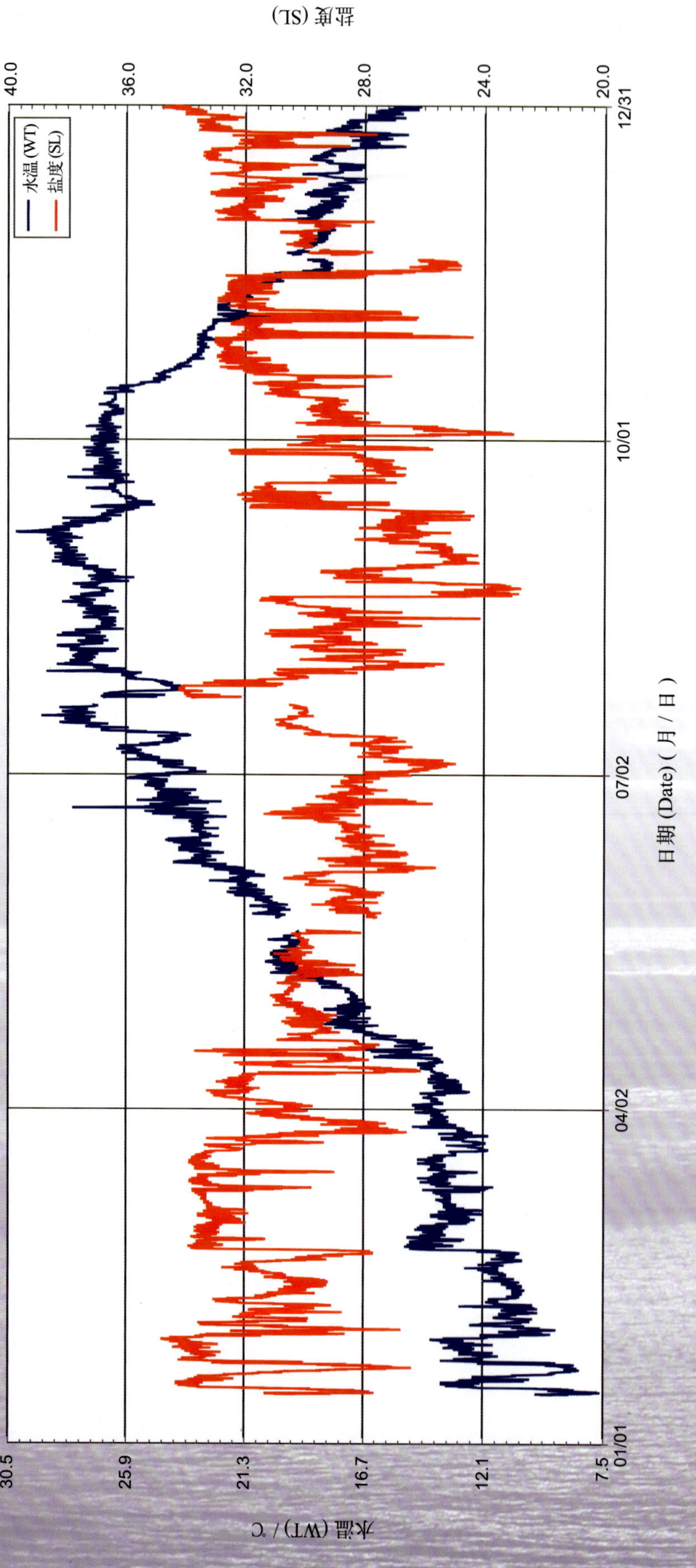

22号浮标 2021 年 01 月水温、盐度观测数据曲线
WT and SL of 22 buoy in Jan. 2021

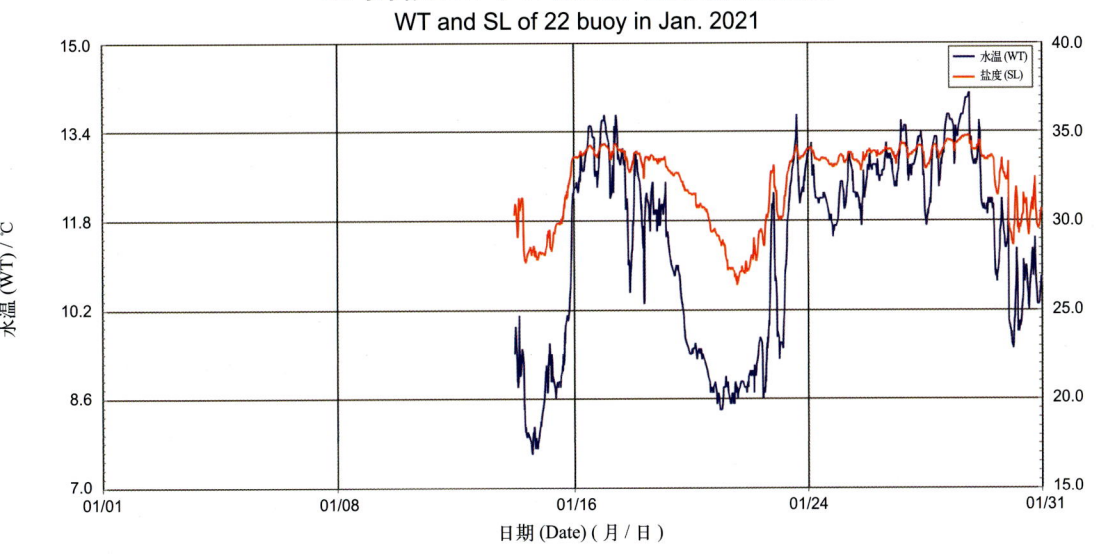

22号浮标 2021 年 02 月水温、盐度观测数据曲线
WT and SL of 22 buoy in Feb. 2021

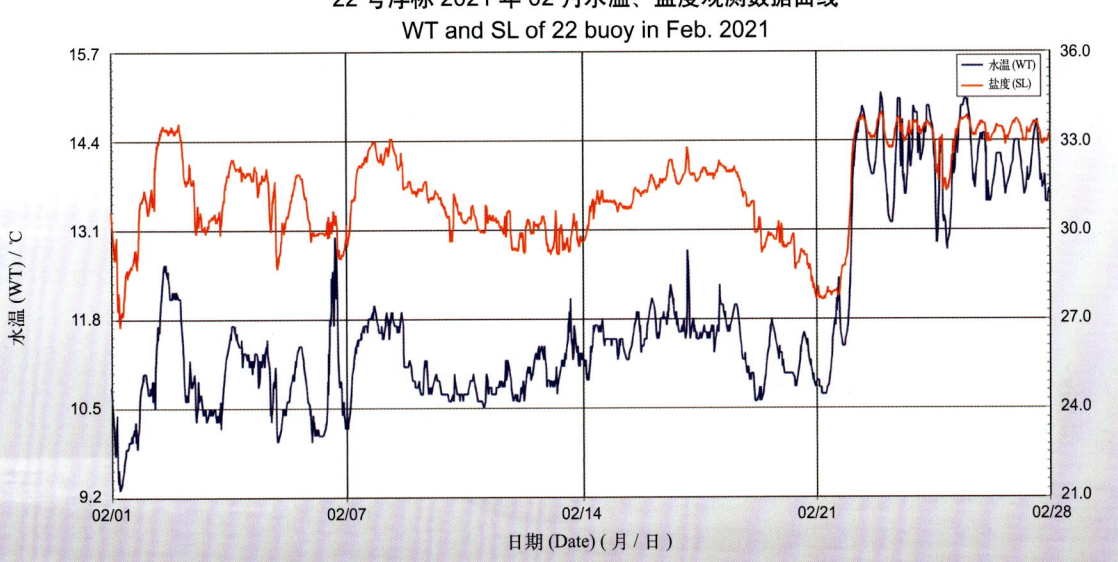

22号浮标 2021 年 03 月水温、盐度观测数据曲线
WT and SL of 22 buoy in Mar. 2021

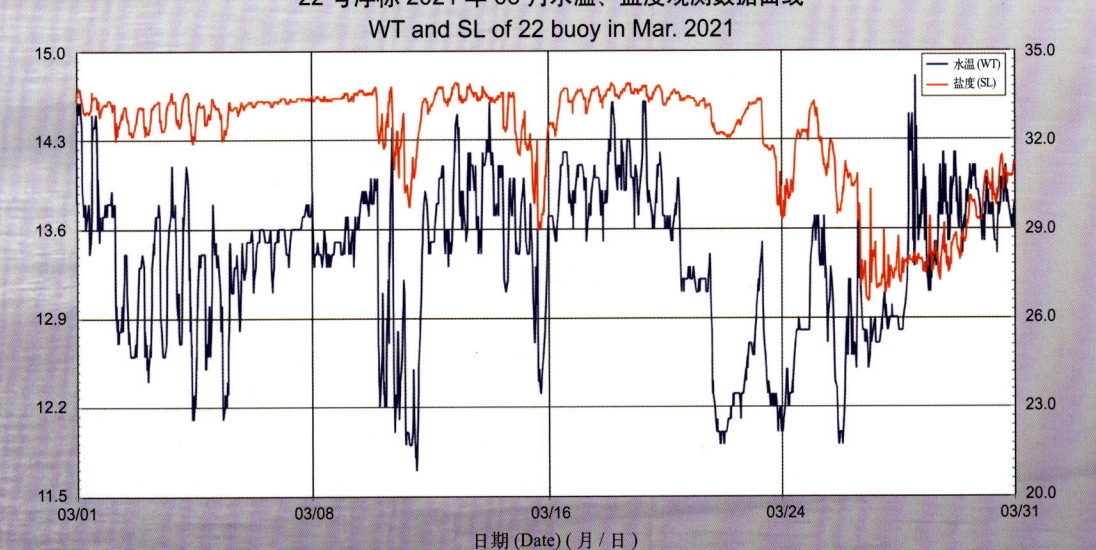

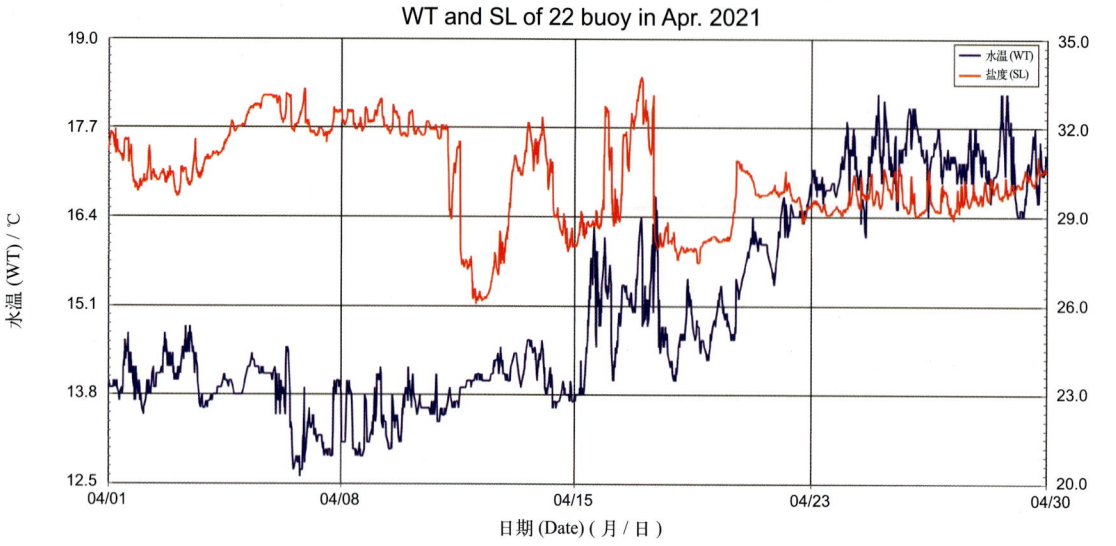

22 号浮标 2021 年 04 月水温、盐度观测数据曲线
WT and SL of 22 buoy in Apr. 2021

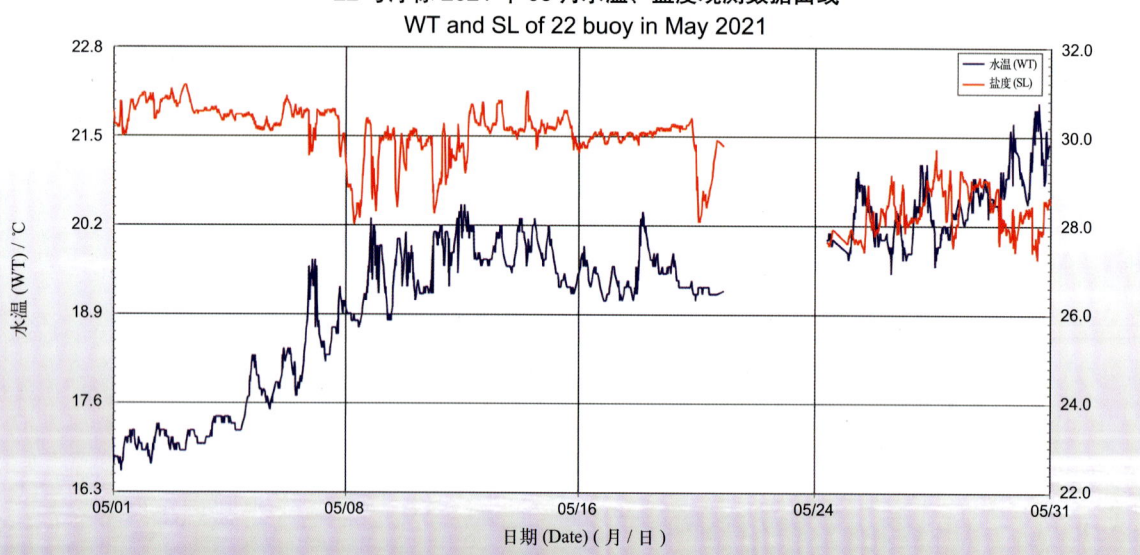

22 号浮标 2021 年 05 月水温、盐度观测数据曲线
WT and SL of 22 buoy in May 2021

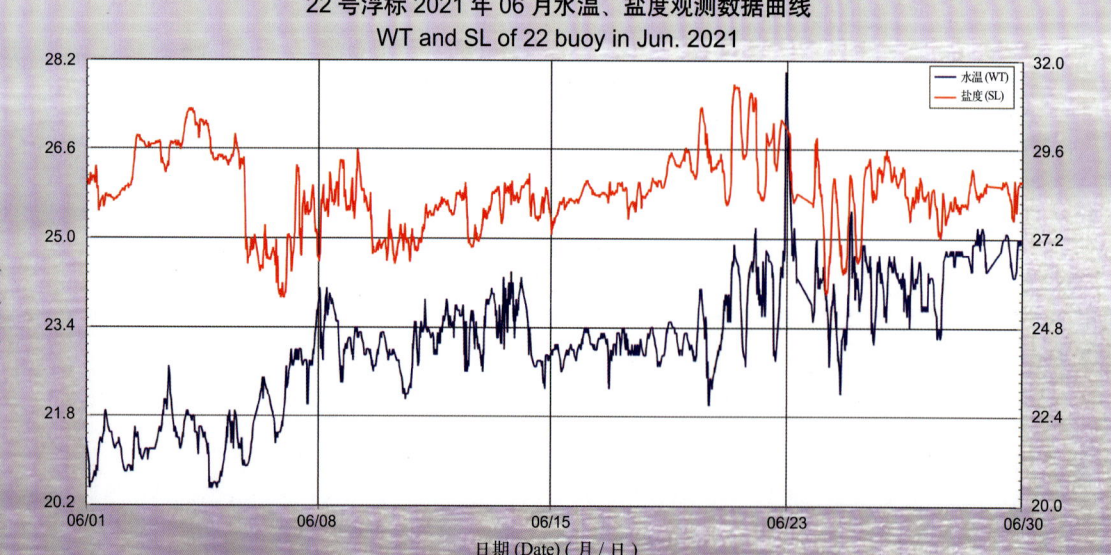

22 号浮标 2021 年 06 月水温、盐度观测数据曲线
WT and SL of 22 buoy in Jun. 2021

22号浮标2021年07月水温、盐度观测数据曲线
WT and SL of 22 buoy in Jul. 2021

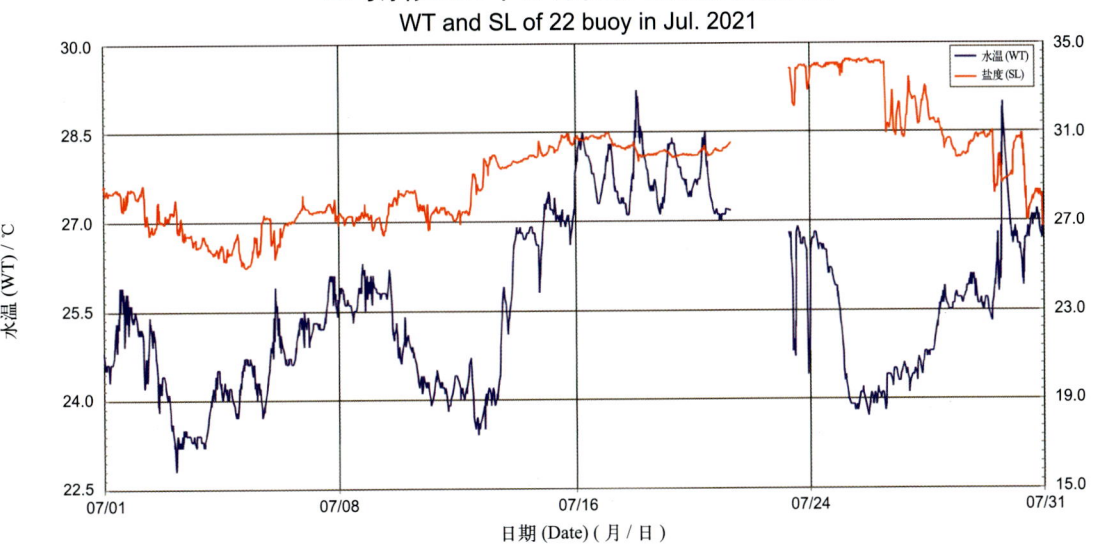

22号浮标2021年08月水温、盐度观测数据曲线
WT and SL of 22 buoy in Aug. 2021

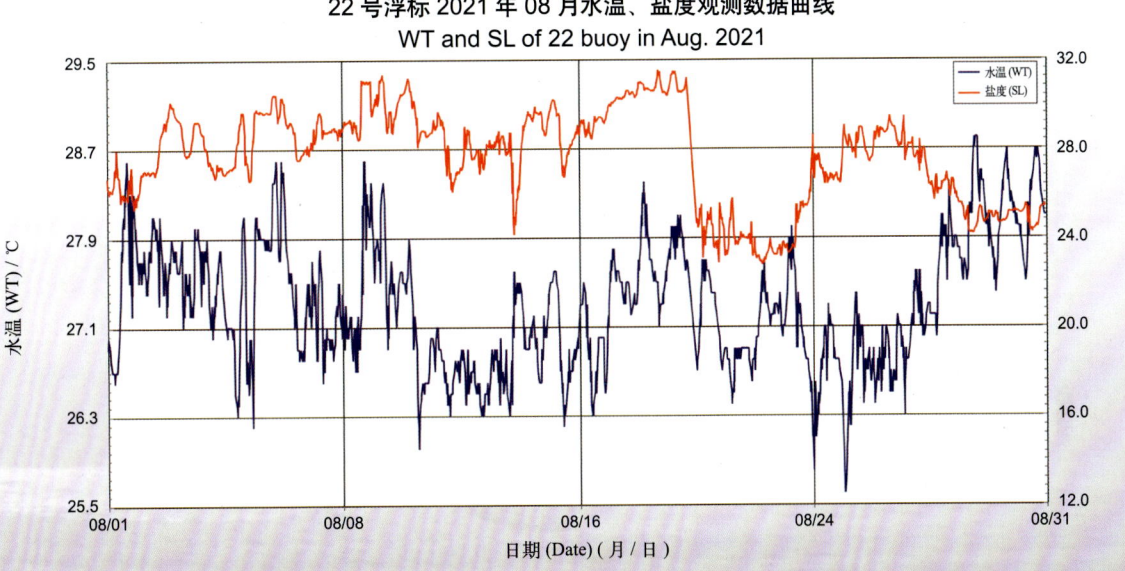

22号浮标2021年09月水温、盐度观测数据曲线
WT and SL of 22 buoy in Sep. 2021

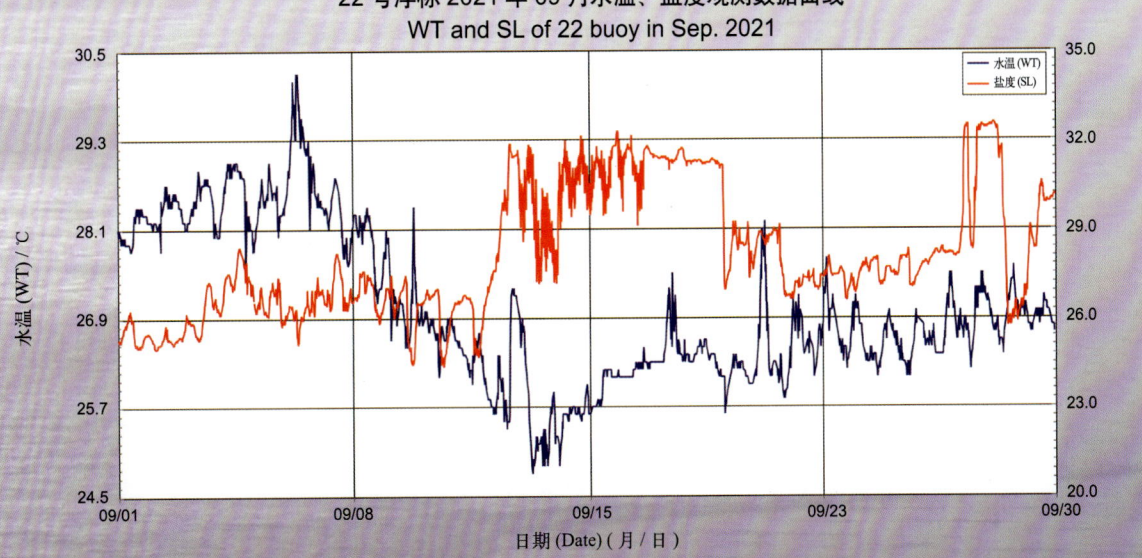

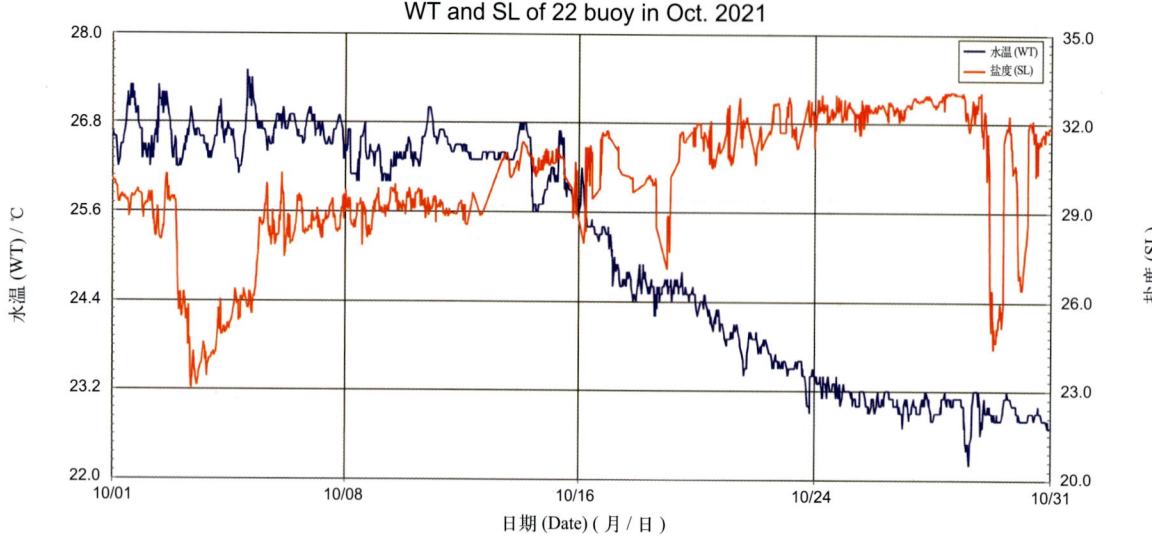

22号浮标2021年10月水温、盐度观测数据曲线
WT and SL of 22 buoy in Oct. 2021

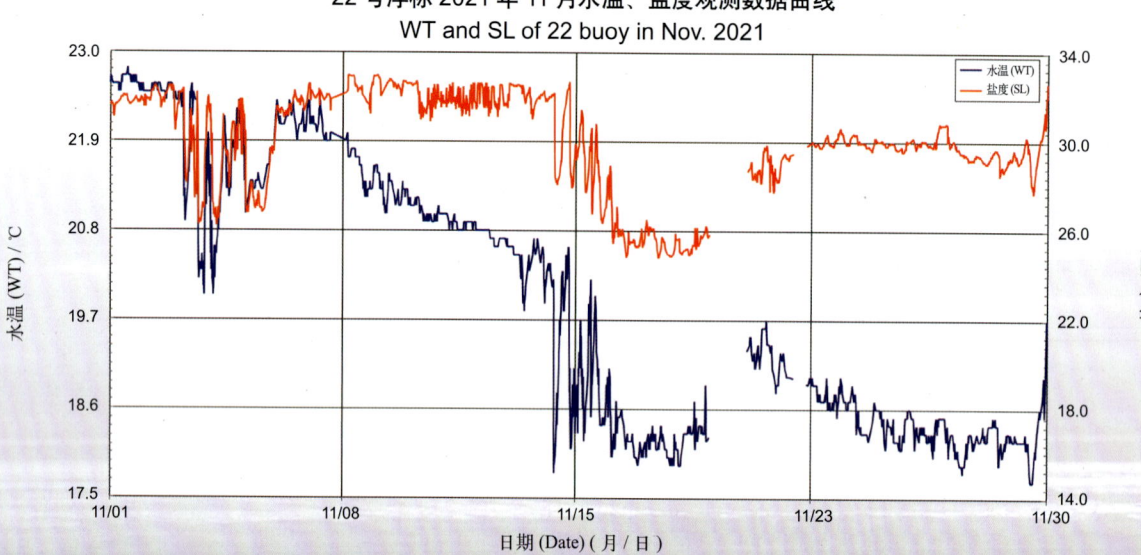

22号浮标2021年11月水温、盐度观测数据曲线
WT and SL of 22 buoy in Nov. 2021

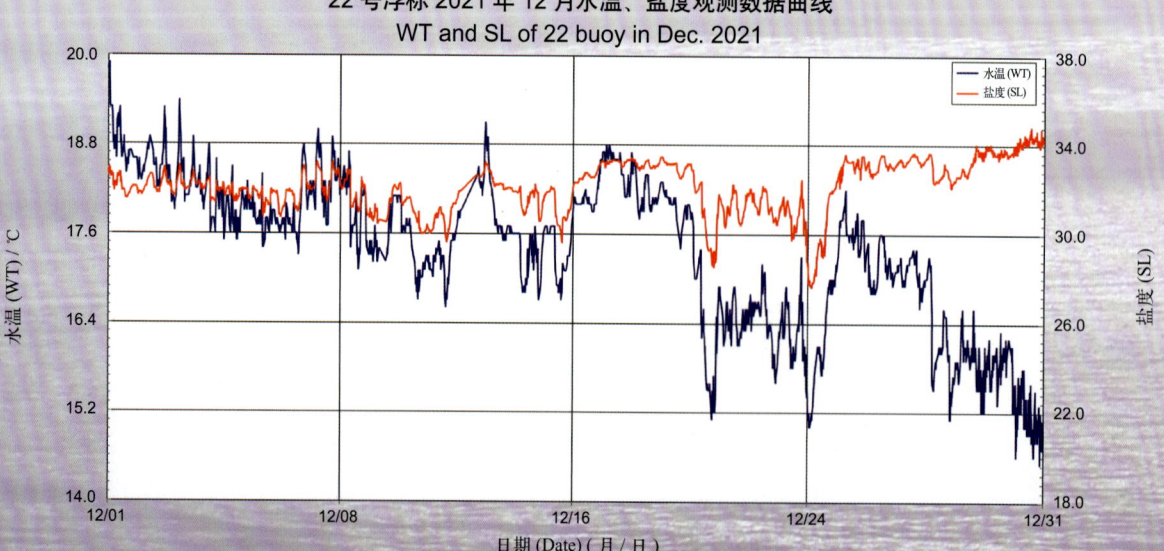

22号浮标2021年12月水温、盐度观测数据曲线
WT and SL of 22 buoy in Dec. 2021

2021年度23号浮标观测数据概述及曲线
（水温和盐度）

2021年，23号浮标共获取250天的水温和盐度长序列观测数据。获取数据的主要区间为4月26日10:30至12月31日23:50。通过对获取数据质量控制和分析，23号浮标观测海域2021年度水温、盐度数据和季节数据特征如下。

年度水温平均值为19.33℃，年度盐度平均值为30.80；测得的年度最高水温和最低水温分别为29.1℃和1.7℃；测得的年度最高盐度和最低盐度分别为32.2和29.0。以5月为春季代表月，观测海域春季的平均水温是13.51℃，平均盐度是31.92；以8月为夏季代表月，观测海域夏季的平均水温是26.09℃，平均盐度是30.26；以11月为秋季代表月，观测海域秋季的平均水温是11.26℃，平均盐度是30.09。

2021年，23号浮标布放海域月度水温、盐度变化特征与该海域的气温和降水等因素密切相关。23号浮标观测海域的水温、盐度月平均值、最高值和最低值数据参见表18。

2021年，23号浮标记录到1次寒潮过程和1次台风过程的水温、盐度变化。寒潮的具体过程中，11月5—8日，水温降幅为2.7℃（从14.5℃降至11.8℃），盐度变化幅度为1.0（29.5～30.5）。台风的具体过程中，7月28—31日，受第6号台风"烟花"的影响，23号浮标的水温发生下降，7月28日17:00至7月31日04:10，从29.0℃降至25.4℃，盐度发生振荡，变化幅度为1.0（30.0～31.0）。

表18 23号浮标各月份水温、盐度观测数据

月份	水温/℃			盐度			备注
	平均	最高	最低	平均	最高	最低	
1	—	—	—	—	—	—	缺测数据
2	—	—	—	—	—	—	缺测数据
3	—	—	—	—	—	—	缺测数据
4	—	—	—	—	—	—	缺测数据
5	13.51	16.2	10.2	31.92	32.2	31.6	
6	19.64	23.4	14.9	31.70	32.0	31.3	
7	25.39	29.1	22.4	31.02	31.9	29.0	记录1次台风
8	26.09	28.6	25.0	30.26	30.8	29.0	
9	23.95	26.7	22.4	30.33	30.7	29.6	缺测1天盐度数据
10	17.69	22.4	14.4	30.10	30.5	293.4	
11	11.26	15.2	7.4	30.09	30.9	29.4	记录1次寒潮
12	5.37	7.9	1.7	30.43	30.9	30.0	

23 号浮标 2021 年水温、盐度观测数据曲线
WT and SL of 23 buoy in 2021

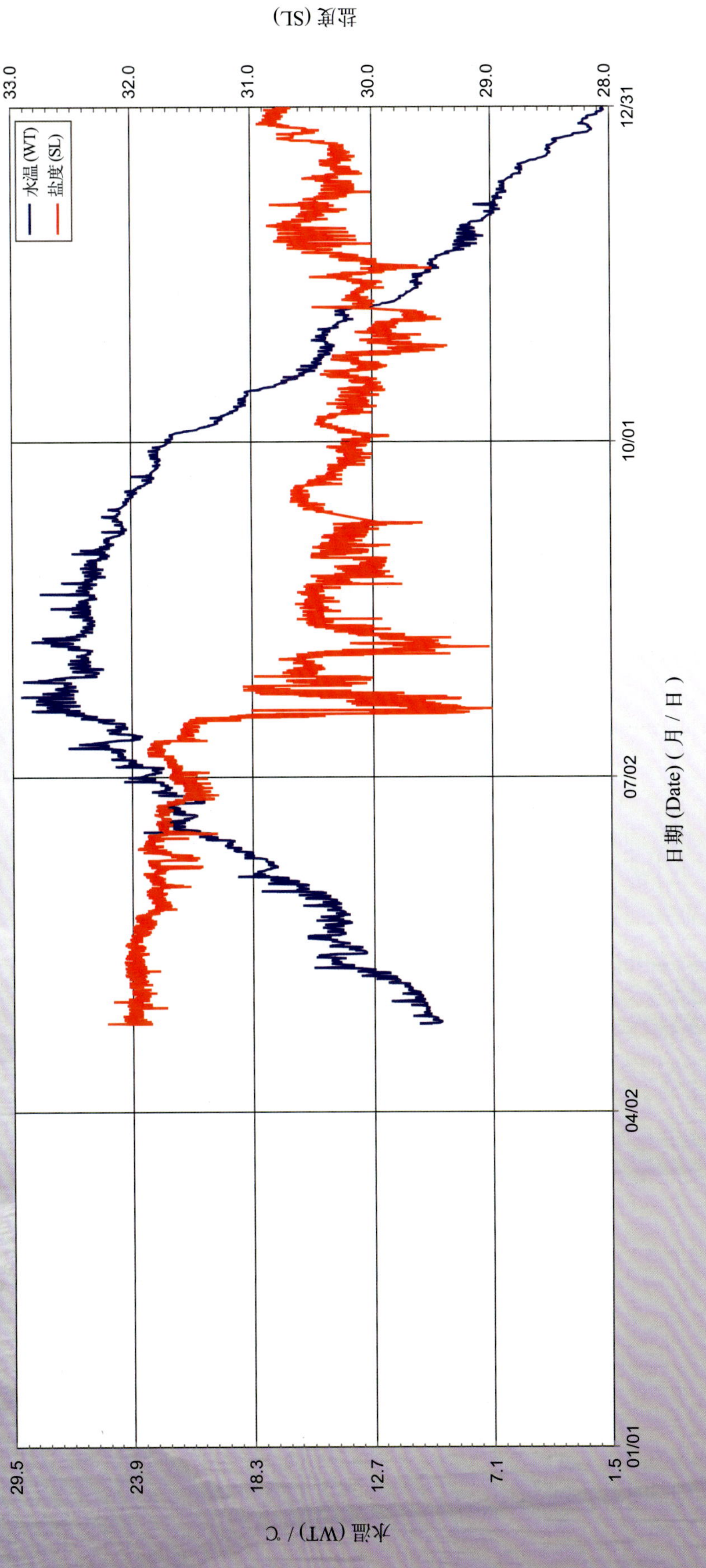

23号浮标2021年05月水温、盐度观测数据曲线
WT and SL of 23 buoy in May 2021

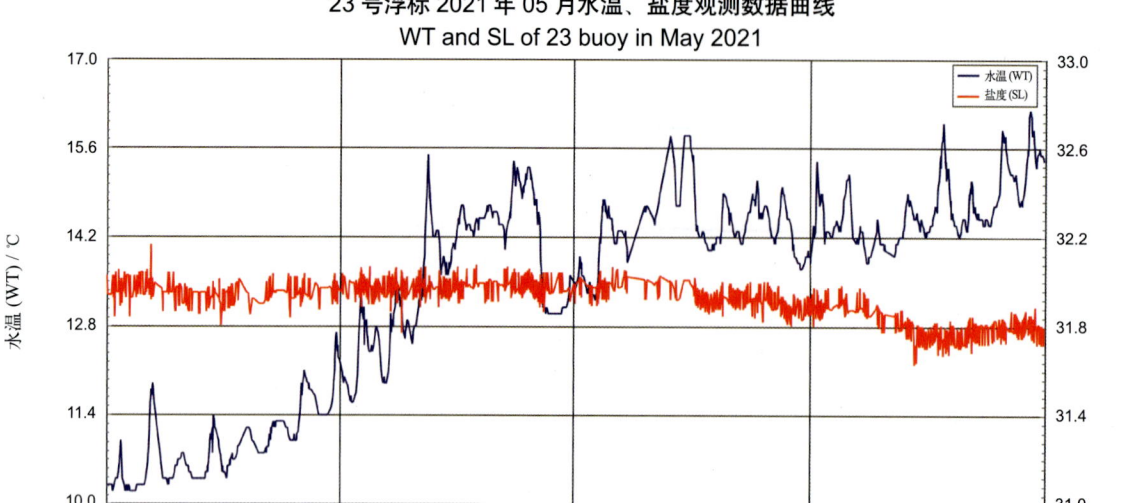

23号浮标2021年06月水温、盐度观测数据曲线
WT and SL of 23 buoy in Jun. 2021

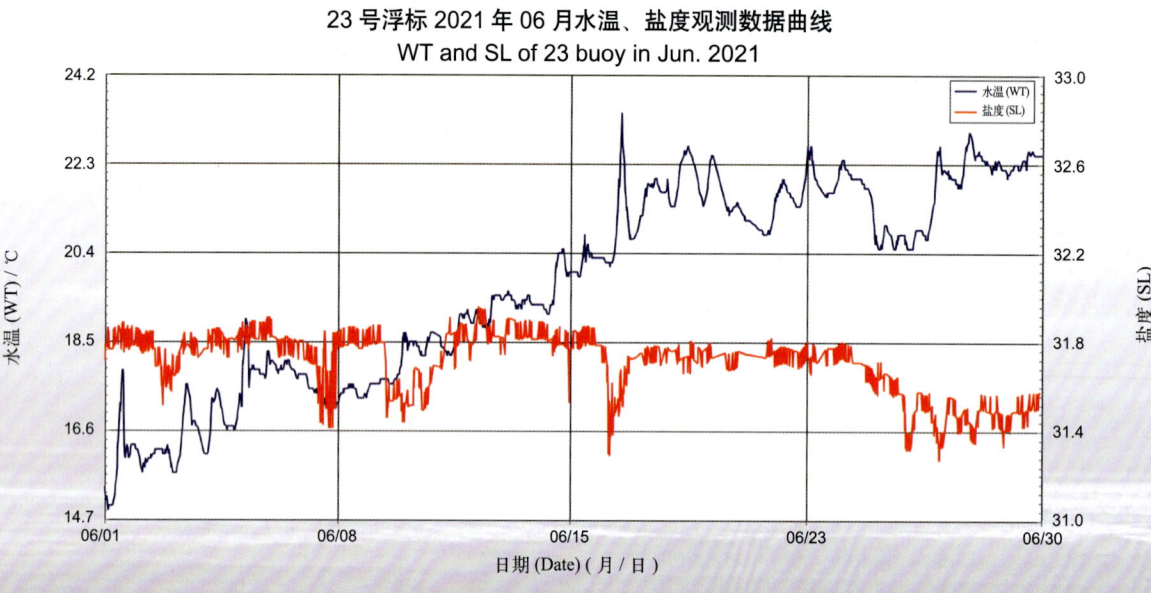

23号浮标2021年07月水温、盐度观测数据曲线
WT and SL of 23 buoy in Jul. 2021

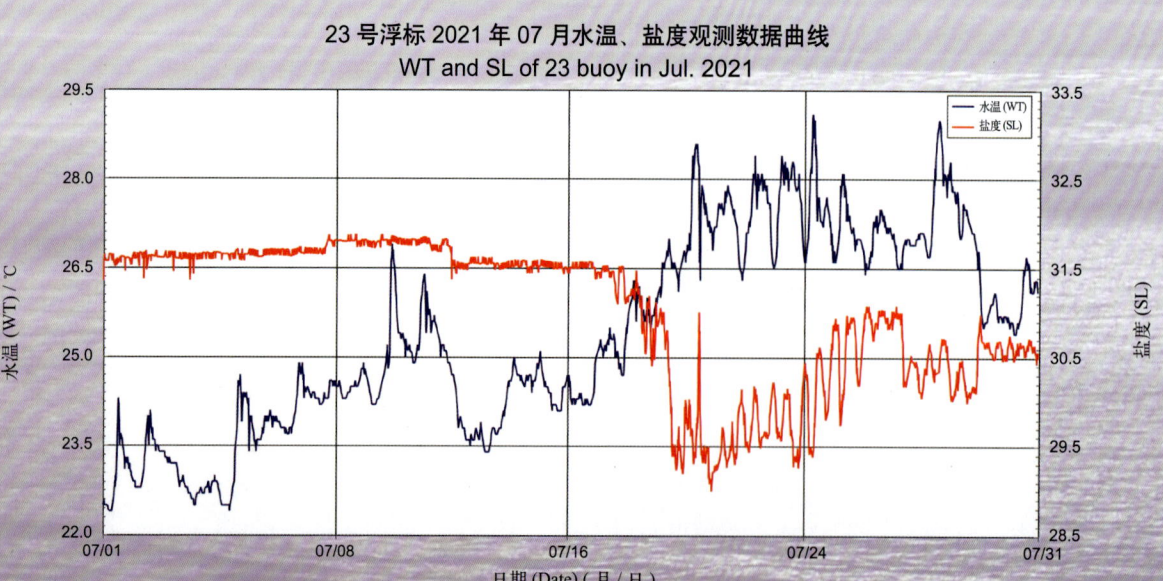

23号浮标2021年08月水温、盐度观测数据曲线
WT and SL of 23 buoy in Aug. 2021

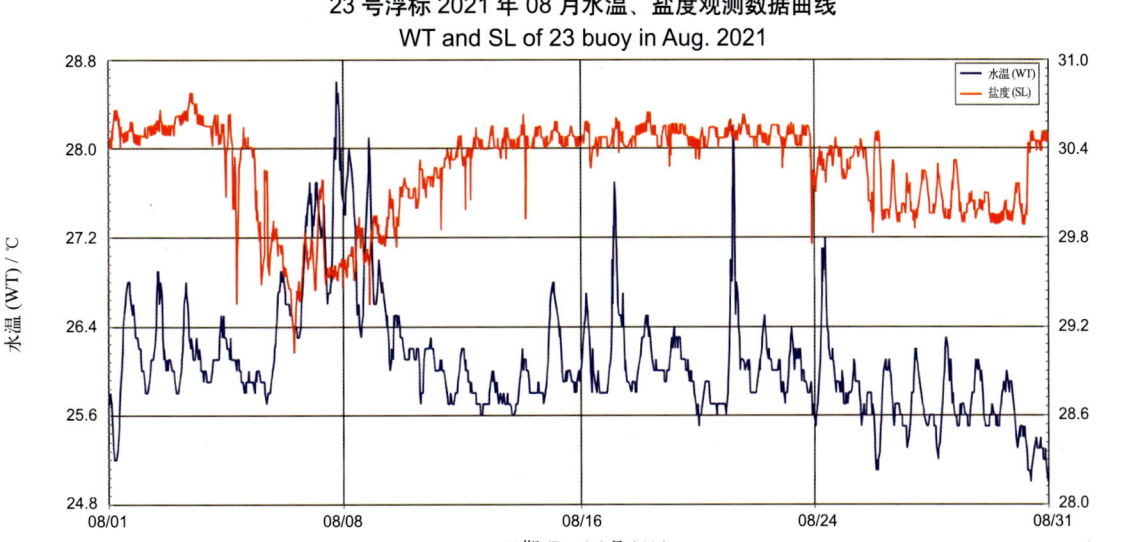

23号浮标2021年09月水温、盐度观测数据曲线
WT and SL of 23 buoy in Sep. 2021

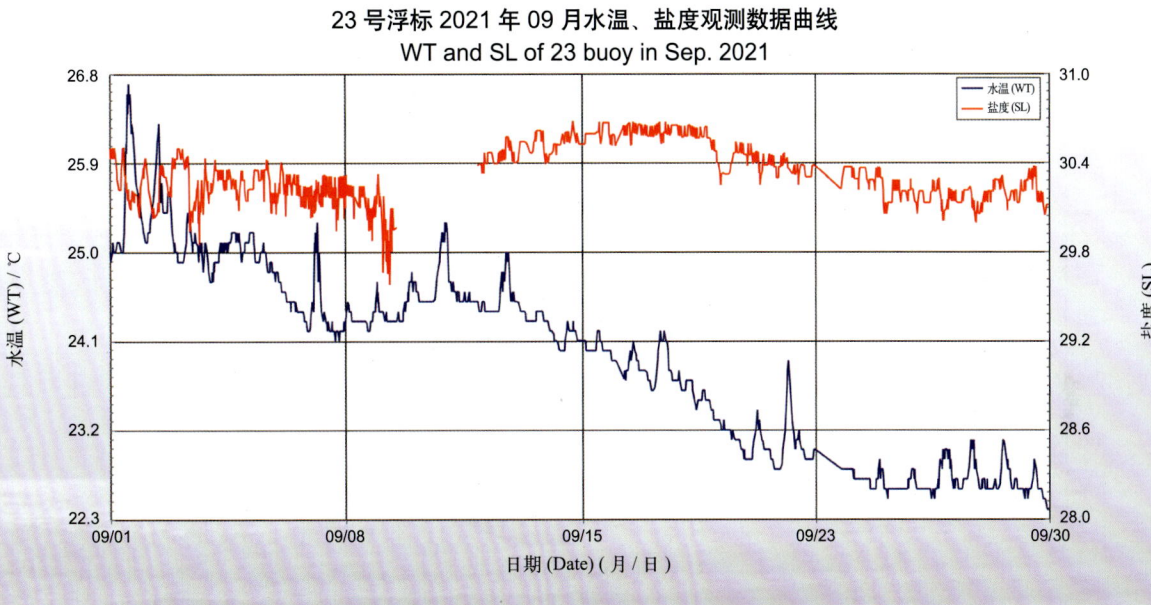

23号浮标2021年10月水温、盐度观测数据曲线
WT and SL of 23 buoy in Oct. 2021

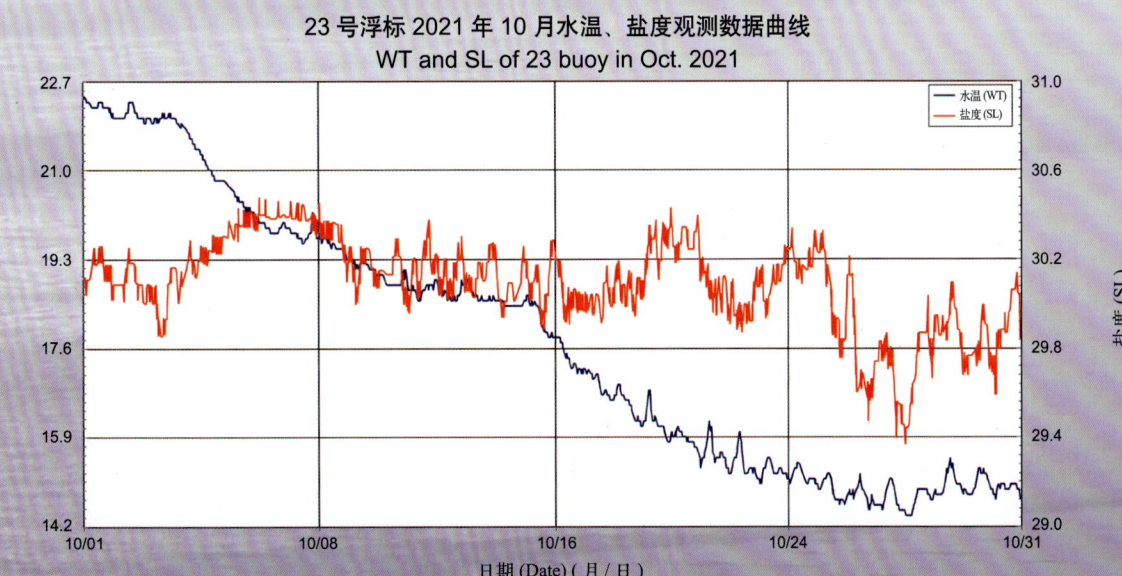

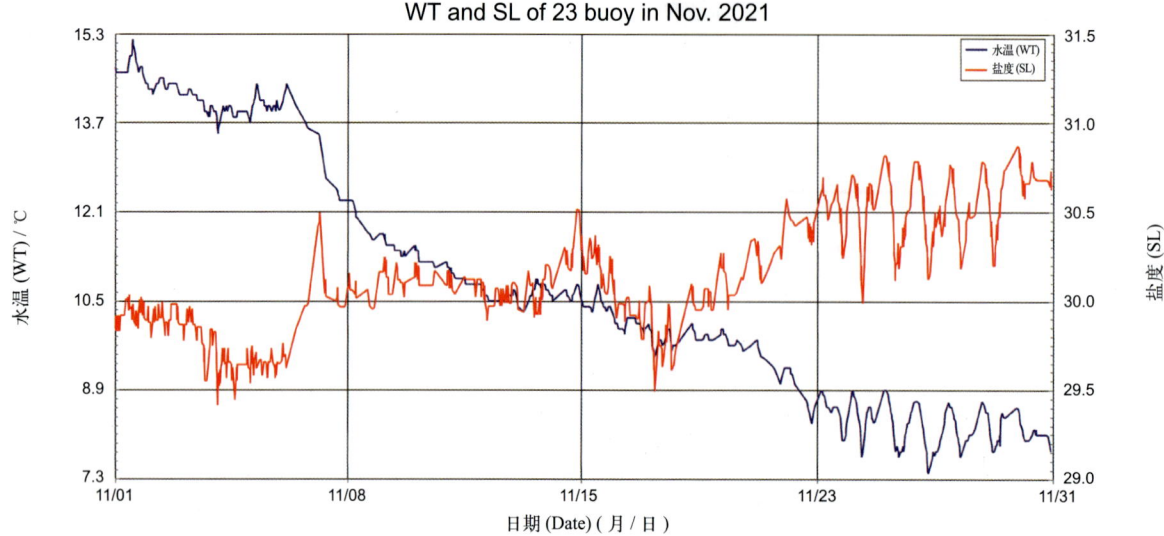

23号浮标2021年11月水温、盐度观测数据曲线
WT and SL of 23 buoy in Nov. 2021

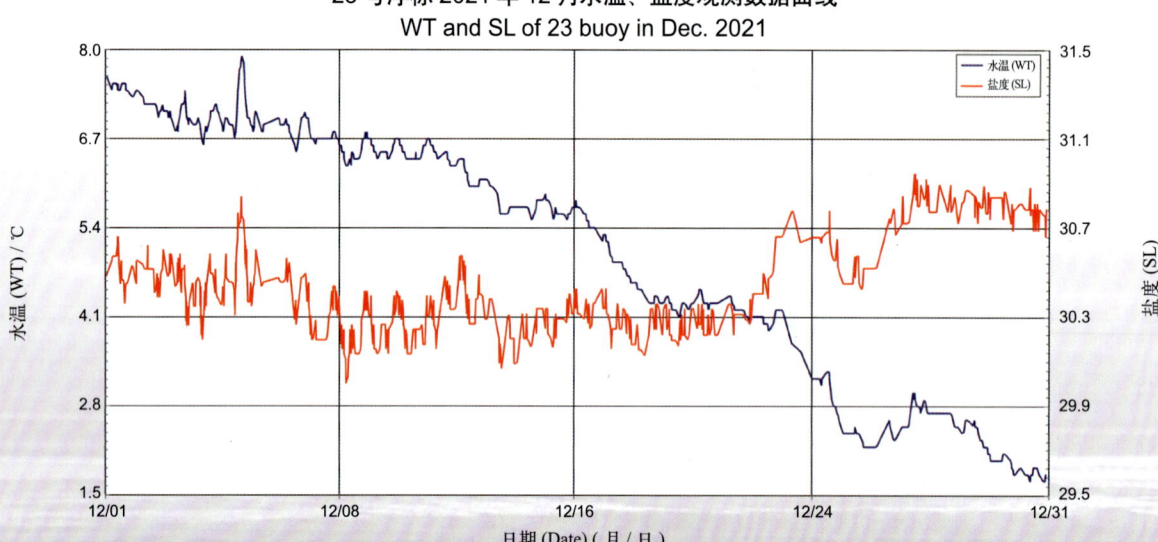

23号浮标2021年12月水温、盐度观测数据曲线
WT and SL of 23 buoy in Dec. 2021

2021年度02号浮标观测数据概述及曲线
(有效波高和有效波周期)

2021年,02号浮标共获取365天的有效波高和有效波周期长序列观测数据。通过对获取数据质量控制和分析,02号浮标观测海域2021年度有效波高、有效波周期数据和季节数据特征如下。

年度有效波高平均值为0.68 m,年度有效波周期平均值为4.73 s;测得的年度最大有效波高为4.1 m(9月20日),对应的有效波周期为8.0 s;测得的年度最长有效波周期为13.4 s(9月13日)。以2月为冬季代表月,观测海域冬季的平均有效波高是0.70 m,平均有效波周期是4.54 s;以5月为春季代表月,观测海域春季的平均有效波高是0.60 m,平均有效波周期是4.67 s;以8月为夏季代表月,观测海域夏季的平均有效波高是0.64 m,平均有效波周期是5.29 s;以11月为秋季代表月,观测海域秋季的平均有效波高是0.71 m,平均有效波周期是4.14 s。

2021年,02号浮标观测海域有效波高、有效波周期的月平均值、最大值和最小值数据参见表19。

2021年,02号浮标获取到的有效波高≥2 m的海浪过程共有13次,记录到1次寒潮过程的有效波高、有效波周期变化。寒潮的具体过程中,1月6—7日,02号浮标获取到的最大有效波高为2.0 m(1月6日22:30),对应的有效波周期为5.5 s。

表19　02号浮标各月份有效波高、有效波周期观测数据

月份	有效波高 / m			有效波周期 / s			备注
	平均	最大	最小	平均	最大	最小	
1	0.72	2.4	0.1	4.37	7.4	2.6	记录1次寒潮，记录1次有效波高≥2 m过程
2	0.70	1.8	0.1	4.54	7.9	2.5	
3	0.57	2.0	0.1	4.46	7.1	2.5	记录1次有效波高≥2 m过程
4	0.53	1.9	0.1	4.47	9.6	2.4	
5	0.60	2.6	0.2	4.67	7.2	2.6	记录1次有效波高≥2 m过程
6	0.57	2.0	0.2	4.70	7.1	3.0	记录1次有效波高≥2 m过程
7	0.79	2.3	0.2	6.17	13.0	3.0	记录3次有效波高≥2 m过程
8	0.64	1.8	0.2	5.29	9.8	2.6	
9	0.79	4.1	0.1	5.24	13.4	2.5	记录2次有效波高≥2 m过程
10	0.67	2.2	0.1	4.20	7.5	2.5	记录1次有效波高≥2 m过程
11	0.71	1.9	0.1	4.14	7.7	2.5	
12	0.85	2.5	0.1	4.42	7.2	2.4	记录3次有效波高≥2 m过程

02号浮标2021年有效波高、有效波周期观测数据曲线
SignWH and SignWP of 02 buoy in 2021

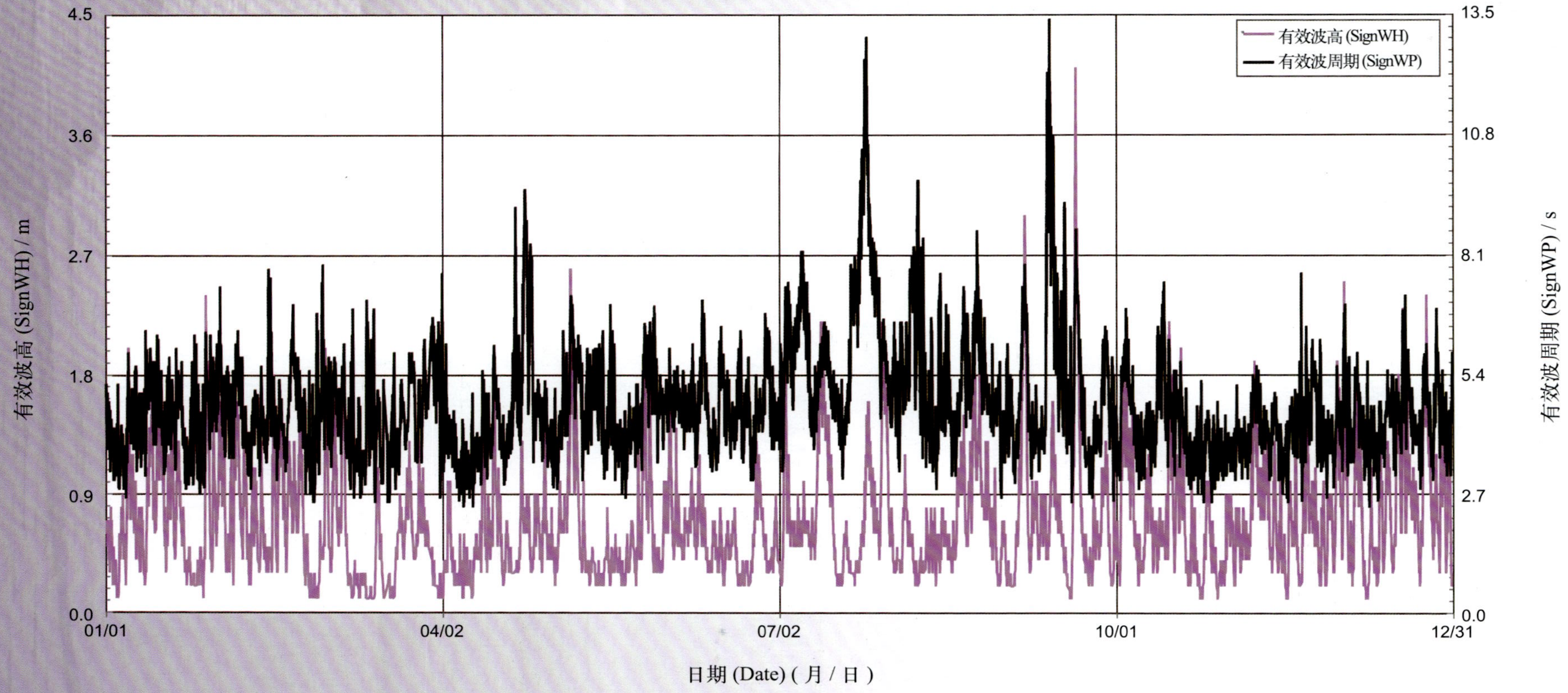

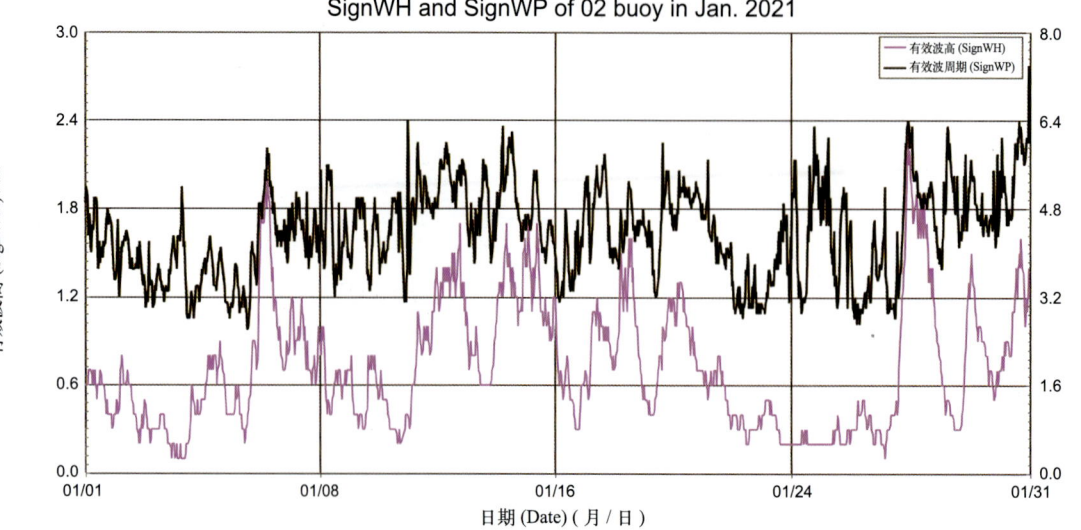

02 号浮标 2021 年 01 月有效波高、有效波周期观测数据曲线
SignWH and SignWP of 02 buoy in Jan. 2021

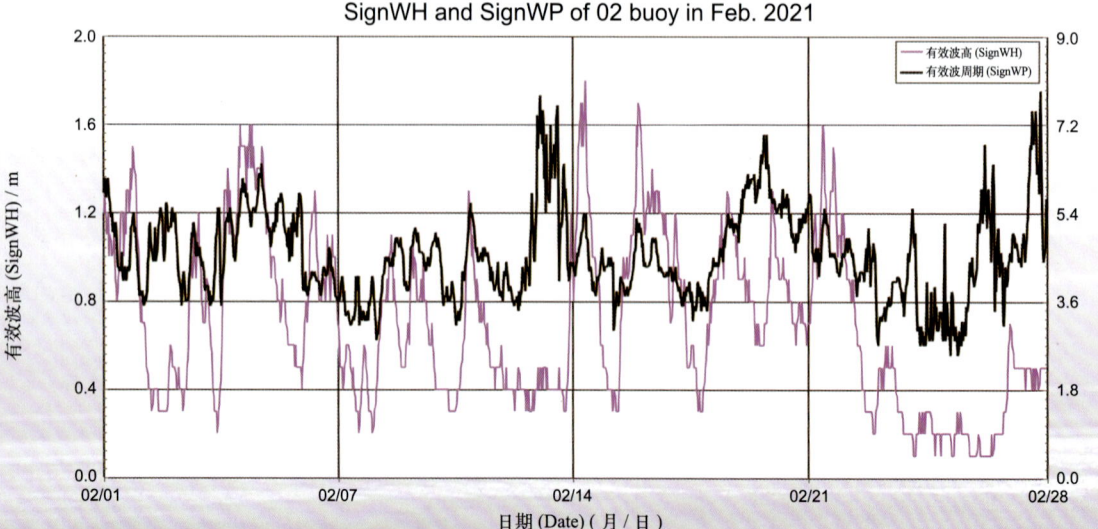

02 号浮标 2021 年 02 月有效波高、有效波周期观测数据曲线
SignWH and SignWP of 02 buoy in Feb. 2021

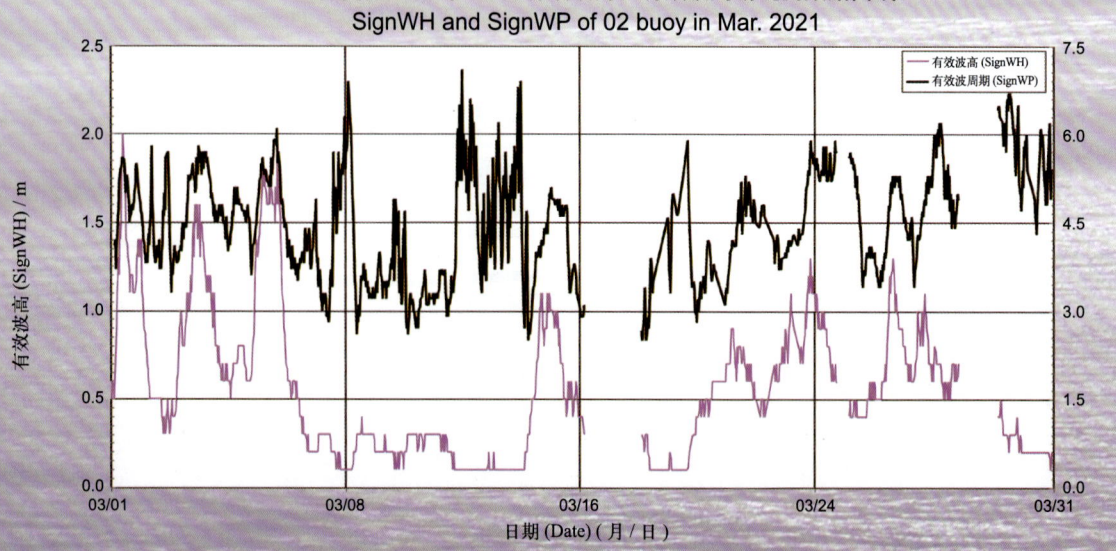

02 号浮标 2021 年 03 月有效波高、有效波周期观测数据曲线
SignWH and SignWP of 02 buoy in Mar. 2021

02号浮标2021年04月有效波高、有效波周期观测数据曲线
SignWH and SignWP of 02 buoy in Apr. 2021

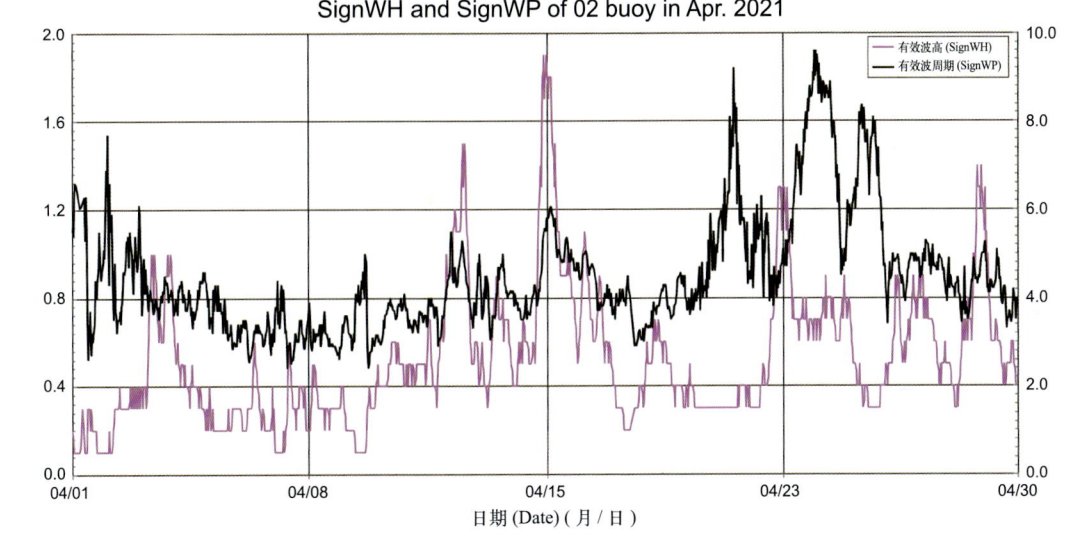

02号浮标2021年05月有效波高、有效波周期观测数据曲线
SignWH and SignWP of 02 buoy in May 2021

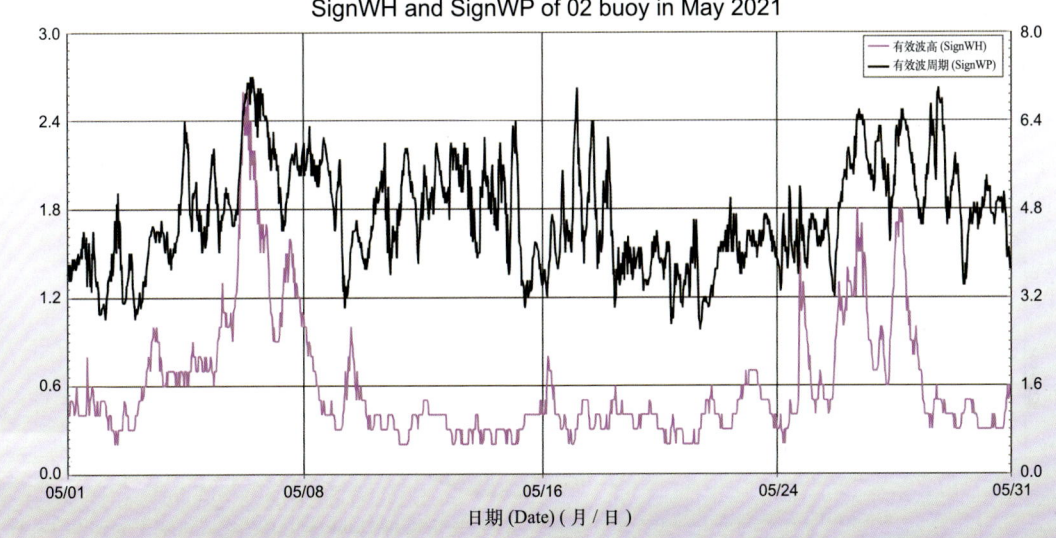

02号浮标2021年06月有效波高、有效波周期观测数据曲线
SignWH and SignWP of 02 buoy in Jun. 2021

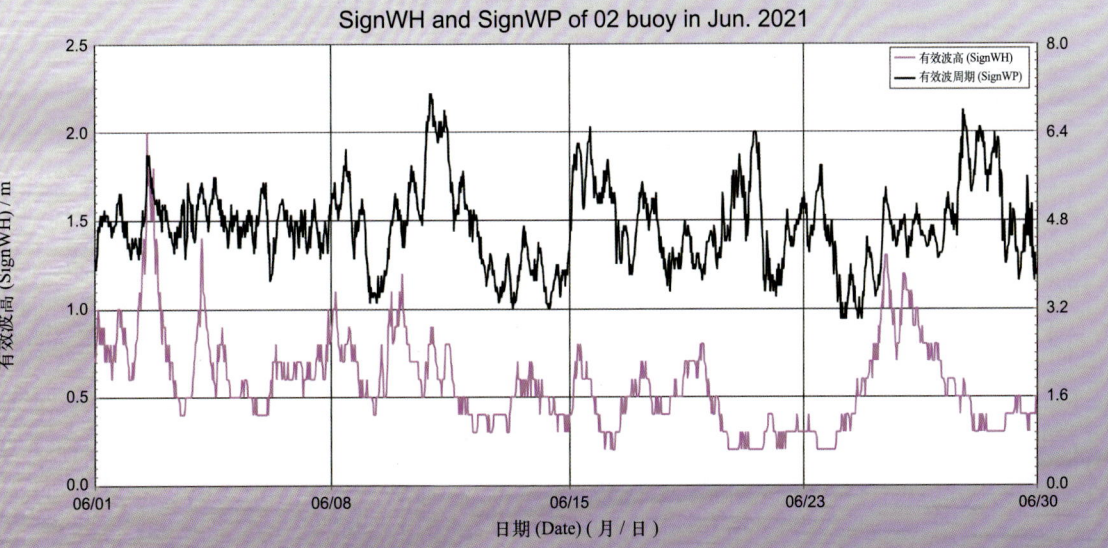

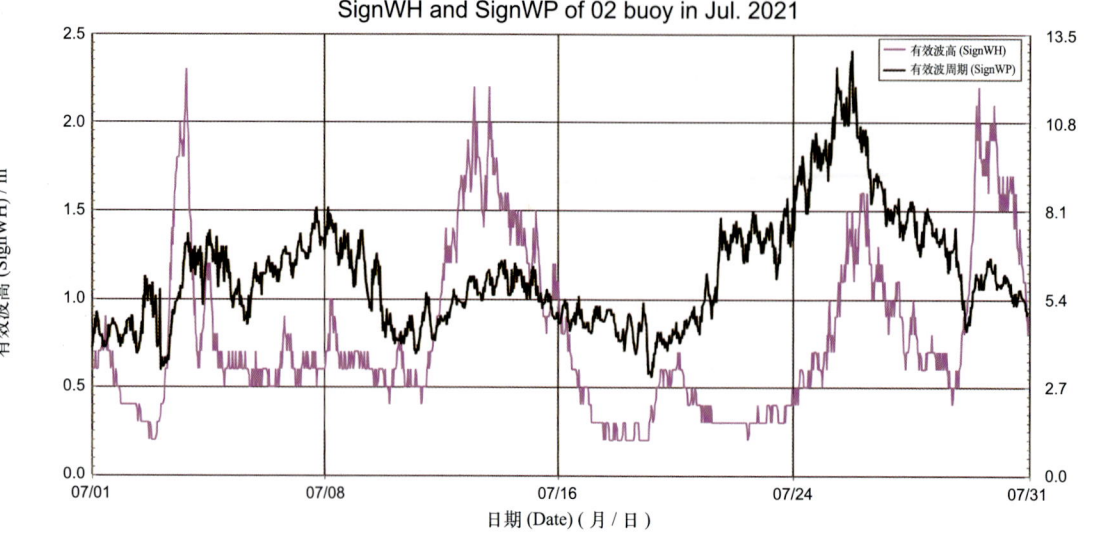

02号浮标2021年07月有效波高、有效波周期观测数据曲线
SignWH and SignWP of 02 buoy in Jul. 2021

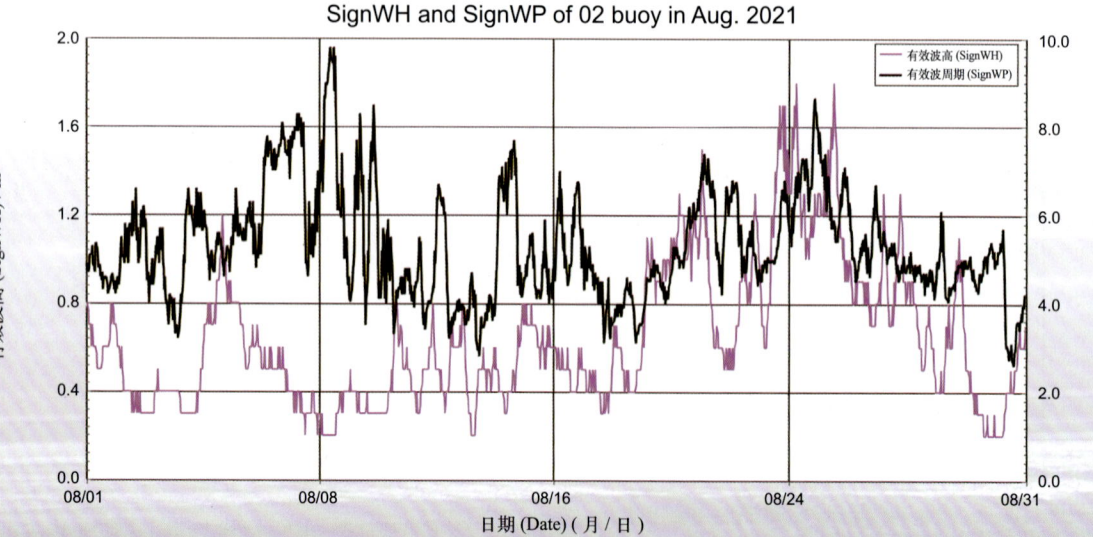

02号浮标2021年08月有效波高、有效波周期观测数据曲线
SignWH and SignWP of 02 buoy in Aug. 2021

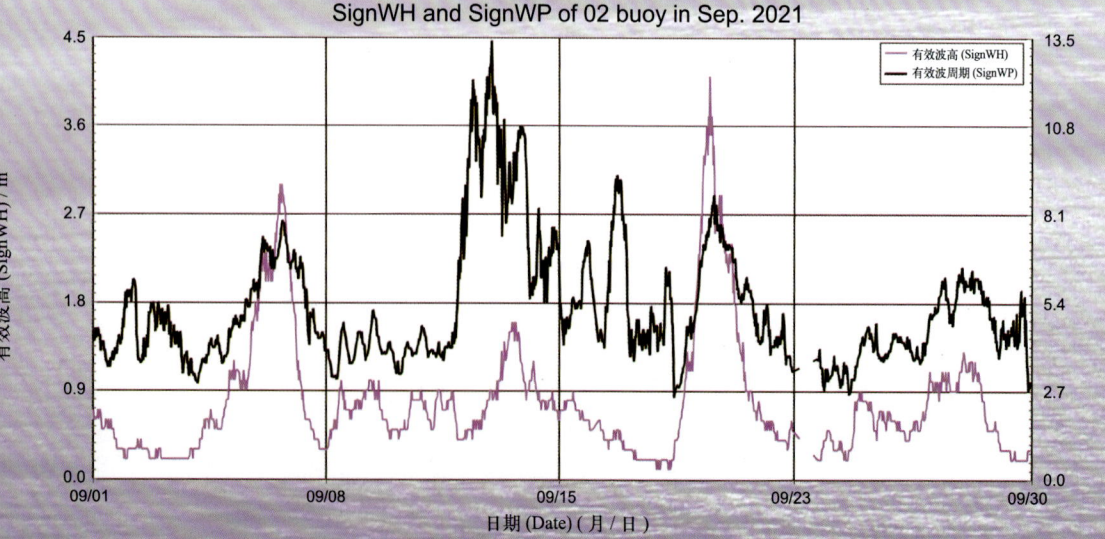

02号浮标2021年09月有效波高、有效波周期观测数据曲线
SignWH and SignWP of 02 buoy in Sep. 2021

02号浮标2021年10月有效波高、有效波周期观测数据曲线
SignWH and SignWP of 02 buoy in Oct. 2021

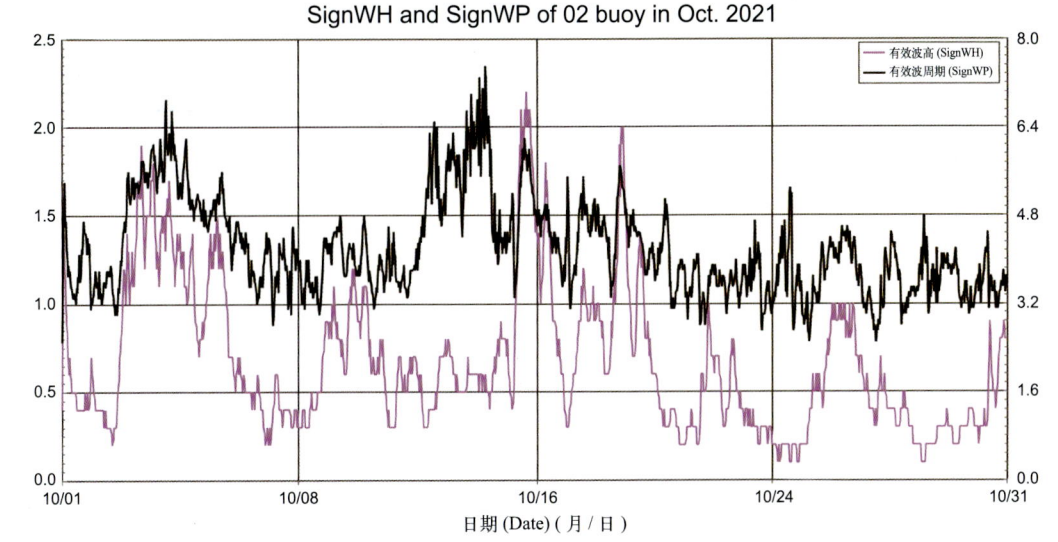

02号浮标2021年11月有效波高、有效波周期观测数据曲线
SignWH and SignWP of 02 buoy in Nov. 2021

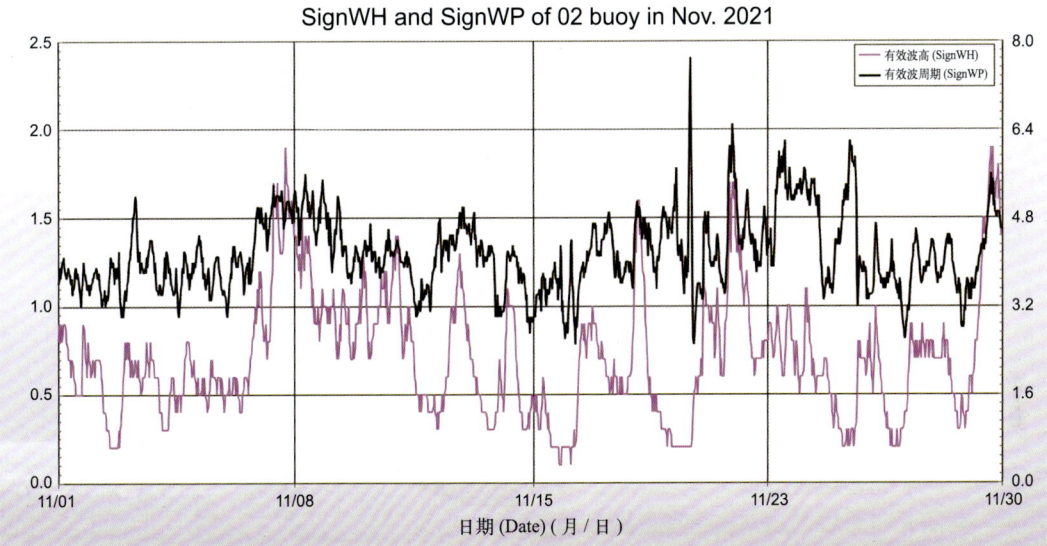

02号浮标2021年12月有效波高、有效波周期观测数据曲线
SignWH and SignWP of 02 buoy in Dec. 2021

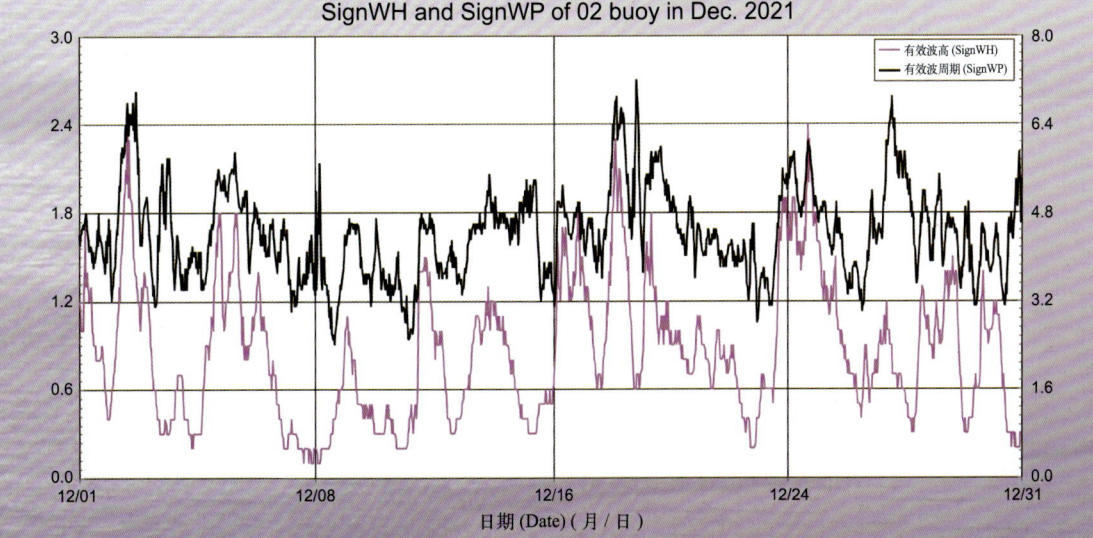

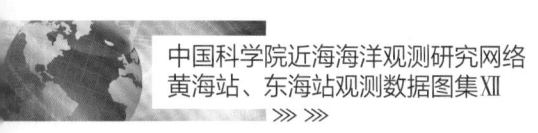

2021年度05号浮标观测数据概述及曲线
（有效波高和有效波周期）

2021年，05号浮标共获取327天的有效波高和有效波周期长序列观测数据。获取数据的主要区间为1月1日00:00至11月23日16:10。通过对获取数据质量控制和分析，05号浮标观测海域2021年度有效波高、有效波周期数据和季节数据特征如下。

年度有效波高平均值为0.67 m，年度有效波周期平均值为4.70 s；测得的年度最大有效波高为4.0 m（9月20日），对应的有效波周期为7.7 s；测得的年度最长有效波周期为13.4 s（9月13日）。以2月为冬季代表月，观测海域冬季的平均有效波高是0.69 m，平均有效波周期是4.43 s；以5月为春季代表月，观测海域春季的平均有效波高是0.61 m，平均有效波周期是4.56 s；以8月为夏季代表月，观测海域夏季的平均有效波高是0.63 m，平均有效波周期是5.21 s；以11月为秋季代表月，观测海域秋季的平均有效波高是0.79 m，平均有效波周期是4.20 s。

2021年，05号浮标观测海域有效波高、有效波周期的月平均值、最大值和最小值数据参见表20。

2021年，05号浮标获取到的有效波高≥2 m的海浪过程共有10次，记录到1次寒潮过程的有效波高、有效波周期变化。寒潮的具体过程中，1月6—7日，05号浮标获取到的最大有效波高为2.3 m（1月6日22:30），对应的有效波周期为5.7 s。

表20　05号浮标各月份有效波高、有效波周期观测数据

月份	有效波高 / m			有效波周期 / s			备注
	平均	最大	最小	平均	最大	最小	
1	0.75	2.3	0.1	4.33	6.4	2.5	记录1次寒潮，记录1次有效波高≥2 m过程
2	0.69	1.9	0.1	4.43	7.9	2.4	
3	0.54	1.9	0.1	4.25	6.9	2.4	
4	0.54	2.0	0.1	4.42	9.8	2.4	记录1次有效波高≥2 m过程
5	0.61	2.5	0.2	4.56	7.5	2.6	记录1次有效波高≥2 m过程
6	0.58	1.8	0.2	4.61	7.1	2.9	
7	0.78	2.3	0.2	6.07	12.7	2.9	记录3次有效波高≥2 m过程
8	0.63	1.8	0.2	5.21	9.3	2.8	
9	0.82	4.0	0.1	5.29	13.4	2.7	记录2次有效波高≥2 m过程
10	0.63	2.0	0.1	4.23	7.3	2.5	记录1次有效波高≥2 m过程
11	0.79	3.1	0.2	4.20	6.4	2.4	记录1次有效波高≥2 m过程
12	—	—	—	—	—	—	缺测数据

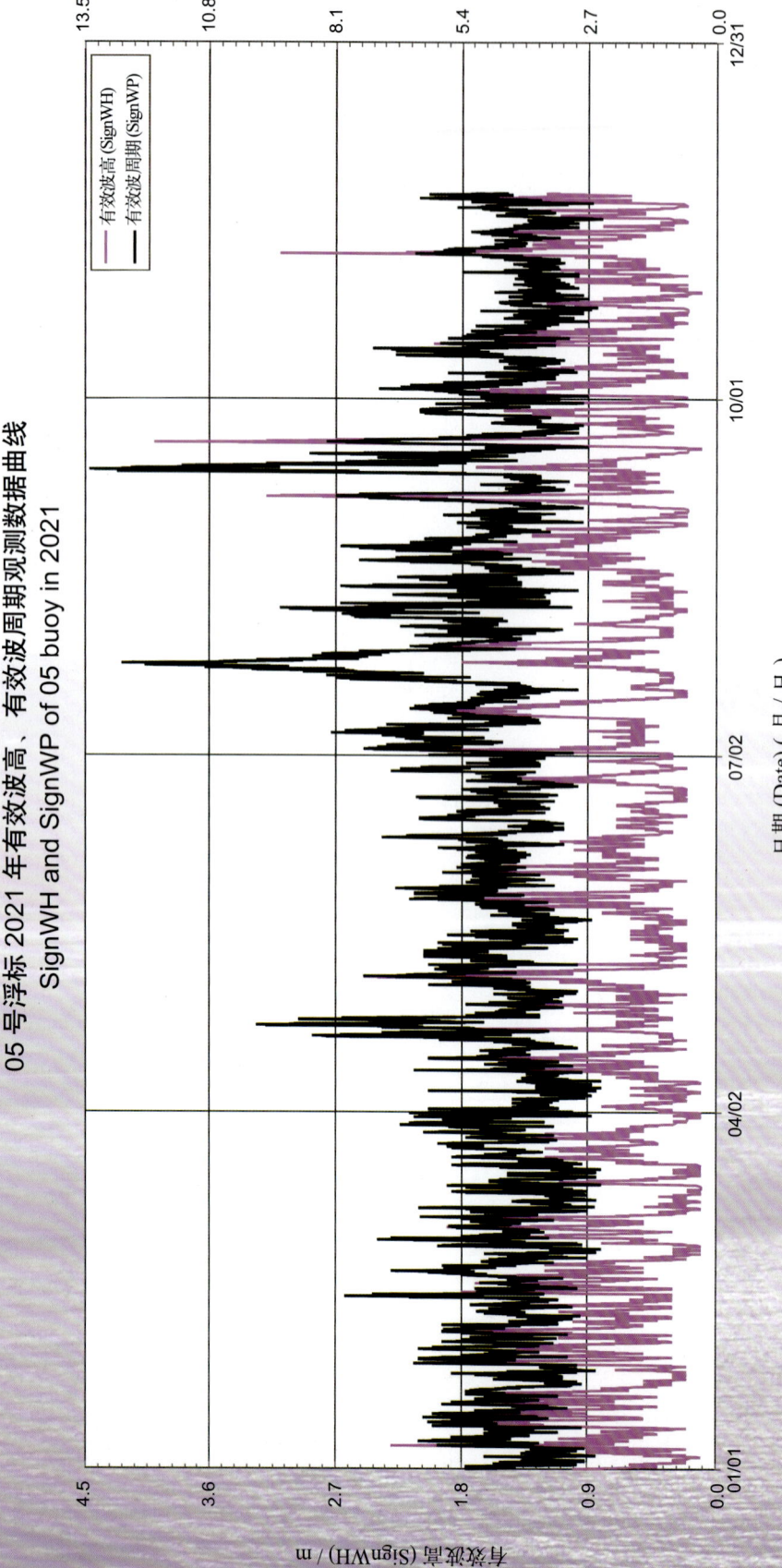

05号浮标2021年有效波高、有效波周期观测数据曲线
SignWH and SignWP of 05 buoy in 2021

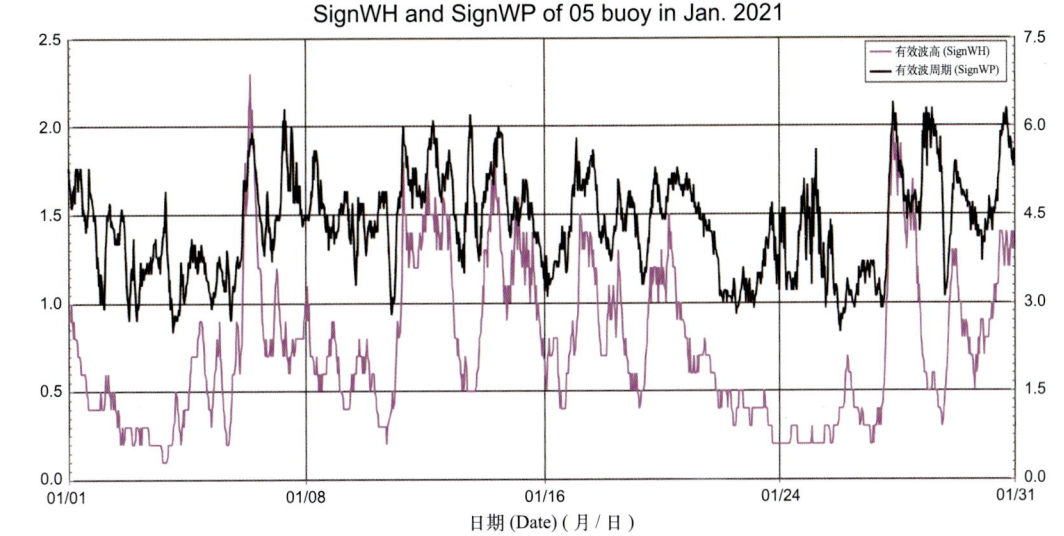

05号浮标2021年01月有效波高、有效波周期观测数据曲线
SignWH and SignWP of 05 buoy in Jan. 2021

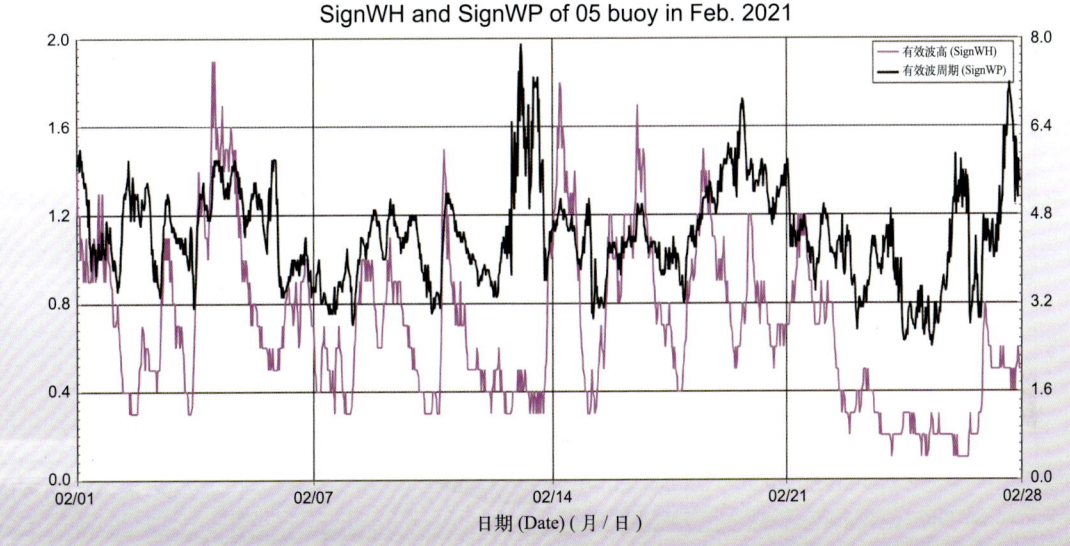

05号浮标2021年02月有效波高、有效波周期观测数据曲线
SignWH and SignWP of 05 buoy in Feb. 2021

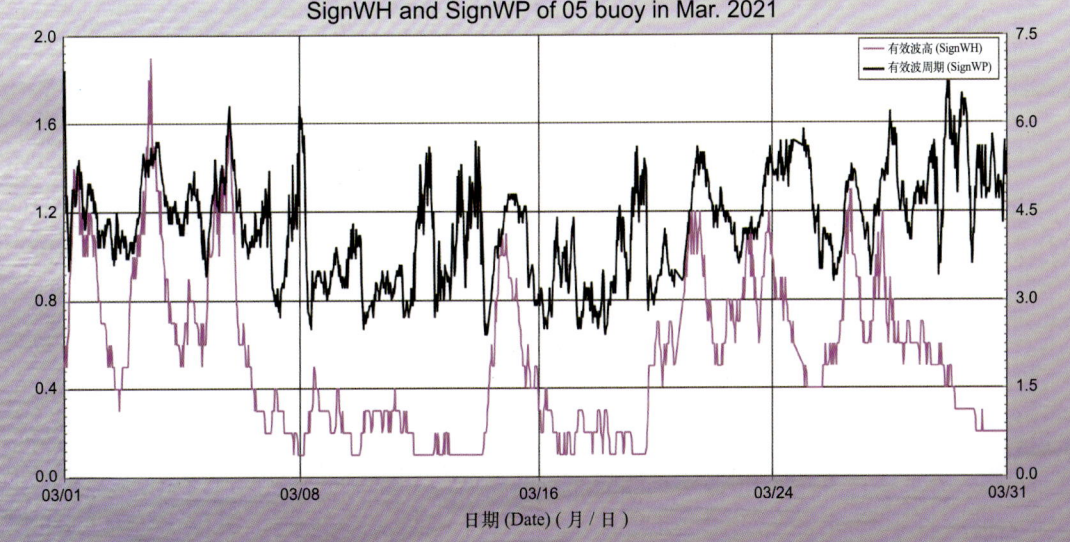

05号浮标2021年03月有效波高、有效波周期观测数据曲线
SignWH and SignWP of 05 buoy in Mar. 2021

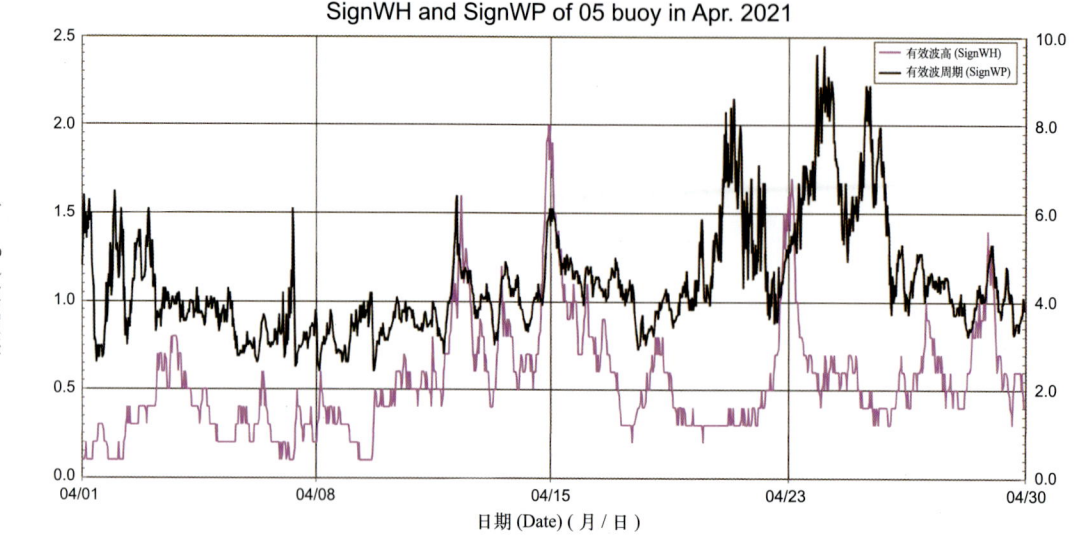

05号浮标2021年04月有效波高、有效波周期观测数据曲线
SignWH and SignWP of 05 buoy in Apr. 2021

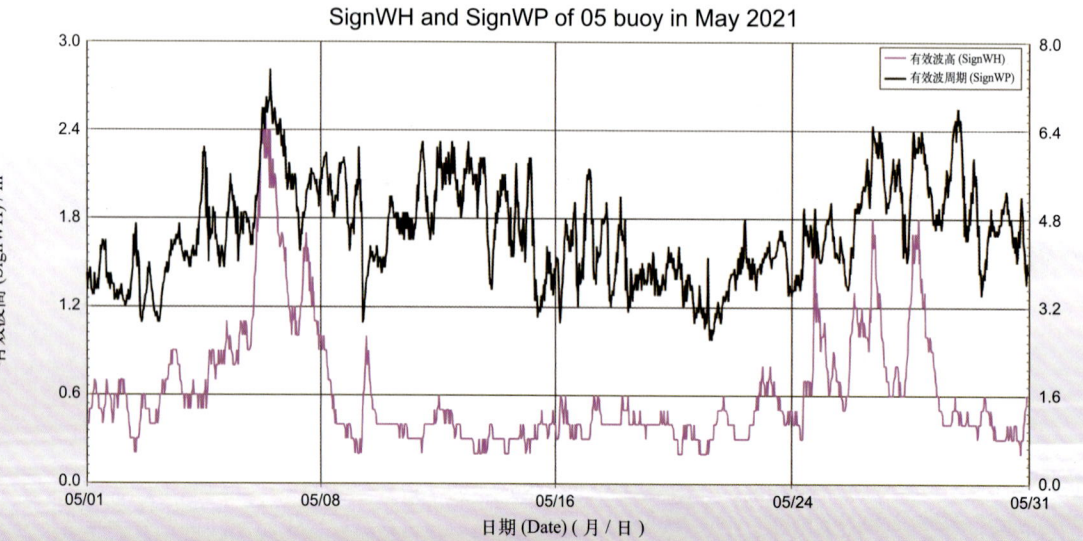

05号浮标2021年05月有效波高、有效波周期观测数据曲线
SignWH and SignWP of 05 buoy in May 2021

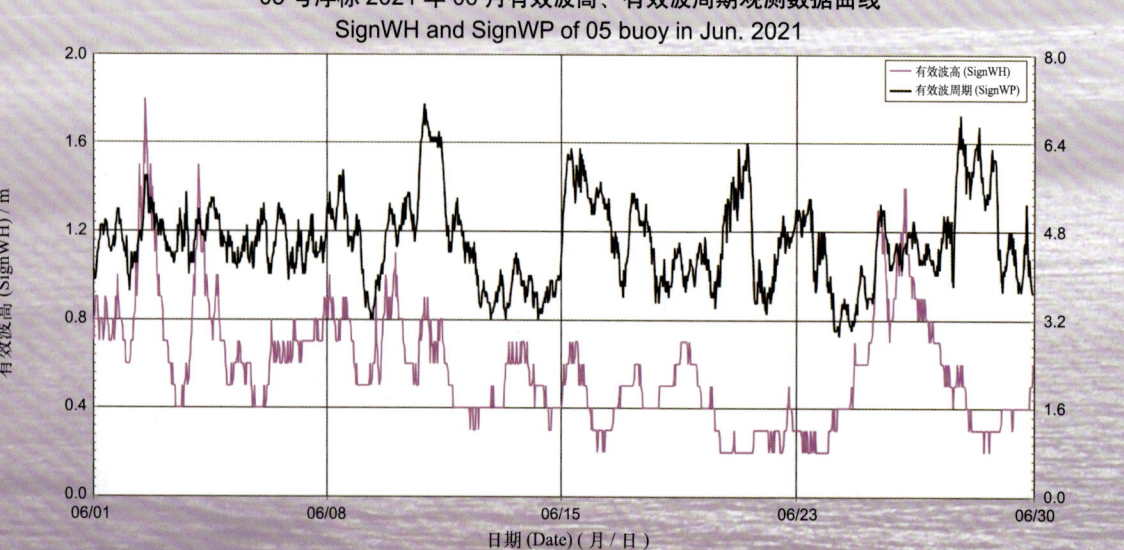

05号浮标2021年06月有效波高、有效波周期观测数据曲线
SignWH and SignWP of 05 buoy in Jun. 2021

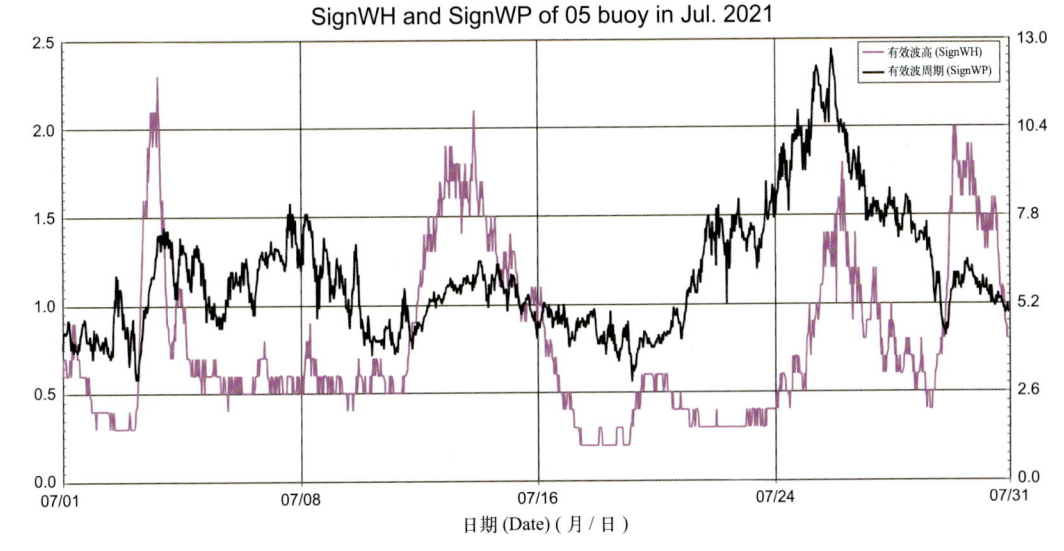

05号浮标2021年07月有效波高、有效波周期观测数据曲线
SignWH and SignWP of 05 buoy in Jul. 2021

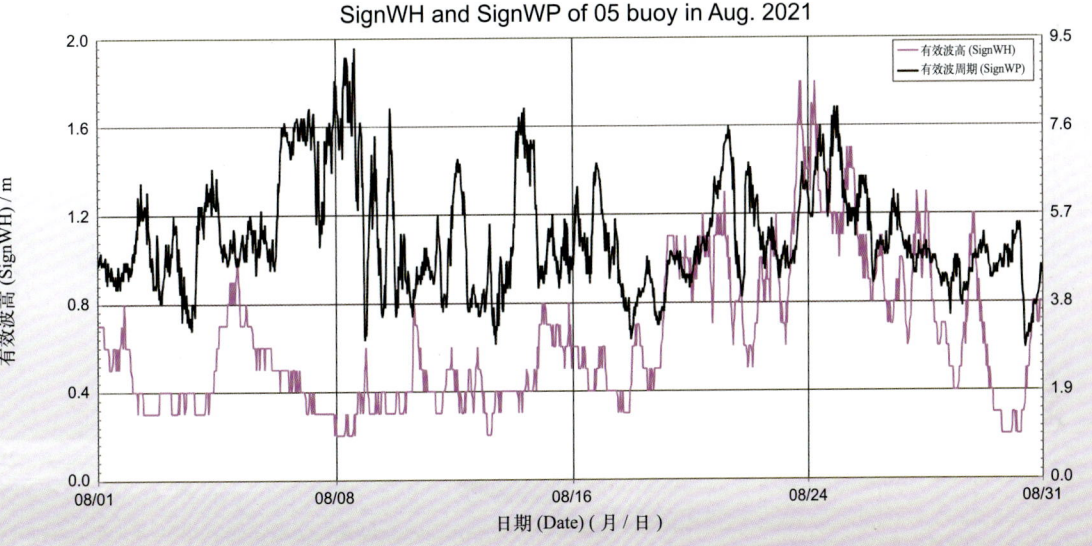

05号浮标2021年08月有效波高、有效波周期观测数据曲线
SignWH and SignWP of 05 buoy in Aug. 2021

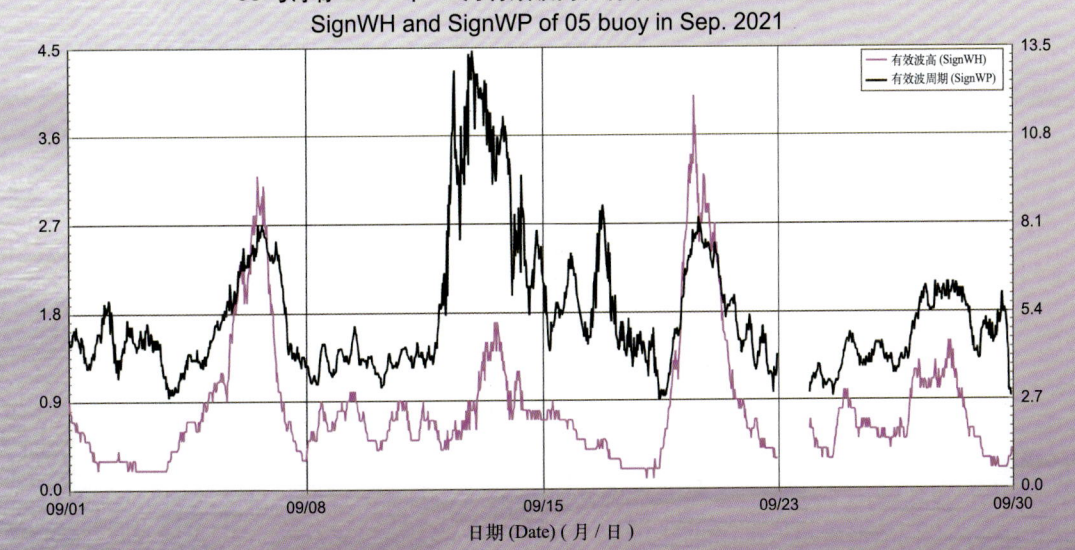

05号浮标2021年09月有效波高、有效波周期观测数据曲线
SignWH and SignWP of 05 buoy in Sep. 2021

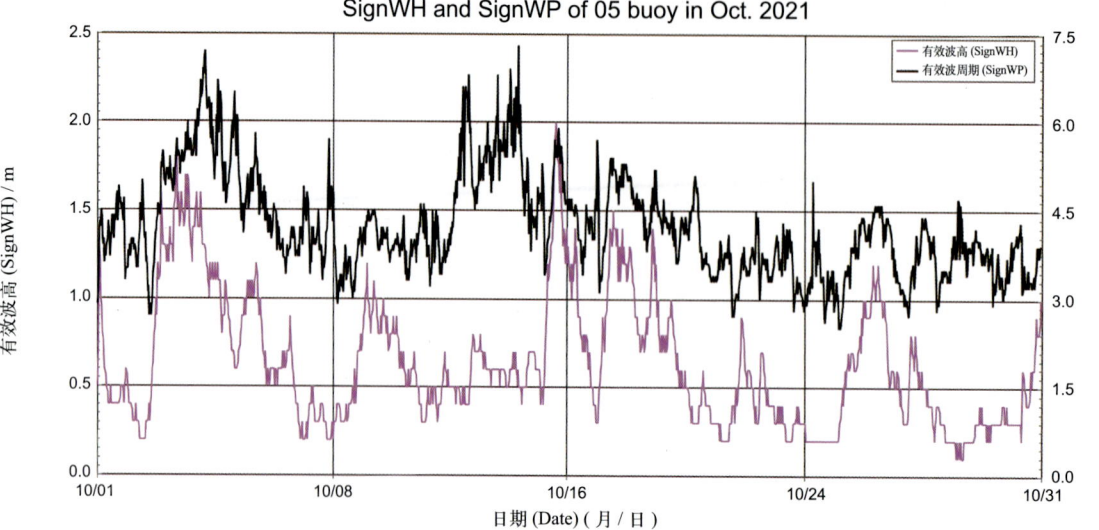

05号浮标2021年10月有效波高、有效波周期观测数据曲线
SignWH and SignWP of 05 buoy in Oct. 2021

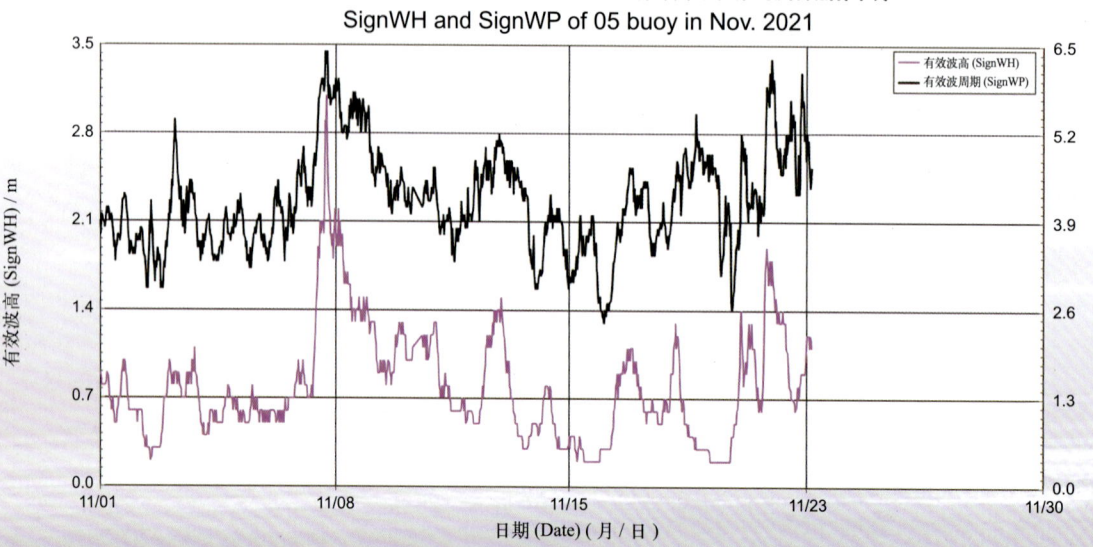

05号浮标2021年11月有效波高、有效波周期观测数据曲线
SignWH and SignWP of 05 buoy in Nov. 2021

2021年度06号浮标观测数据概述及曲线
（有效波高和有效波周期）

2021年，06号浮标共获取345天的有效波高和有效波周期长序列观测数据。获取数据的主要区间共两个时间段，具体为1月1日00:00至4月21日16:00和5月12日22:00至12月31日23:50。通过对获取数据质量控制和分析，06号浮标观测海域2021年度有效波高、有效波周期数据和季节数据特征如下。

年度有效波高平均值为1.33 m，年度有效波周期平均值为6.52 s；测得的年度最大有效波高为8.6 m（7月25日），对应的有效波周期为11.0 s；测得的年度最长有效波周期为13.5 s（4月19日）。以2月为冬季代表月，观测海域冬季的平均有效波高是1.49 m，平均有效波周期是6.83 s；以5月为春季代表月，观测海域春季的平均有效波高是0.83 m，平均有效波周期是5.81 s；以8月为夏季代表月，观测海域夏季的平均有效波高是1.21 m，平均有效波周期是6.17 s；以11月为秋季代表月，观测海域秋季的平均有效波高是1.34 m，平均有效波周期是6.28 s。

2021年，06号浮标观测海域有效波高、有效波周期的月平均值、最大值和最小值数据参见表21。

2021年，06号浮标获取到的有效波高≥4 m的灾害性海浪过程共有8次，记录到2次寒潮过程和4次台风过程的有效波高、有效波周期变化。第一次寒潮过程，1月6—9日，06号浮标获取到的最大有效波高为4.5 m（1月7日14:30），对应的有效波周期为8.5 s。第二次寒潮过程，12月24—26日，06号浮标获取到的最大有效波高为4.3 m（12月25日11:00），对应的有效波周期为8.3 s。第一次台风过程，7月24—26日，受第6号台风"烟花"的影响，06号浮标获取到的最大有效波高为8.6 m（7月25日08:00），对应的有效波周期为11.0 s。第二次台风过程，8月6—9日，受第9号台风"卢碧"的影响，06号浮标获取到的最大有效波高为1.8 m（8月6日15:30），对应的有效波周期为8.3 s。第三次台风过程，8月22—25日，受第12号台风"奥麦斯"的影响，06号浮标获取到的最大有效波高为2.9 m（8月23日12:30），对应的有效波周期为10.0 s。第四次台风过程，9月12—14日，受第14号台风"灿都"的影响，06号浮标获取到的最大有效波高为7.0 m（9月13日12:30），对应的有效波周期为10.2 s。

表21 06号浮标各月份有效波高、有效波周期观测数据

月份	有效波高 / m			有效波周期 / s			备注
	平均	最大	最小	平均	最大	最小	
1	1.43	4.5	0.4	6.28	9.4	3.8	记录1次寒潮， 记录1次有效波高≥4 m过程
2	1.49	4.4	0.4	6.83	10.2	4.0	记录1次有效波高≥4 m过程
3	1.18	3.5	0.4	6.42	10.9	3.8	
4	1.29	3.4	0.4	7.39	13.5	4.2	缺测9天数据
5	0.83	2.5	0.3	5.81	9.0	4.4	缺测11天数据
6	0.91	2.9	0.4	6.22	8.4	4.4	
7	1.80	8.6	0.6	6.54	12.0	4.3	记录1次台风， 记录1次有效波高≥4 m过程
8	1.21	2.9	0.5	6.17	10.9	3.9	记录2次台风
9	1.42	7.0	0.4	6.71	11.6	4.1	记录1次台风， 记录1次有效波高≥4 m过程
10	1.51	5.1	0.7	7.05	12.5	4.4	记录1次有效波高≥4 m过程
11	1.34	4.3	0.2	6.28	8.7	3.9	记录1次有效波高≥4 m过程
12	1.30	4.4	0.4	6.58	10.9	3.9	记录1次寒潮， 记录2次有效波高≥4 m过程

水文观测·有效波高、有效波周期

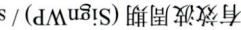

06 号浮标 2021 年有效波高、有效波周期观测数据曲线
SignWH and SignWP of 06 buoy in 2021

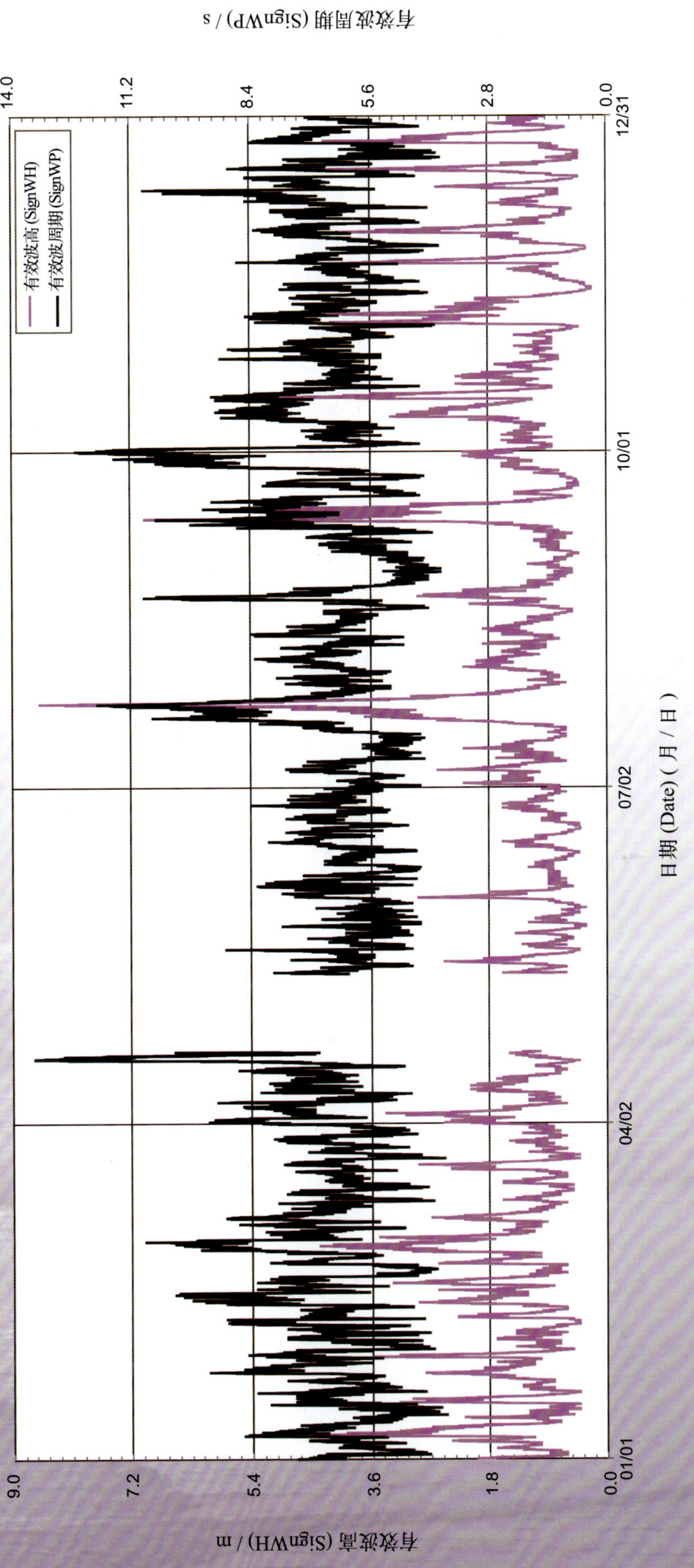

06号浮标2021年01月有效波高、有效波周期观测数据曲线
SignWH and SignWP of 06 buoy in Jan. 2021

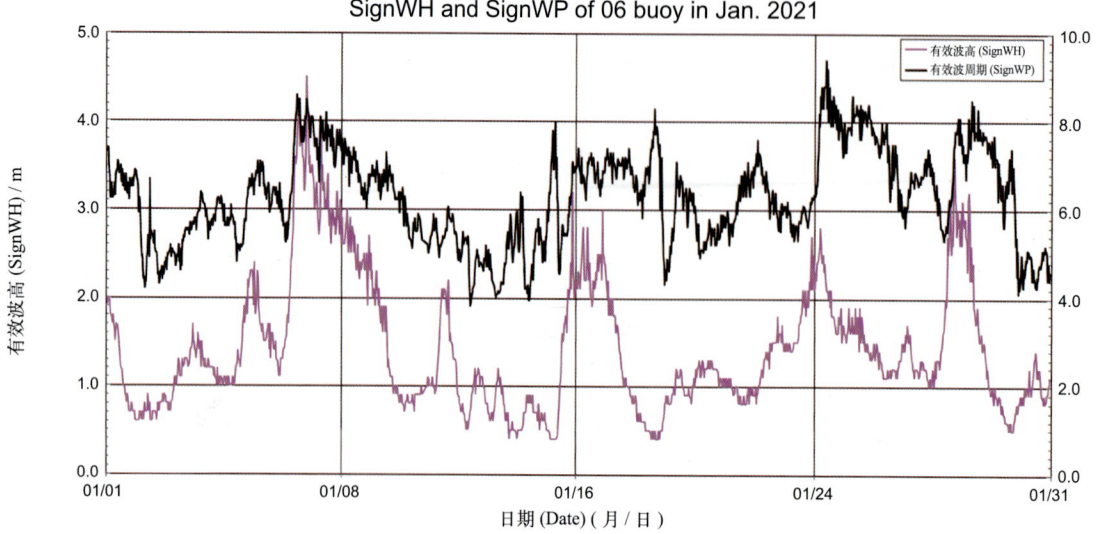

06号浮标2021年02月有效波高、有效波周期观测数据曲线
SignWH and SignWP of 06 buoy in Feb. 2021

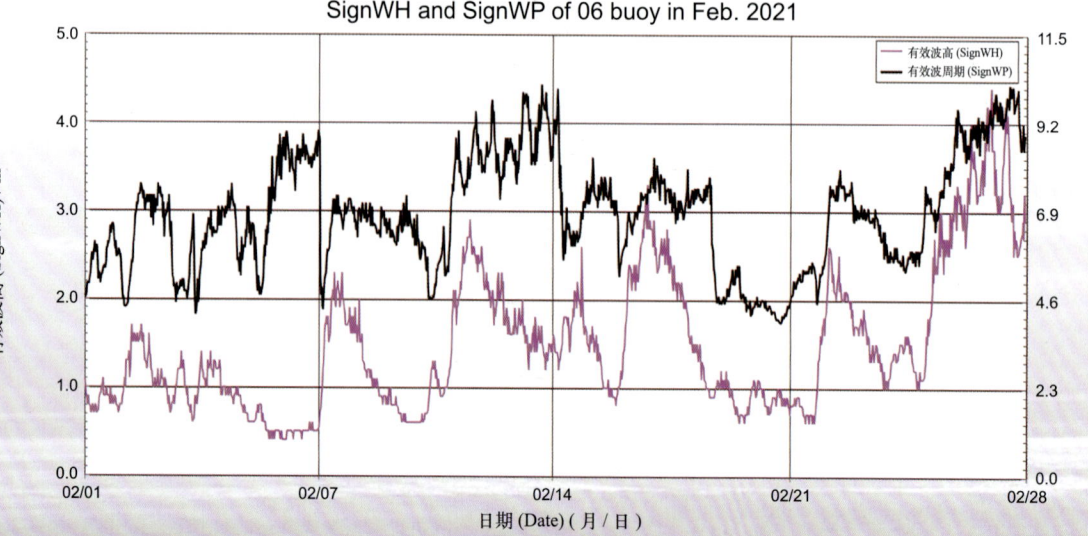

06号浮标2021年03月有效波高、有效波周期观测数据曲线
SignWH and SignWP of 06 buoy in Mar. 2021

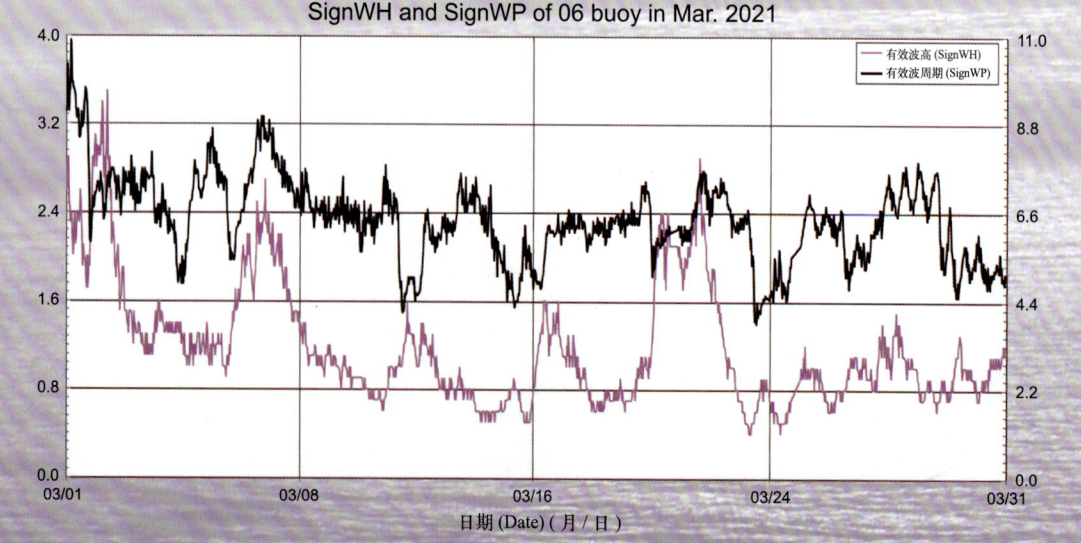

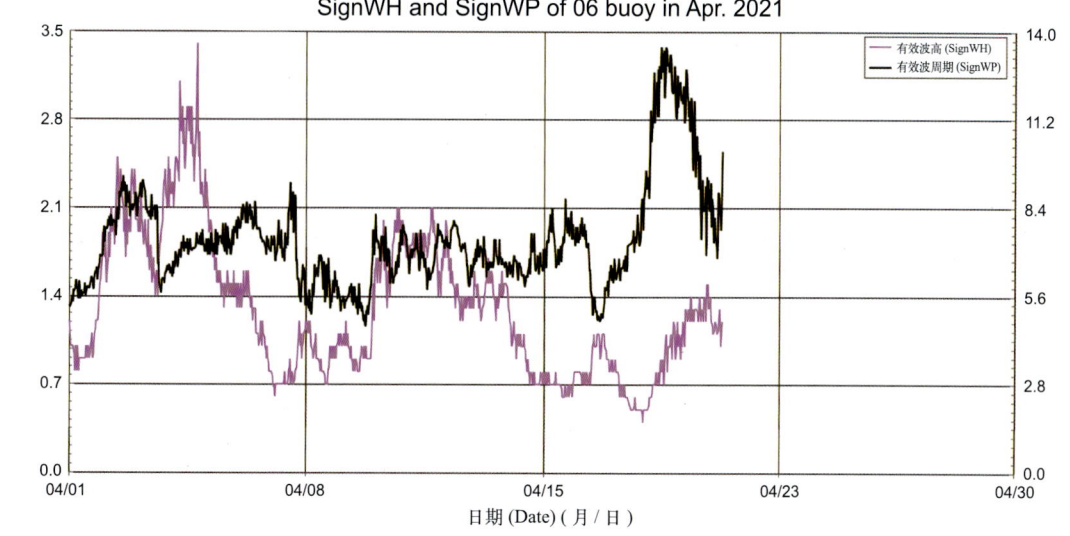

06号浮标2021年04月有效波高、有效波周期观测数据曲线
SignWH and SignWP of 06 buoy in Apr. 2021

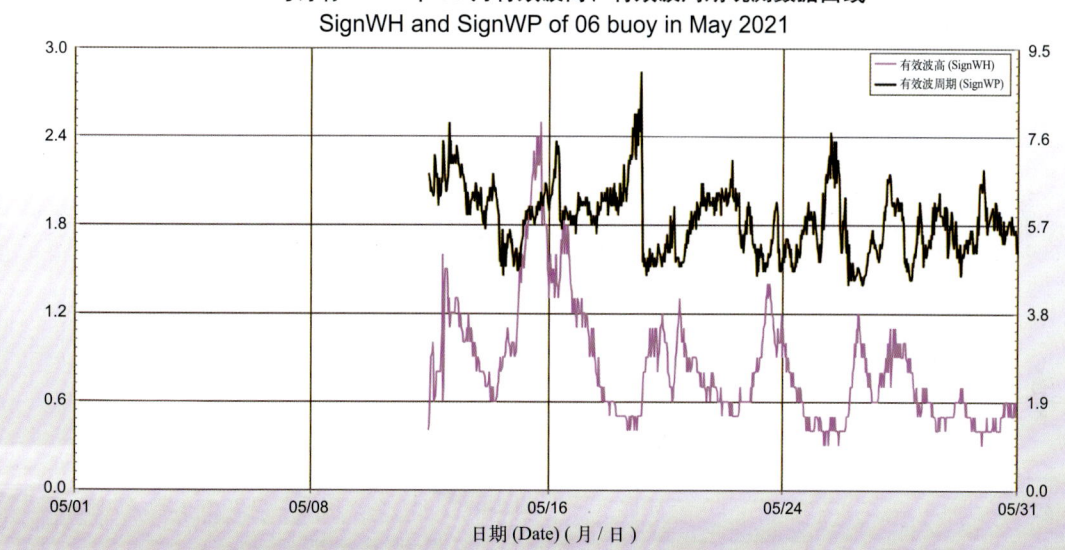

06号浮标2021年05月有效波高、有效波周期观测数据曲线
SignWH and SignWP of 06 buoy in May 2021

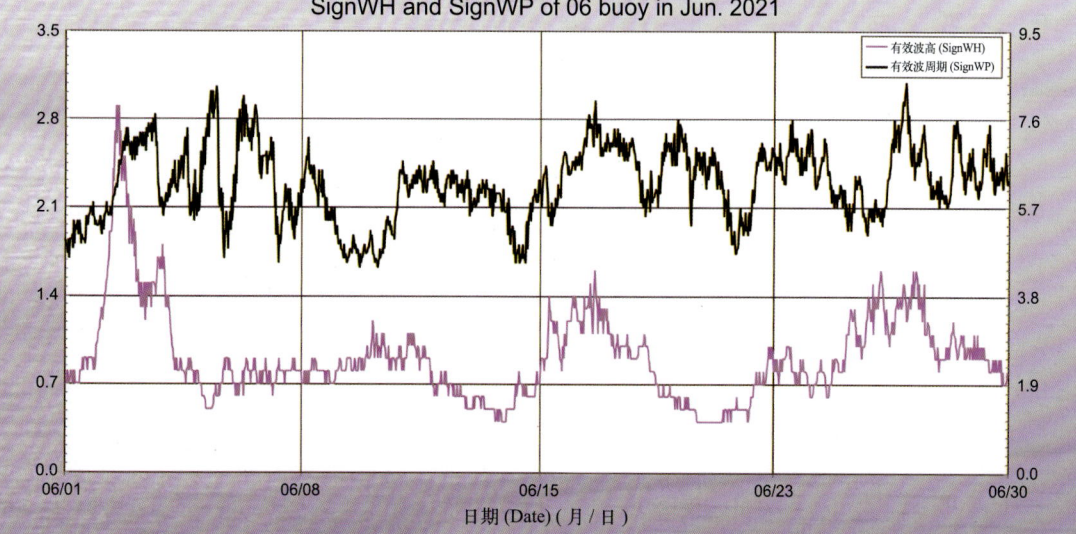

06号浮标2021年06月有效波高、有效波周期观测数据曲线
SignWH and SignWP of 06 buoy in Jun. 2021

06 号浮标 2021 年 07 月有效波高、有效波周期观测数据曲线
SignWH and SignWP of 06 buoy in Jul. 2021

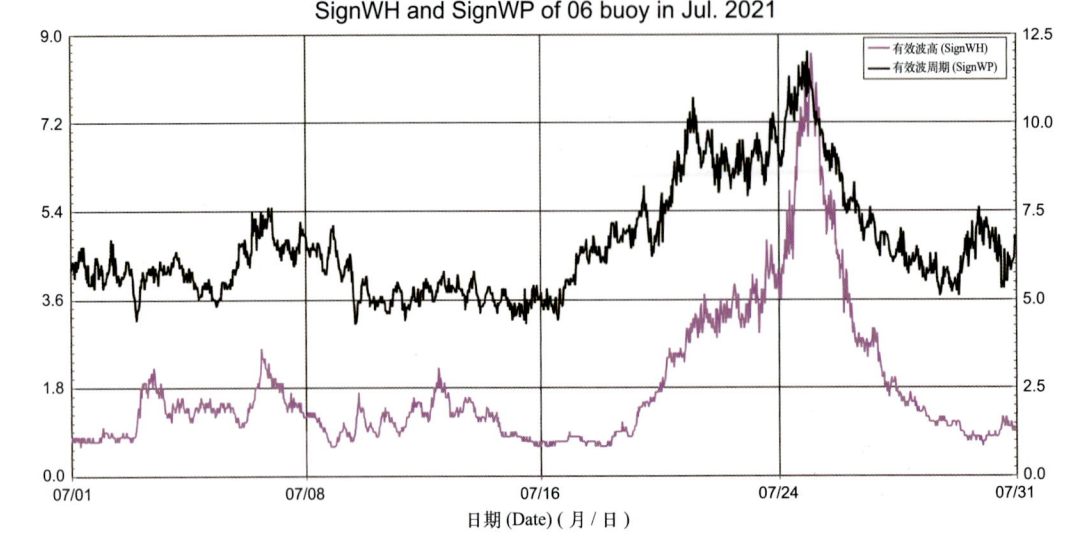

06 号浮标 2021 年 08 月有效波高、有效波周期观测数据曲线
SignWH and SignWP of 06 buoy in Aug. 2021

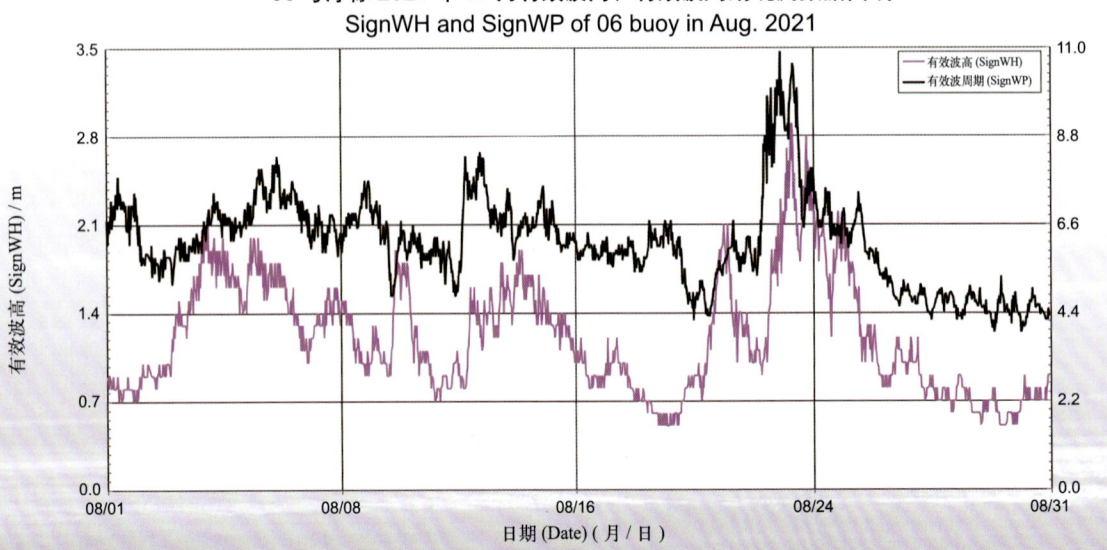

06 号浮标 2021 年 09 月有效波高、有效波周期观测数据曲线
SignWH and SignWP of 06 buoy in Sep. 2021

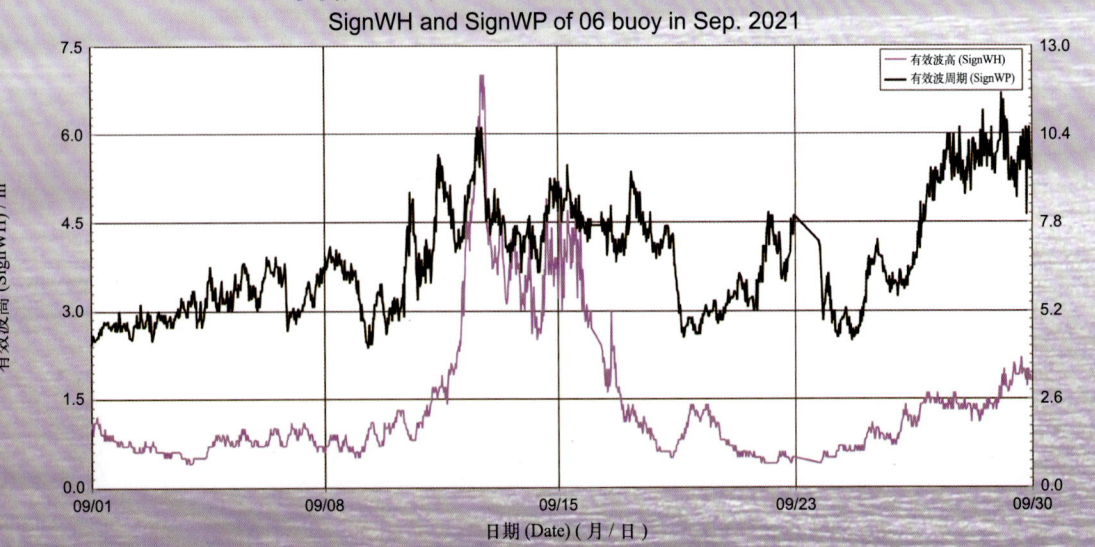

水文观测·有效波高、有效波周期

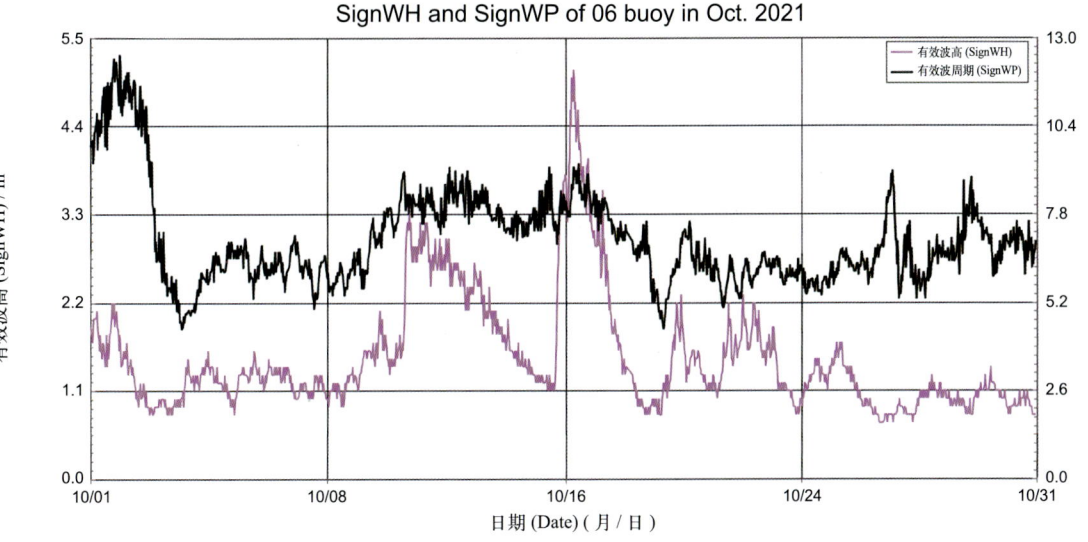
06号浮标2021年10月有效波高、有效波周期观测数据曲线
SignWH and SignWP of 06 buoy in Oct. 2021

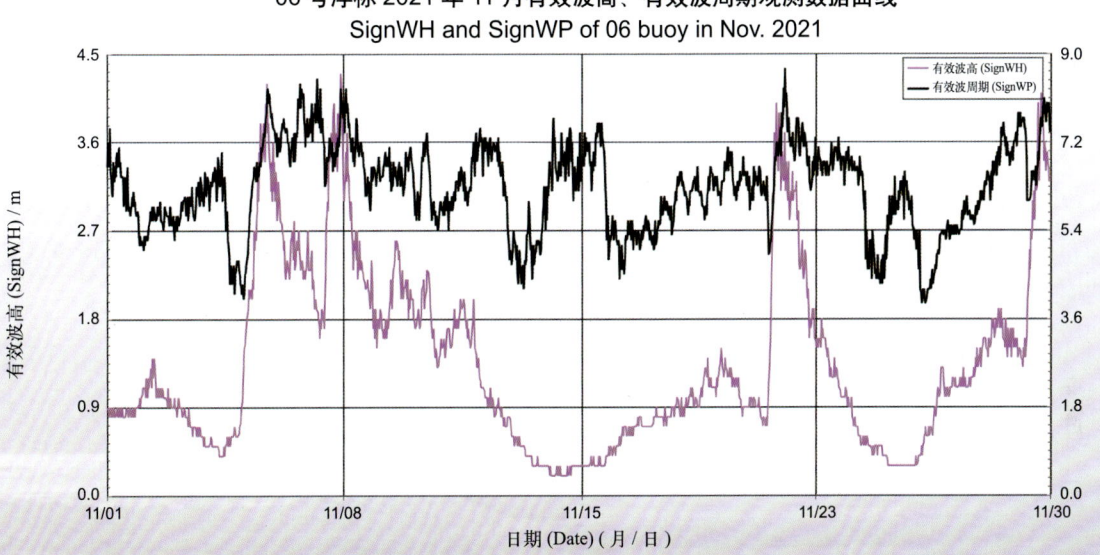
06号浮标2021年11月有效波高、有效波周期观测数据曲线
SignWH and SignWP of 06 buoy in Nov. 2021

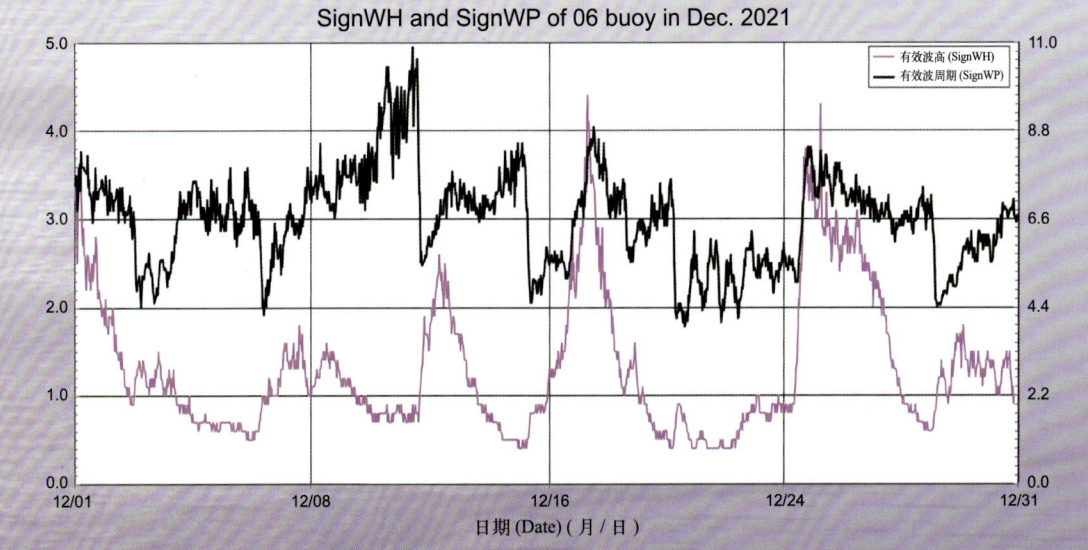
06号浮标2021年12月有效波高、有效波周期观测数据曲线
SignWH and SignWP of 06 buoy in Dec. 2021

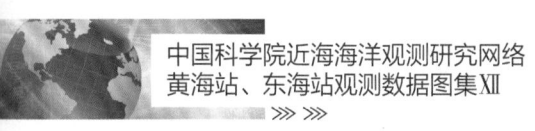

2021年度09号浮标观测数据概述及曲线
(有效波高和有效波周期)

2021年,09号浮标共获取365天的有效波高和有效波周期长序列观测数据。通过对获取数据质量控制和分析,09号浮标观测海域2021年度有效波高、有效波周期数据和季节数据特征如下。

年度有效波高平均值为0.58 m,年度有效波周期平均值为4.77 s;测得的年度最大有效波高为3.2 m(9月6日),对应的有效波周期为7.7 s;测得的年度最长有效波周期为10.4 s(7月25日)。以2月为冬季代表月,观测海域冬季的平均有效波高是0.66 m,平均有效波周期是4.86 s;以5月为春季代表月,观测海域春季的平均有效波高是0.59 m,平均有效波周期是4.54 s;以8月为夏季代表月,观测海域夏季的平均有效波高是0.55 m,平均有效波周期是5.01 s;以11月为秋季代表月,观测海域秋季的平均有效波高是0.50 m,平均有效波周期是3.72 s。

2021年,09号浮标观测海域有效波高、有效波周期的月平均值、最大值和最小值数据参见表22。

2021年,09号浮标获取到的有效波高≥2 m的海浪过程共有5次,记录到3次寒潮过程和1次台风过程的有效波高、有效波周期变化。第一次寒潮过程,1月5—8日,09号浮标获取到的最大有效波高为0.9 m(1月6日15:00),对应的有效波周期为3.4 s。第二次寒潮过程,11月5—8日,09号浮标获取到的最大有效波高为1.5 m(11月5日19:00),对应的有效波周期为5.3 s。第三次寒潮过程,12月23—26日,09号浮标获取到的最大有效波高为1.4 m(12月24日17:00),对应的有效波周期为5.9 s。台风的具体过程中,7月28—31日,受第6号台风"烟花"的影响,09号浮标获取到的最大有效波高为3.1 m(7月29日09:00),对应的有效波周期为6.9 s。

表22　09号浮标各月份有效波高、有效波周期观测数据

月份	有效波高 / m			有效波周期 / s			备注
	平均	最大	最小	平均	最大	最小	
1	0.48	1.7	0.1	4.45	8.6	2.4	记录1次寒潮
2	0.66	1.7	0.2	4.86	9.0	2.5	
3	0.46	1.5	0.1	4.86	8.2	2.6	
4	0.57	1.8	0.1	5.11	10.2	2.4	
5	0.59	1.8	0.1	4.54	7.0	2.4	
6	0.56	1.8	0.1	4.75	7.3	2.7	
7	0.80	3.1	0.3	5.54	10.4	3.4	记录1次台风，记录1次有效波高≥2 m过程
8	0.55	2.2	0.2	5.01	7.5	2.8	记录1次有效波高≥2 m过程
9	0.80	3.2	0.2	5.35	10.3	2.7	记录2次有效波高≥2 m过程
10	0.59	2.3	0.1	4.82	8.5	2.4	记录1次有效波高≥2 m过程
11	0.50	1.5	0.1	3.72	6.2	2.4	记录1次寒潮
12	0.46	1.4	0.1	1.29	9.3	2.4	记录1次寒潮

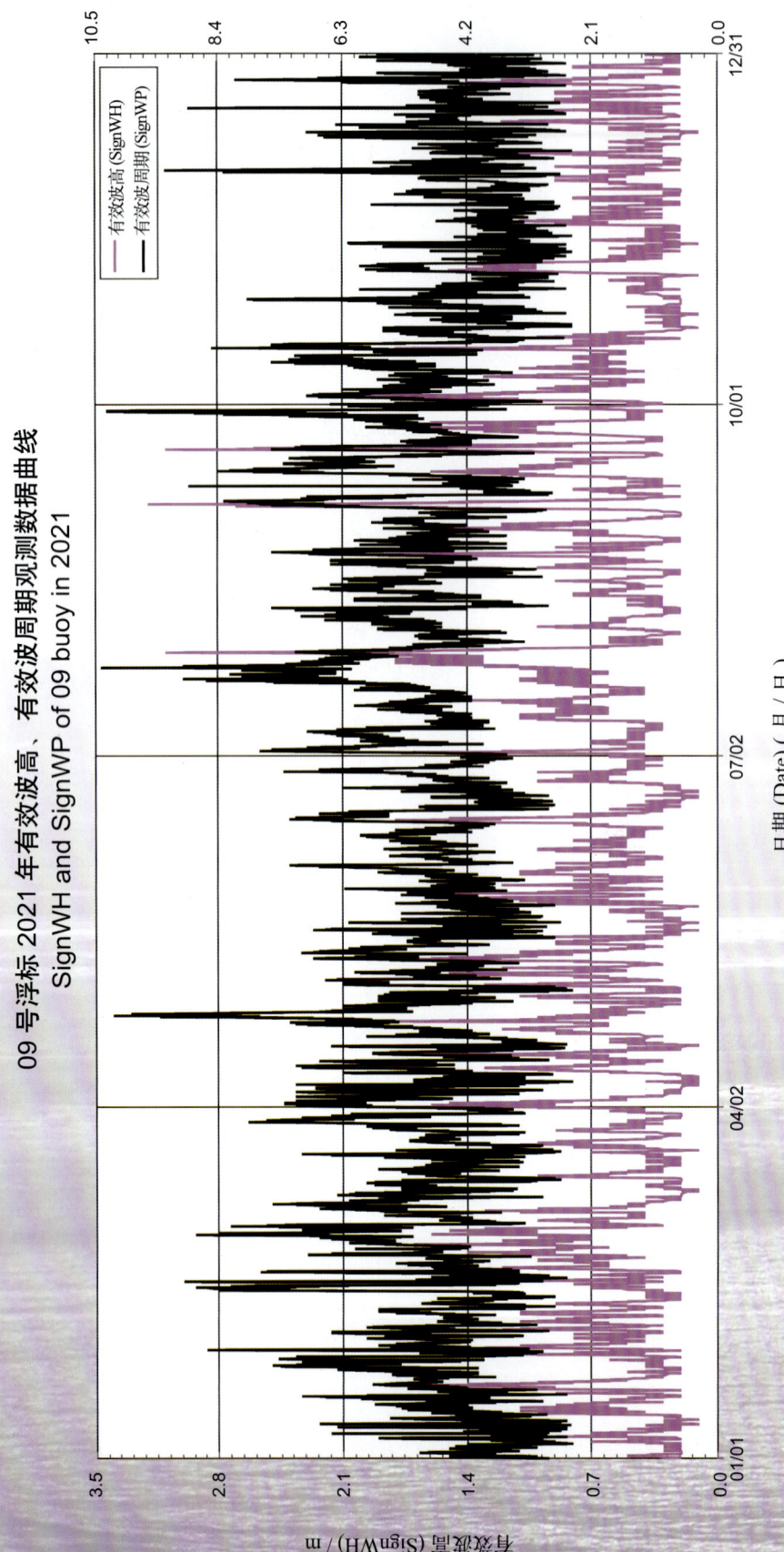

09 号浮标 2021 年 01 月有效波高、有效波周期观测数据曲线
SignWH and SignWP of 09 buoy in Jan. 2021

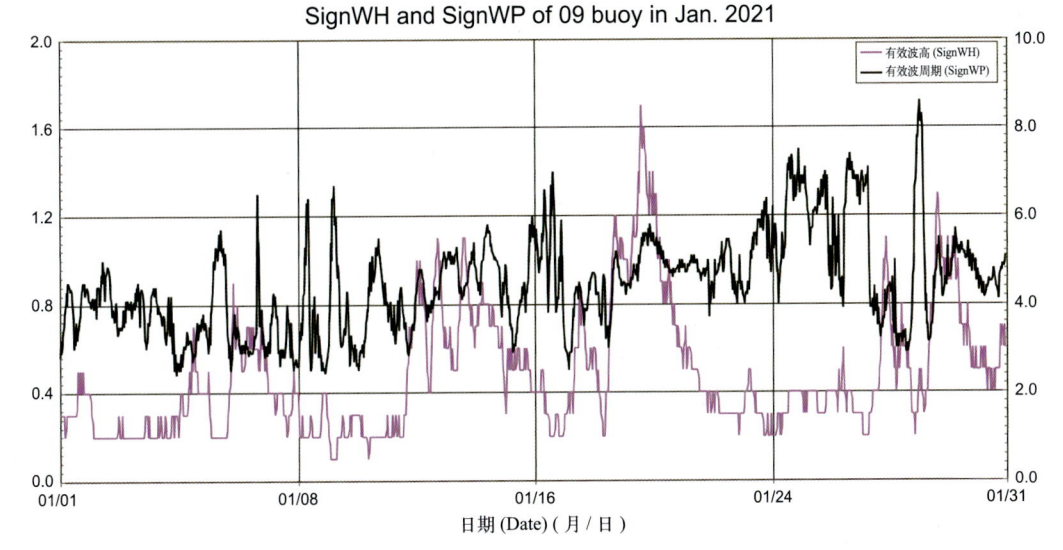

09 号浮标 2021 年 02 月有效波高、有效波周期观测数据曲线
SignWH and SignWP of 09 buoy in Feb. 2021

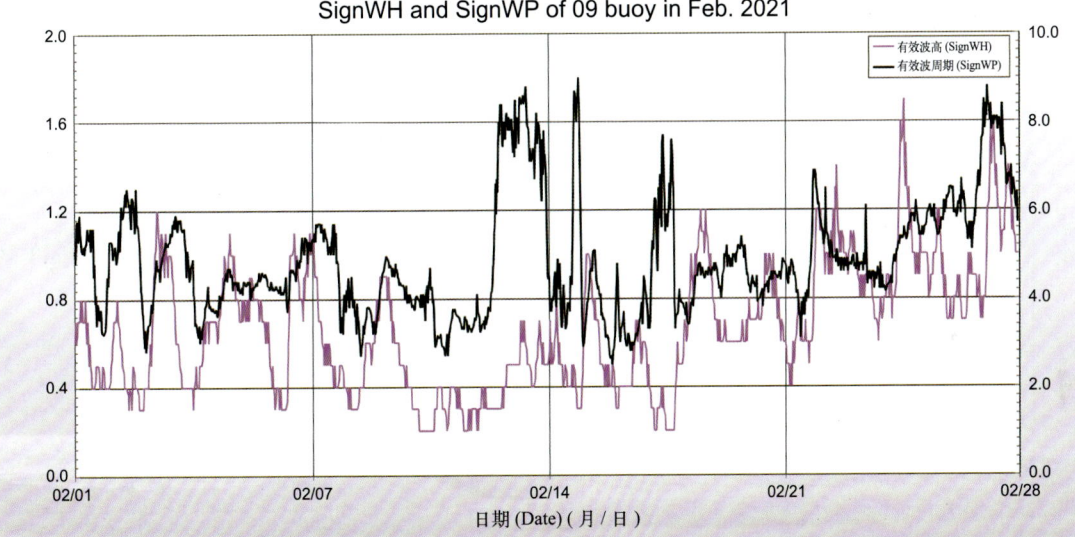

09 号浮标 2021 年 03 月有效波高、有效波周期观测数据曲线
SignWH and SignWP of 09 buoy in Mar. 2021

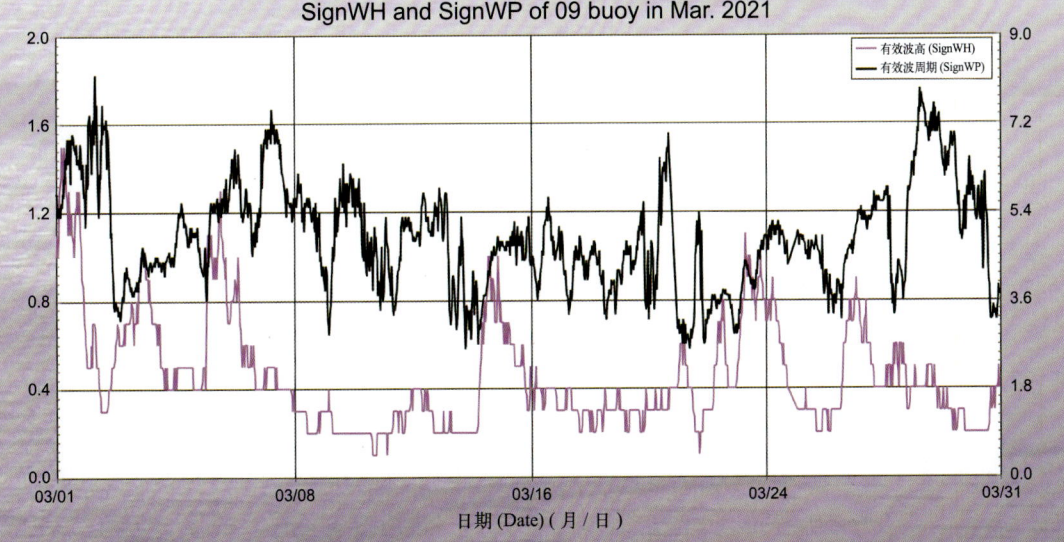

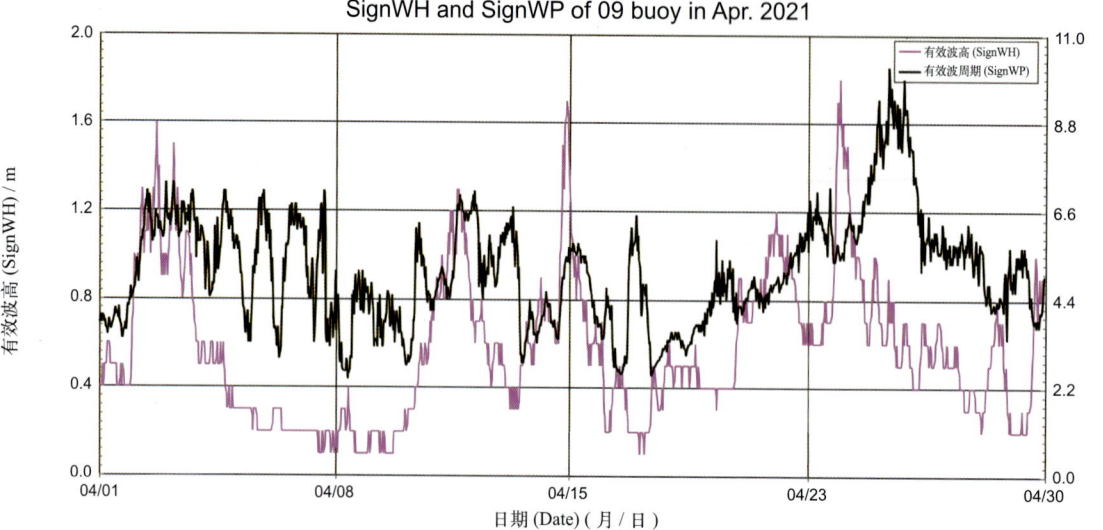

09号浮标2021年04月有效波高、有效波周期观测数据曲线
SignWH and SignWP of 09 buoy in Apr. 2021

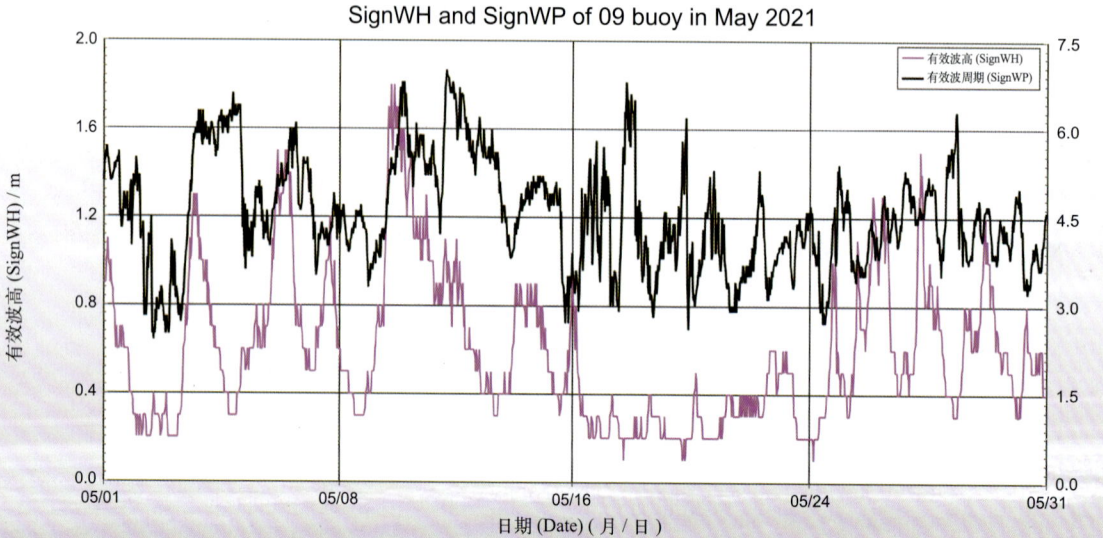

09号浮标2021年05月有效波高、有效波周期观测数据曲线
SignWH and SignWP of 09 buoy in May 2021

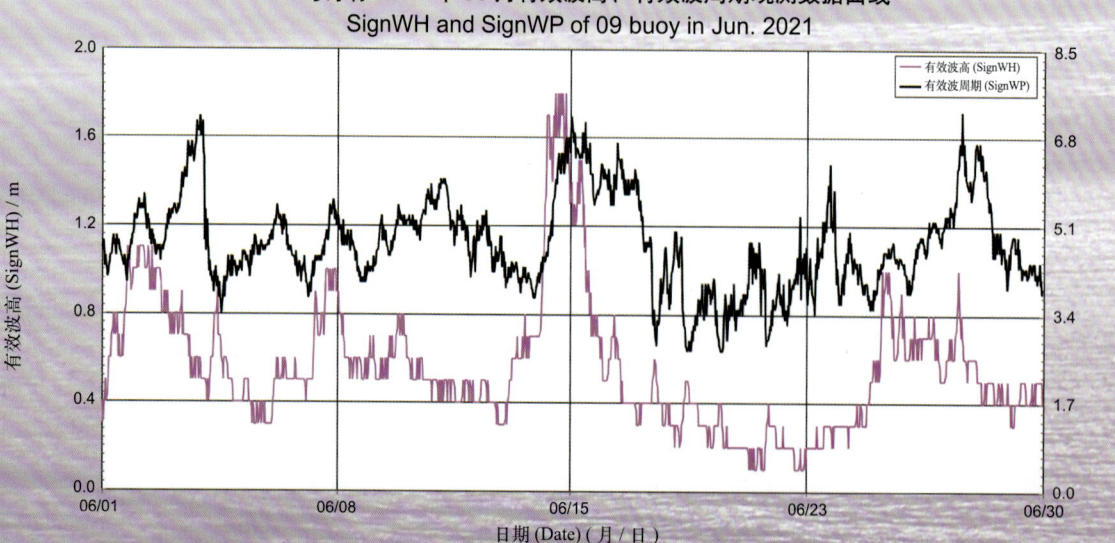

09号浮标2021年06月有效波高、有效波周期观测数据曲线
SignWH and SignWP of 09 buoy in Jun. 2021

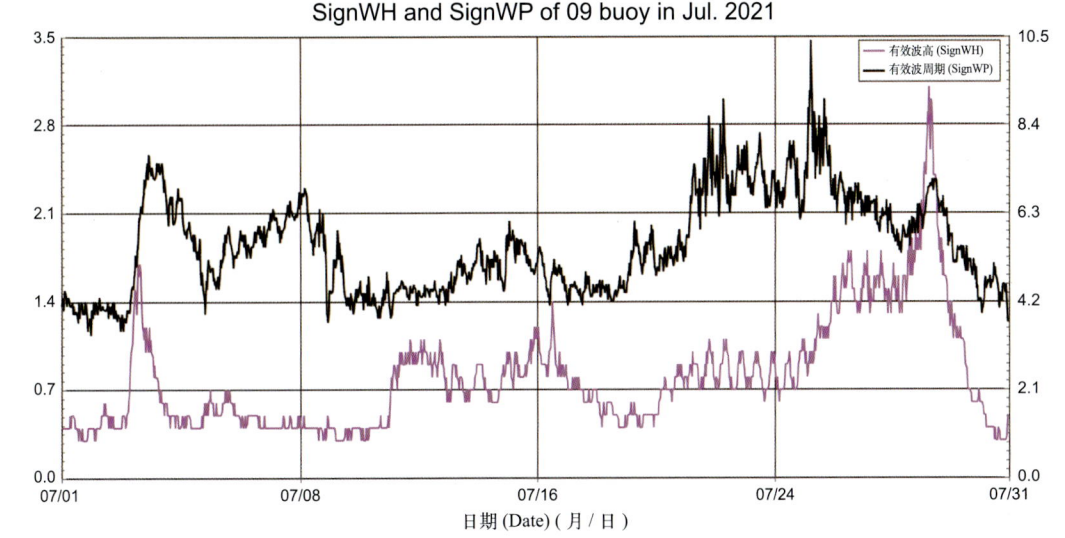

09号浮标2021年07月有效波高、有效波周期观测数据曲线
SignWH and SignWP of 09 buoy in Jul. 2021

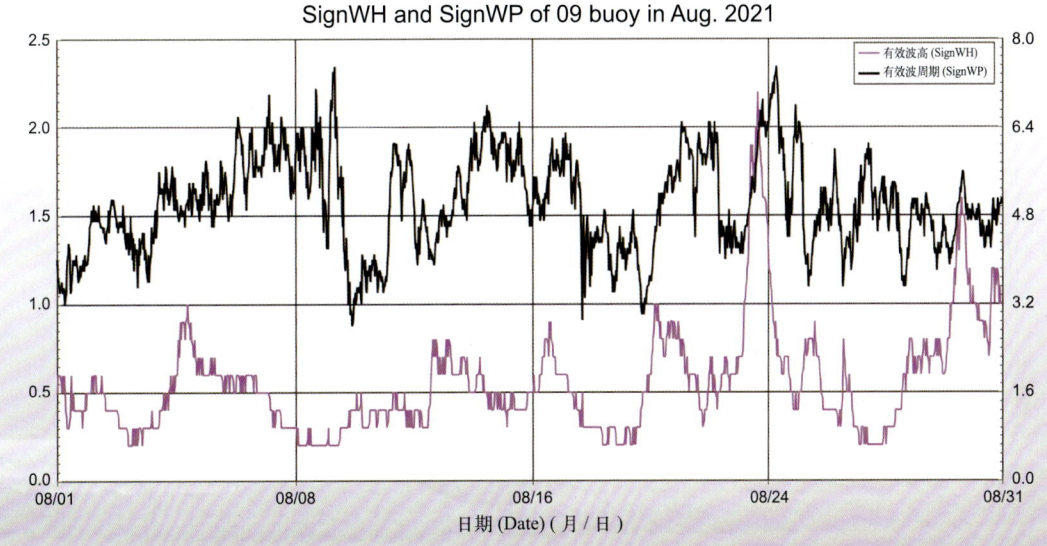

09号浮标2021年08月有效波高、有效波周期观测数据曲线
SignWH and SignWP of 09 buoy in Aug. 2021

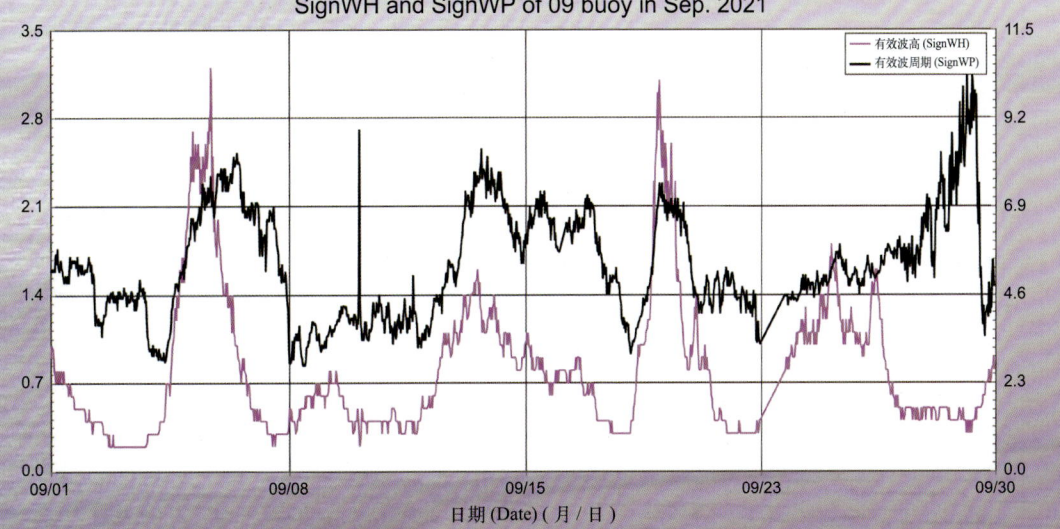

09号浮标2021年09月有效波高、有效波周期观测数据曲线
SignWH and SignWP of 09 buoy in Sep. 2021

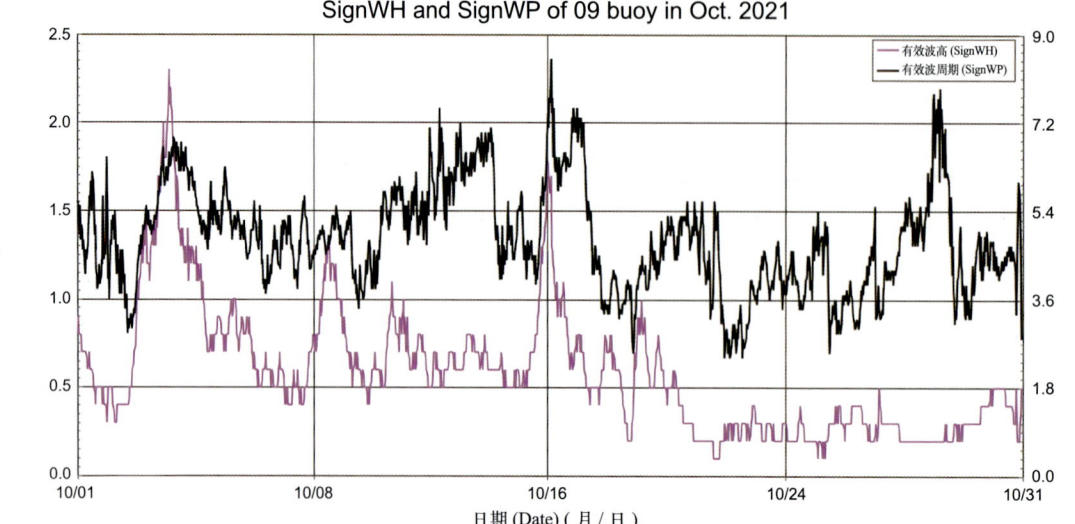

09号浮标2021年10月有效波高、有效波周期观测数据曲线
SignWH and SignWP of 09 buoy in Oct. 2021

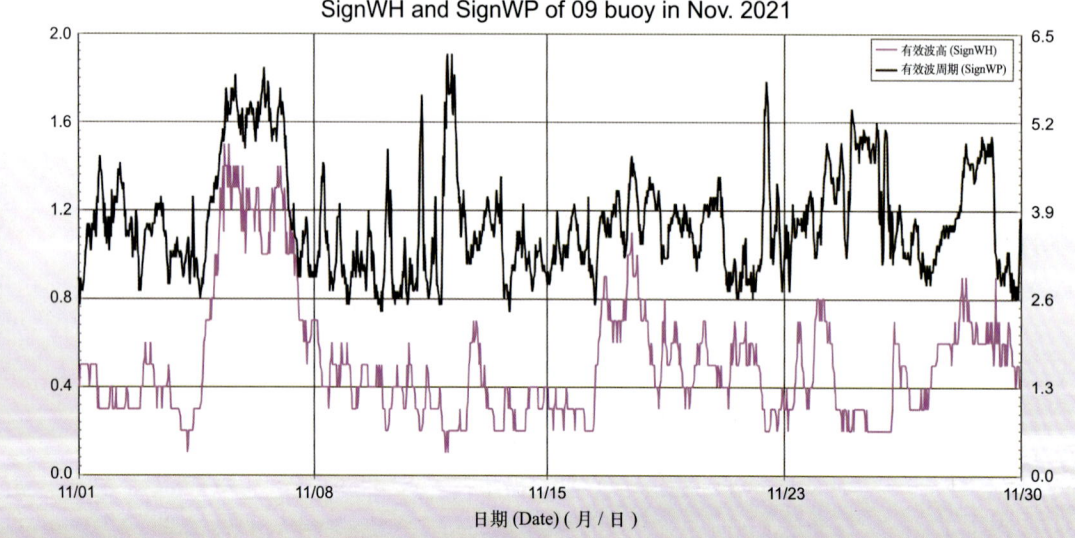

09号浮标2021年11月有效波高、有效波周期观测数据曲线
SignWH and SignWP of 09 buoy in Nov. 2021

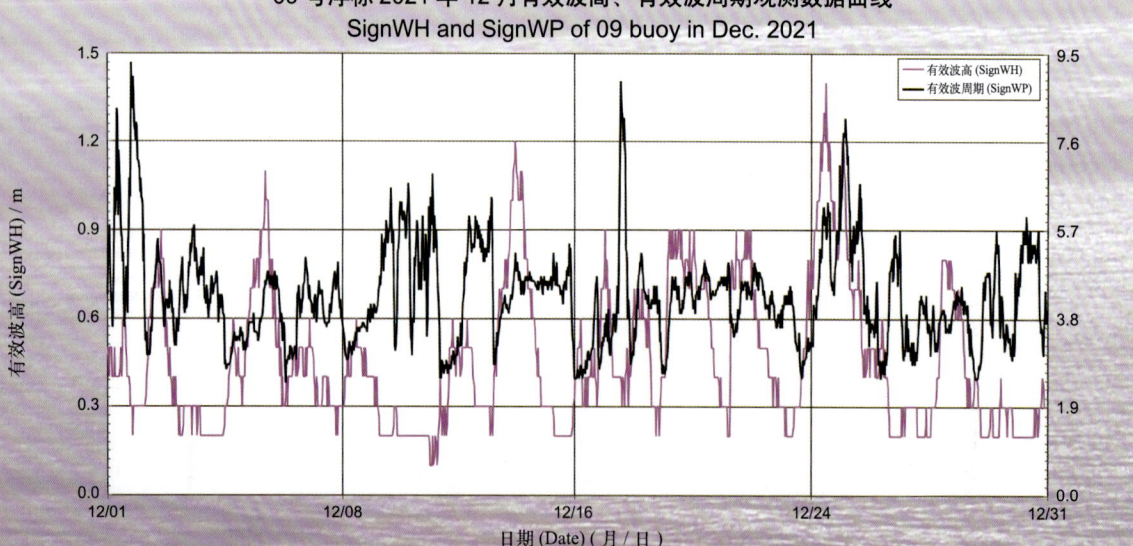

09号浮标2021年12月有效波高、有效波周期观测数据曲线
SignWH and SignWP of 09 buoy in Dec. 2021

2021年度20号浮标观测数据概述及曲线
（有效波高和有效波周期）

2021年，20号浮标共获取314天的有效波高和有效波周期长序列观测数据。获取数据的主要区间为2月1日07:30至12月11日18:00。通过对获取数据质量控制和分析，20号浮标观测海域2021年度有效波高、有效波周期数据和季节数据特征如下。

年度有效波高平均值为1.25 m，年度有效波周期平均值为6.67 s；测得的年度最大有效波高为8.6 m（7月25日），对应的有效波周期为11.2 s；测得的年度最长有效波周期为13.8 s（4月19日）。以2月为冬季代表月，观测海域冬季的平均有效波高是1.43 m，平均有效波周期是6.90 s；以5月为春季代表月，观测海域春季的平均有效波高是0.84 m，平均有效波周期是6.01 s；以8月为夏季代表月，观测海域夏季的平均有效波高是1.19 m，平均有效波周期是6.22 s；以11月为秋季代表月，观测海域秋季的平均有效波高是1.18 m，平均有效波周期是6.17 s。

2021年，20号浮标观测海域有效波高、有效波周期的月平均值、最大值和最小值数据参见表23。

2021年，20号浮标获取到的有效波高≥4 m的灾害性海浪过程共有4次，记录到4次台风过程的有效波高、有效波周期变化。第一次台风过程，7月24—26日，受第6号台风"烟花"的影响，20号浮标获取到的最大有效波高为8.6 m（7月25日04:00），对应的有效波周期为11.2 s。第二次台风过程，8月6—9日，受第9号台风"卢碧"的影响，20号浮标获取到的最大有效波高为2.3 m（8月6日00:00），对应的有效波周期为8.3 s。第三次台风过程，8月22—25日，受第12号台风"奥麦斯"的影响，20号浮标获取到的最大有效波高为2.8 m（8月23日09:00），对应的有效波周期为10.3 s。第四次台风过程，9月12—14日，受第14号台风"灿都"的影响，20号浮标获取到的最大有效波高为6.2 m（9月13日10:00），对应的有效波周期为9.6 s。

表23　20号浮标各月份有效波高、有效波周期观测数据

月份	有效波高 / m			有效波周期 / s			备注
	平均	最大	最小	平均	最大	最小	
1	—	—	—	—	—	—	缺测数据
2	1.43	4.5	0.4	6.90	10.6	3.7	记录1次有效波高≥4 m过程
3	1.17	3.0	0.5	6.54	10.5	4.3	
4	1.37	2.8	0.5	7.69	13.8	4.3	
5	0.84	2.1	0.3	6.01	8.3	4.2	
6	0.95	1.9	0.4	6.39	8.6	4.6	
7	1.72	8.6	0.5	6.62	12.1	4.3	记录1次台风，记录1次有效波高≥4 m过程
8	1.19	2.8	0.4	6.22	11.0	4.2	记录2次台风
9	1.23	6.2	0.3	7.00	11.7	4.0	记录1次台风，记录1次有效波高≥4 m过程
10	1.47	4.7	0.6	7.06	11.6	4.3	记录1次有效波高≥4 m过程
11	1.18	3.4	0.2	6.17	8.4	3.6	
12	—	—	—	—	—	—	缺测数据

水文观测·有效波高、有效波周期

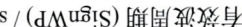

20号浮标2021年有效波高、有效波周期观测数据曲线
SignWH and SignWP of 20 buoy in 2021

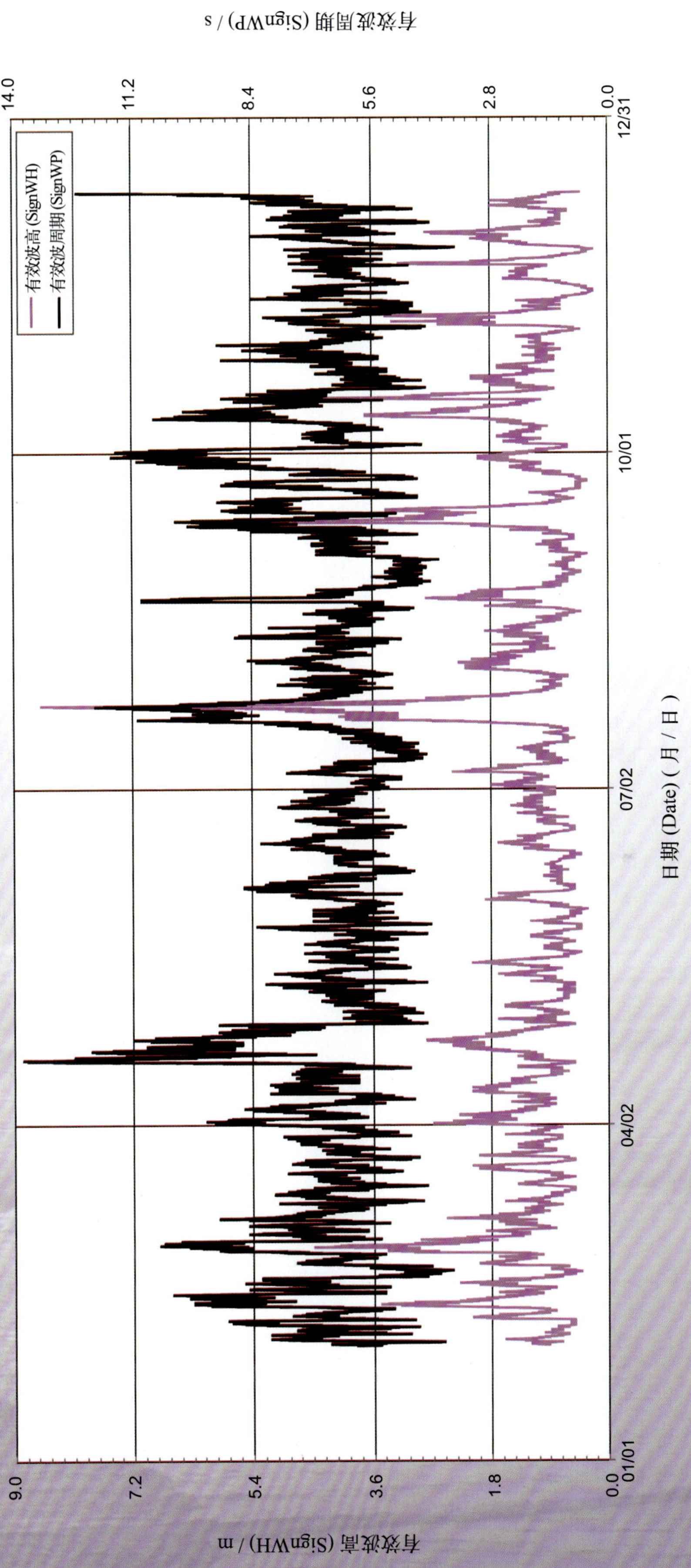

145

20号浮标2021年02月有效波高、有效波周期观测数据曲线
SignWH and SignWP of 20 buoy in Feb. 2021

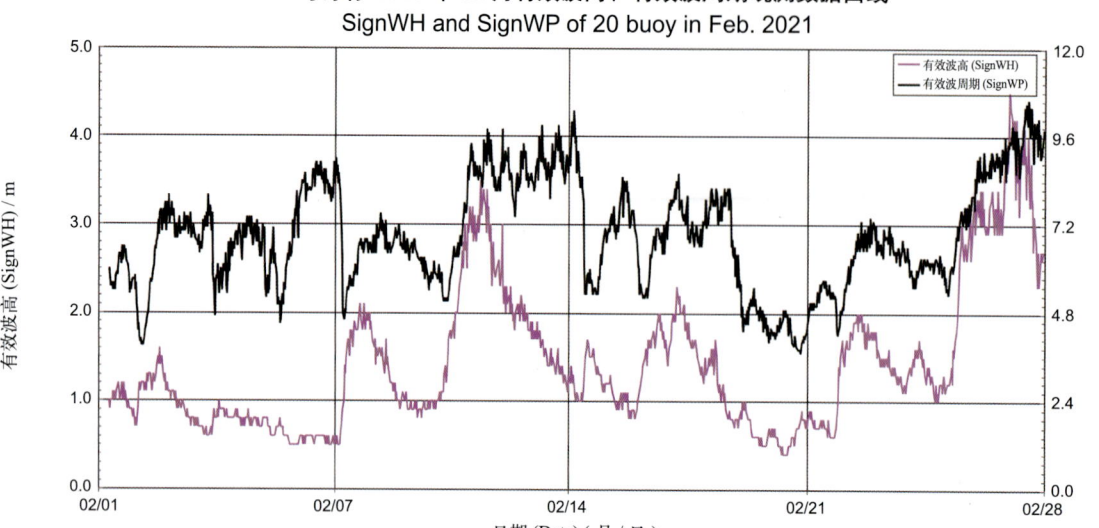

20号浮标2021年03月有效波高、有效波周期观测数据曲线
SignWH and SignWP of 20 buoy in Mar. 2021

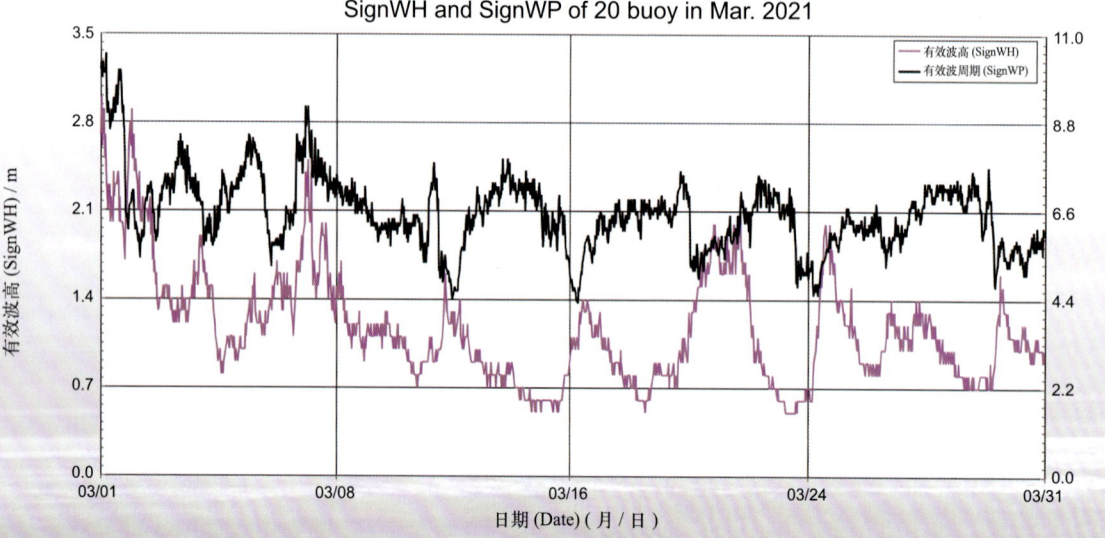

20号浮标2021年04月有效波高、有效波周期观测数据曲线
SignWH and SignWP of 20 buoy in Apr. 2021

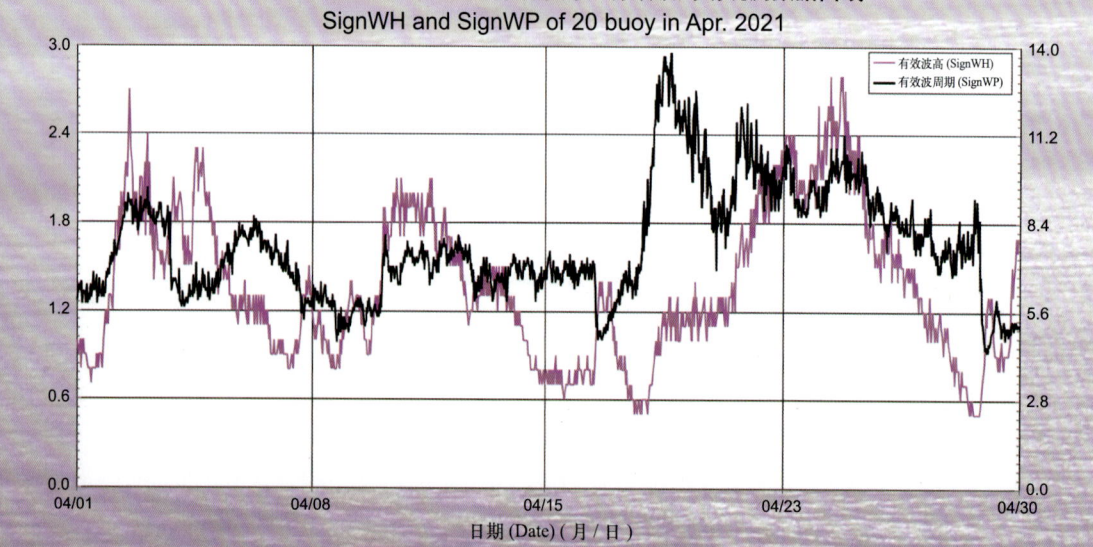

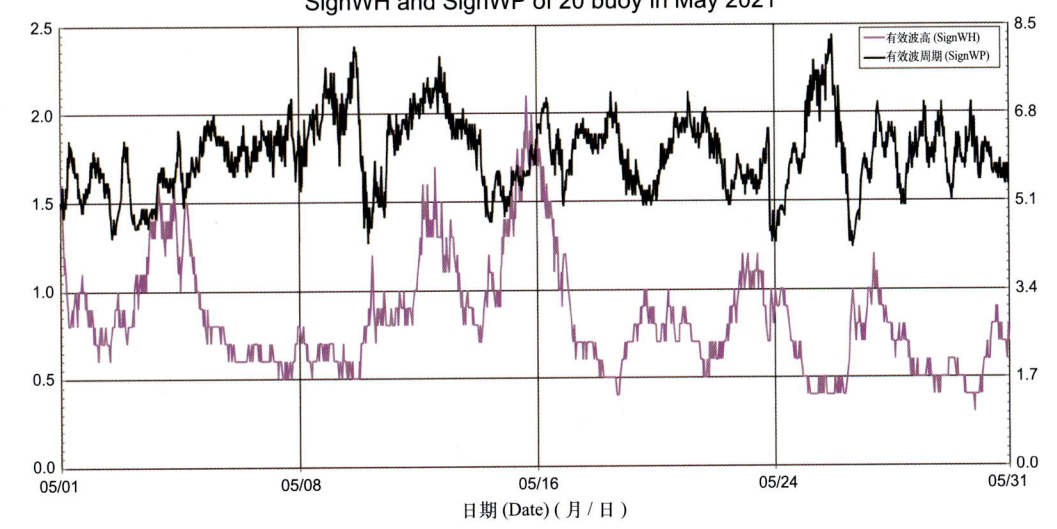

20号浮标2021年05月有效波高、有效波周期观测数据曲线
SignWH and SignWP of 20 buoy in May 2021

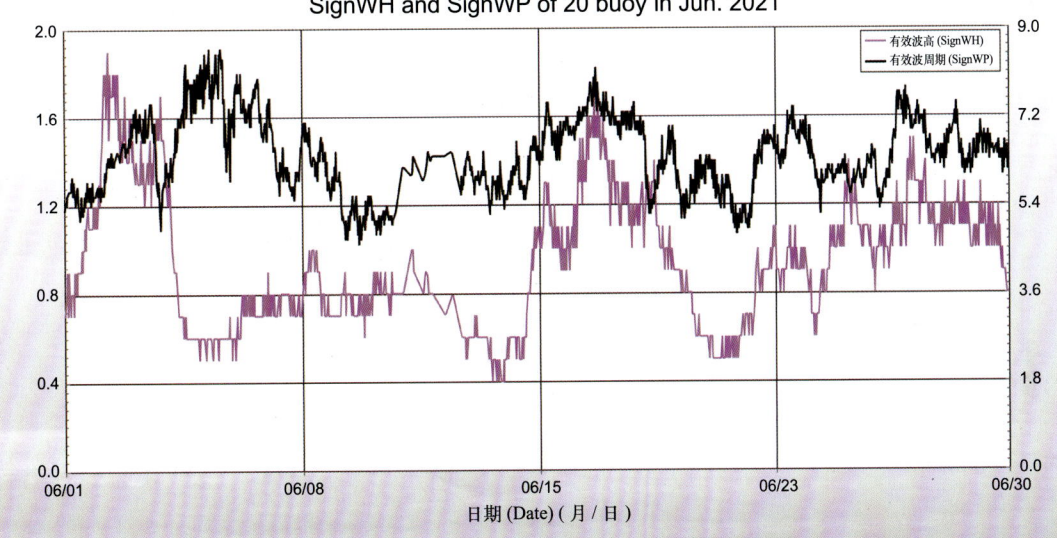

20号浮标2021年06月有效波高、有效波周期观测数据曲线
SignWH and SignWP of 20 buoy in Jun. 2021

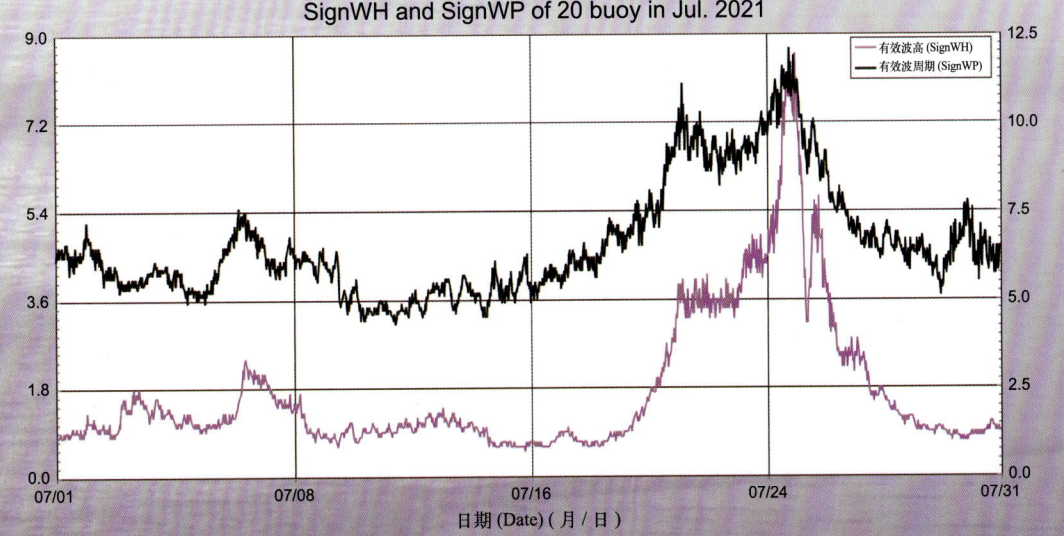

20号浮标2021年07月有效波高、有效波周期观测数据曲线
SignWH and SignWP of 20 buoy in Jul. 2021

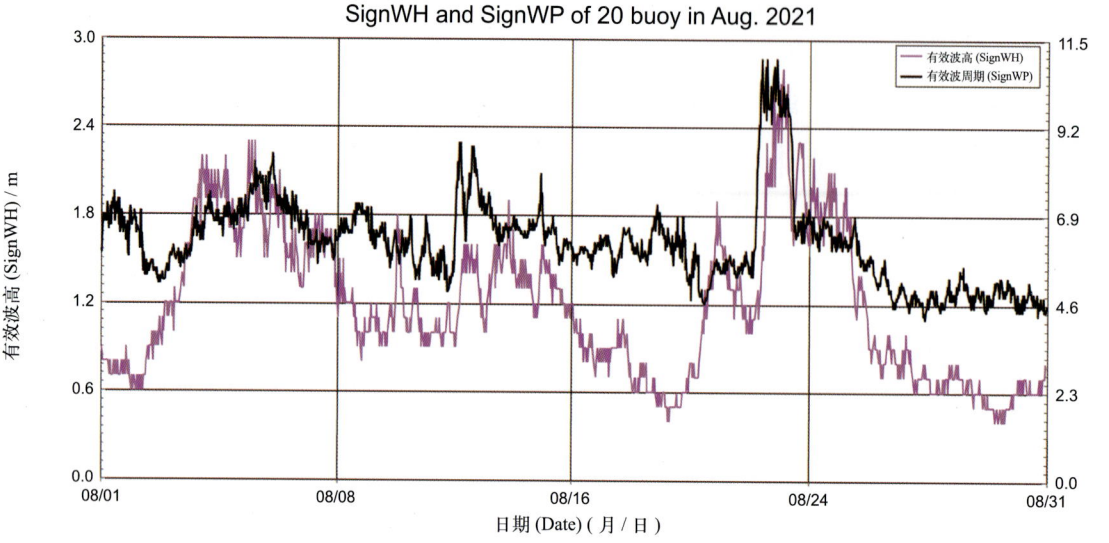

20号浮标2021年08月有效波高、有效波周期观测数据曲线
SignWH and SignWP of 20 buoy in Aug. 2021

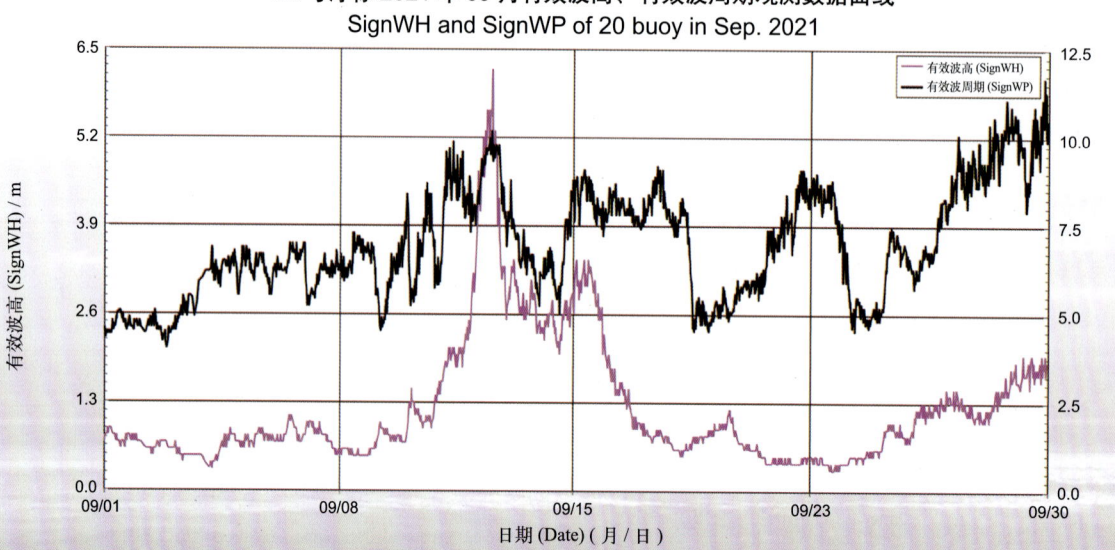

20号浮标2021年09月有效波高、有效波周期观测数据曲线
SignWH and SignWP of 20 buoy in Sep. 2021

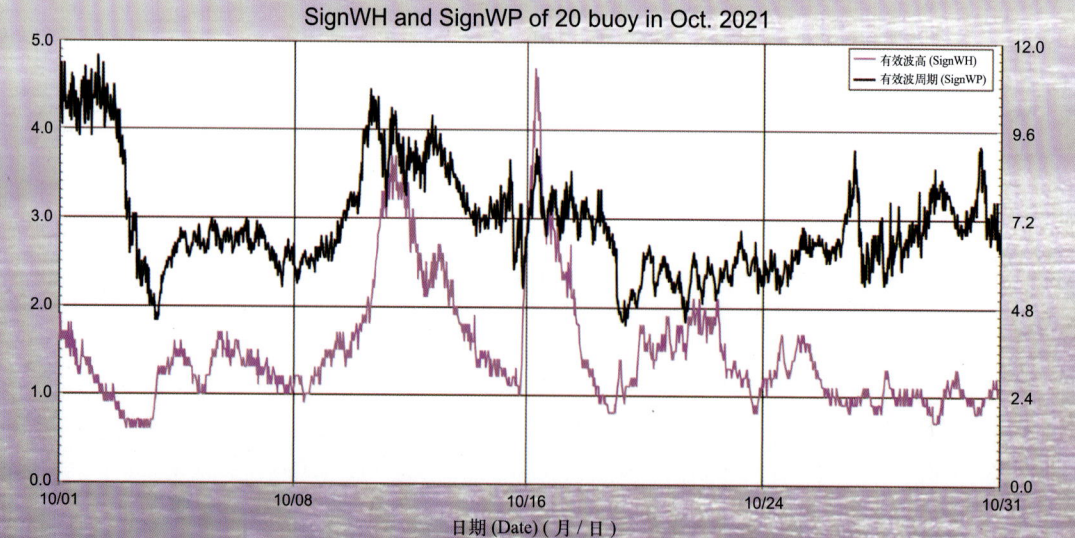

20号浮标2021年10月有效波高、有效波周期观测数据曲线
SignWH and SignWP of 20 buoy in Oct. 2021

20号浮标2021年11月有效波高、有效波周期观测数据曲线
SignWH and SignWP of 20 buoy in Nov. 2021

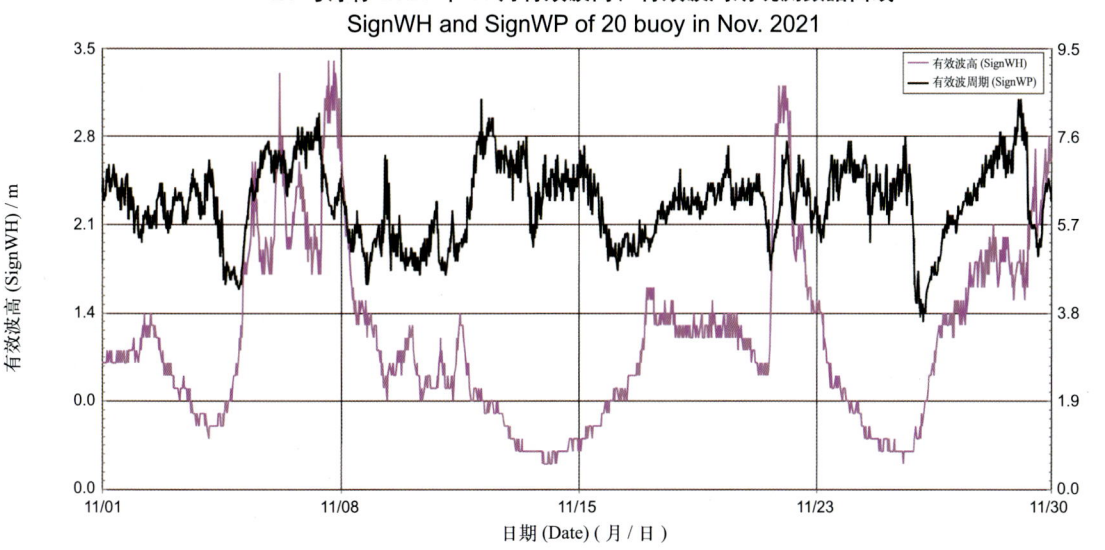

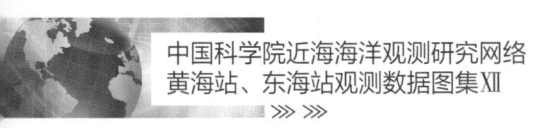

2021年度21号浮标观测数据概述及曲线
（有效波高和有效波周期）

2021年，21号浮标共获取363天的有效波高和有效波周期长序列观测数据。获取数据的主要区间共两个时间段，具体为1月1日00:00至5月21日01:50和5月24日15:40至12月31日23:50。通过对获取数据质量控制和分析，21号浮标观测海域2021年度有效波高、有效波周期数据和季节数据特征如下。

年度有效波高平均值为1.15 m，年度有效波周期平均值为6.54 s；测得的年度最大有效波高为8.8 m（7月25日），对应的有效波周期为11.2 s；测得的年度最长有效波周期为14.4 s（4月19日）。以2月为冬季代表月，观测海域冬季的平均有效波高是1.39 m，平均有效波周期是6.88 s；以5月为春季代表月，观测海域春季的平均有效波高是0.75 m，平均有效波周期是5.80 s；以8月为夏季代表月，观测海域夏季的平均有效波高是1.00 m，平均有效波周期是6.14 s；以11月为秋季代表月，观测海域秋季的平均有效波高是1.09 m，平均有效波周期是6.12 s。

2021年，21号浮标观测海域有效波高、有效波周期的月平均值、最大值和最小值数据参见表24。

2021年，21号浮标获取到的有效波高≥4 m的灾害性海浪过程共3次，记录到2次寒潮过程和4次台风过程的有效波高、有效波周期变化。第一次寒潮过程，1月6—9日，21号浮标获取到的最大有效波高为3.2 m（1月7日08:30），对应的有效波周期为8.0 s。第二次寒潮过程，12月23—26日，21号浮标获取到的最大有效波高为3.2 m（12月25日00:30），对应的有效波周期为7.8 s。第一次台风过程，7月23—26日，受第6号台风"烟花"的影响，21号浮标获取到的最大有效波高为8.8 m（7月25日07:00），对应的有效波周期为11.2 s。第二次台风过程，8月6—9日，受第9号台风"卢碧"的影响，21号浮标获取到的最大有效波高为1.8 m（8月6日16:30），对应的有效波周期为7.8 s。第三次台风过程，8月22—25日，受第12号台风"奥麦斯"的影响，21号浮标获取到的最大有效波高为2.3 m（8月23日12:30），对应的有效波周期为10.1 s。第四次台风过程，9月11—14日，受第14号台风"灿都"的影响，21号浮标获取到的最大有效波高为5.9 m（9月13日12:00），对应的有效波周期为9.5 s。

表24 21号浮标各月份有效波高、有效波周期观测数据

月份	有效波高 / m			有效波周期 / s			备注
	平均	最大	最小	平均	最大	最小	
1	1.17	3.2	0.3	6.30	9.1	3.4	记录1次寒潮
2	1.39	3.9	0.3	6.88	10.4	3.7	
3	1.07	2.6	0.4	6.45	10.4	3.8	
4	1.24	2.5	0.4	7.66	14.4	4.4	
5	0.75	2.0	0.4	5.80	8.0	4.1	
6	0.81	2.7	0.3	6.23	8.8	4.3	
7	1.60	8.8	0.4	6.46	12.2	3.9	记录1次台风，记录1次有效波高≥4 m过程
8	1.00	2.3	0.4	6.14	11.1	4.0	记录2次台风
9	1.20	5.9	0.3	6.75	12.1	4.0	记录1次台风，记录1次有效波高≥4 m过程
10	1.35	4.7	0.6	7.05	12.4	4.4	记录1次有效波高≥4 m过程
11	1.09	3.5	0.2	6.12	8.5	3.6	
12	1.05	3.2	0.2	6.65	12.5	3.8	记录1次寒潮

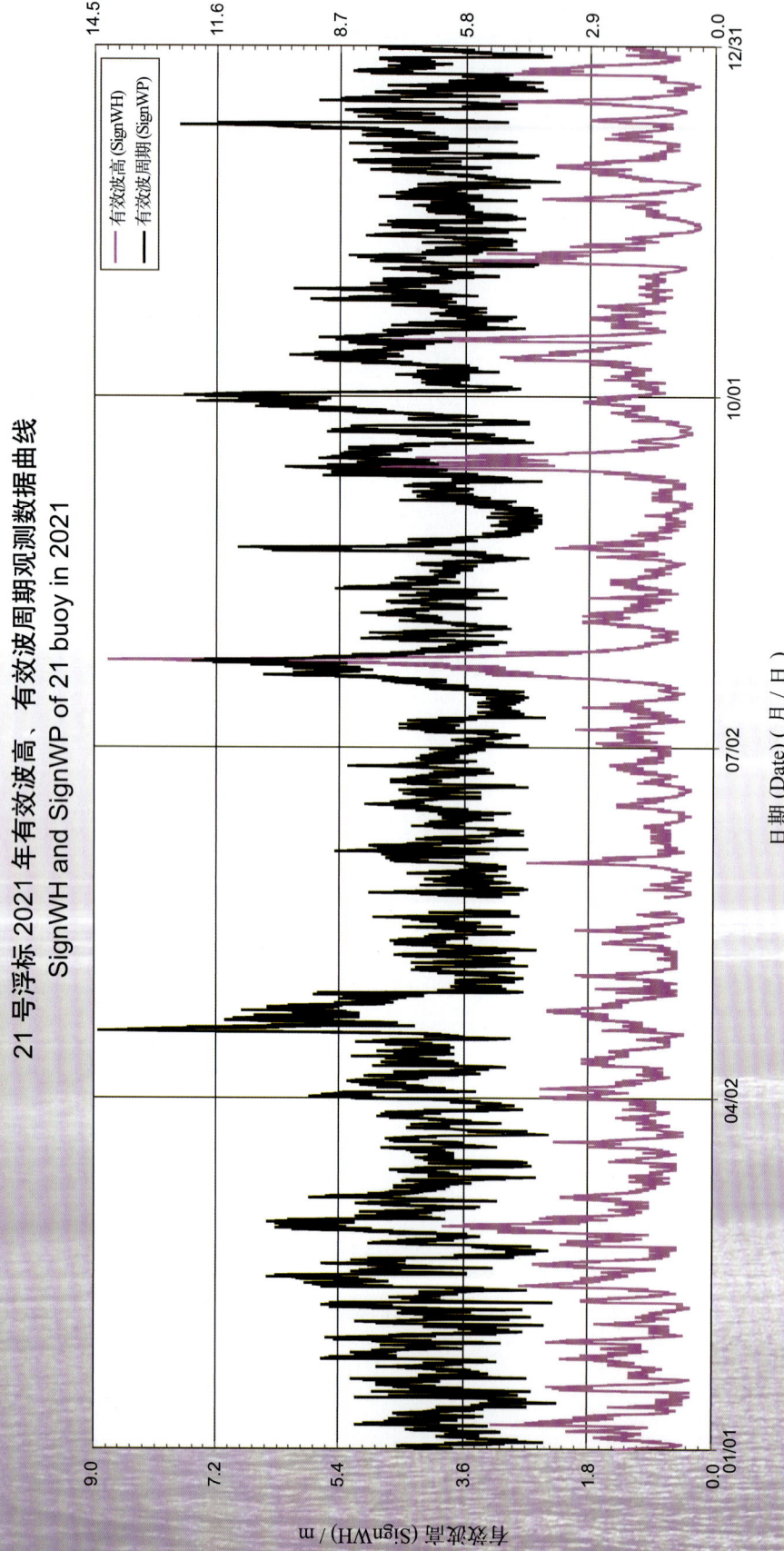

21号浮标2021年有效波高、有效波周期观测数据曲线
SignWH and SignWP of 21 buoy in 2021

21号浮标2021年01月有效波高、有效波周期观测数据曲线
SignWH and SignWP of 21 buoy in Jan. 2021

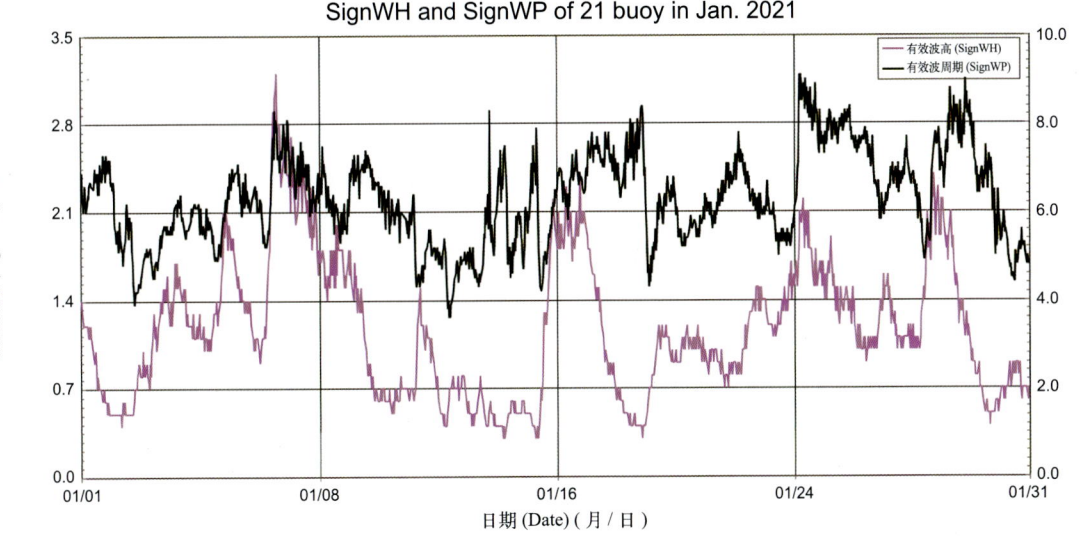

21号浮标2021年02月有效波高、有效波周期观测数据曲线
SignWH and SignWP of 21 buoy in Feb. 2021

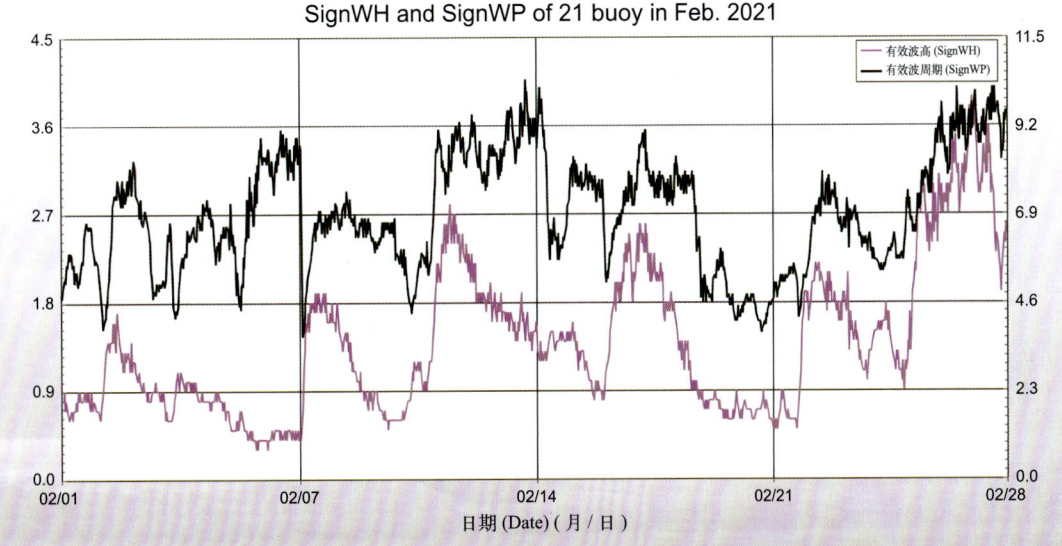

21号浮标2021年03月有效波高、有效波周期观测数据曲线
SignWH and SignWP of 21 buoy in Mar. 2021

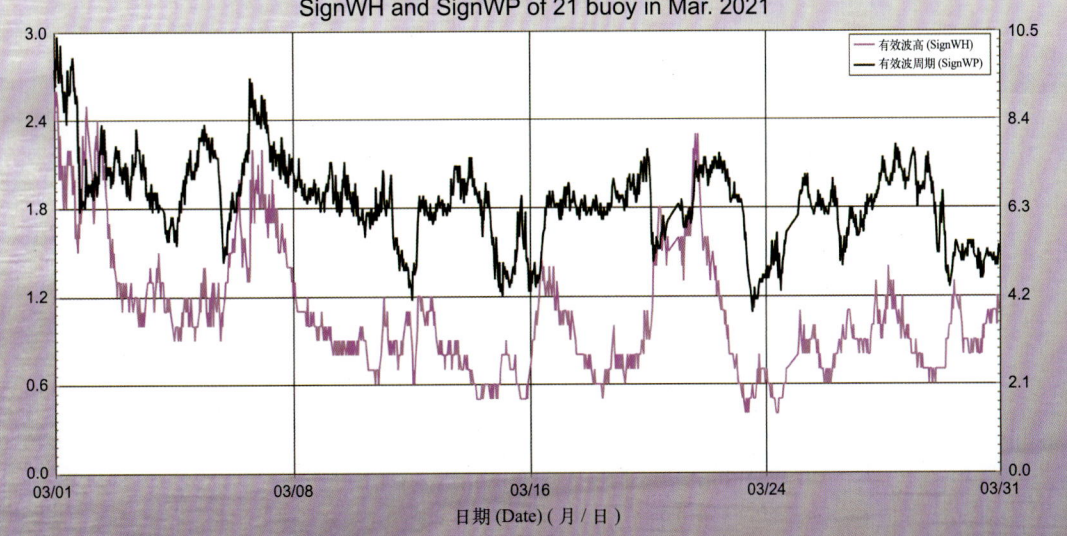

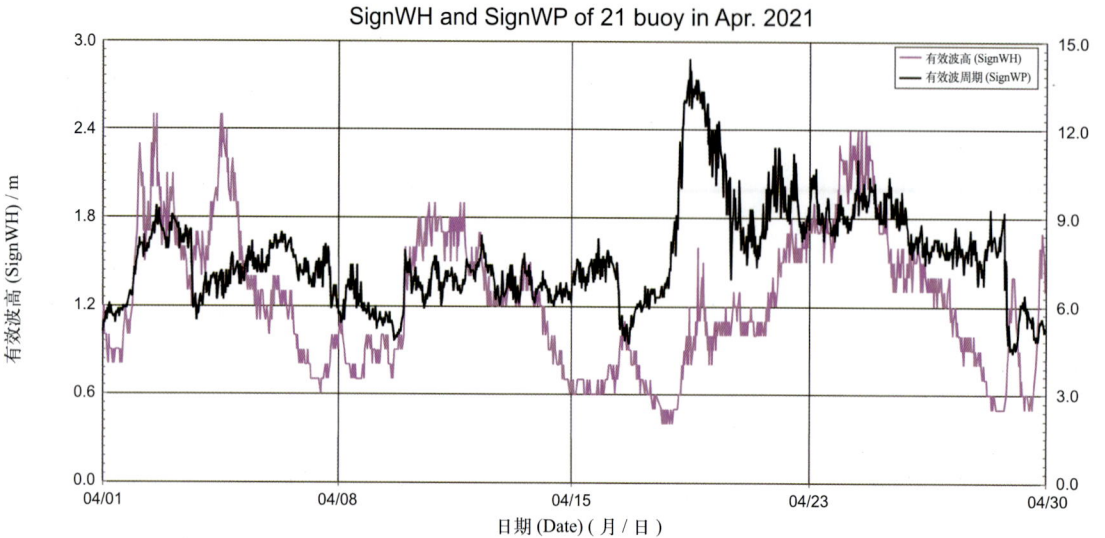

21号浮标2021年04月有效波高、有效波周期观测数据曲线
SignWH and SignWP of 21 buoy in Apr. 2021

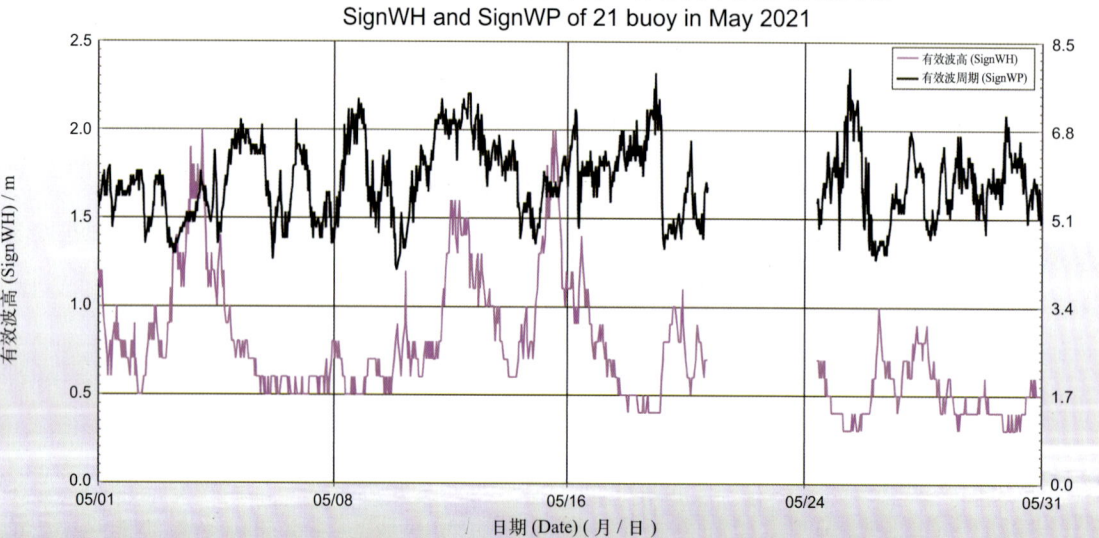

21号浮标2021年05月有效波高、有效波周期观测数据曲线
SignWH and SignWP of 21 buoy in May 2021

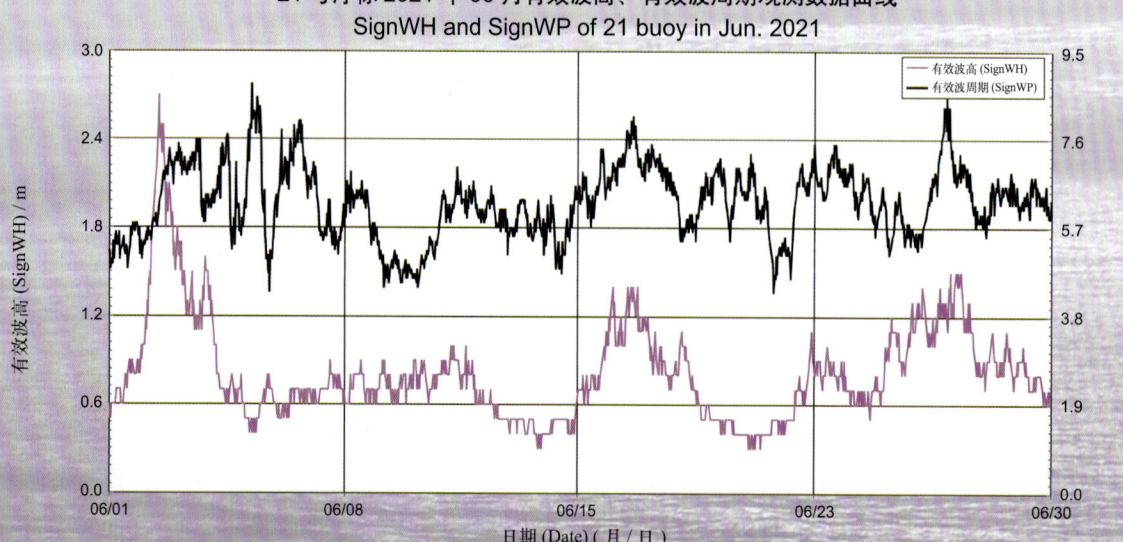

21号浮标2021年06月有效波高、有效波周期观测数据曲线
SignWH and SignWP of 21 buoy in Jun. 2021

21号浮标2021年07月有效波高、有效波周期观测数据曲线
SignWH and SignWP of 21 buoy in Jul. 2021

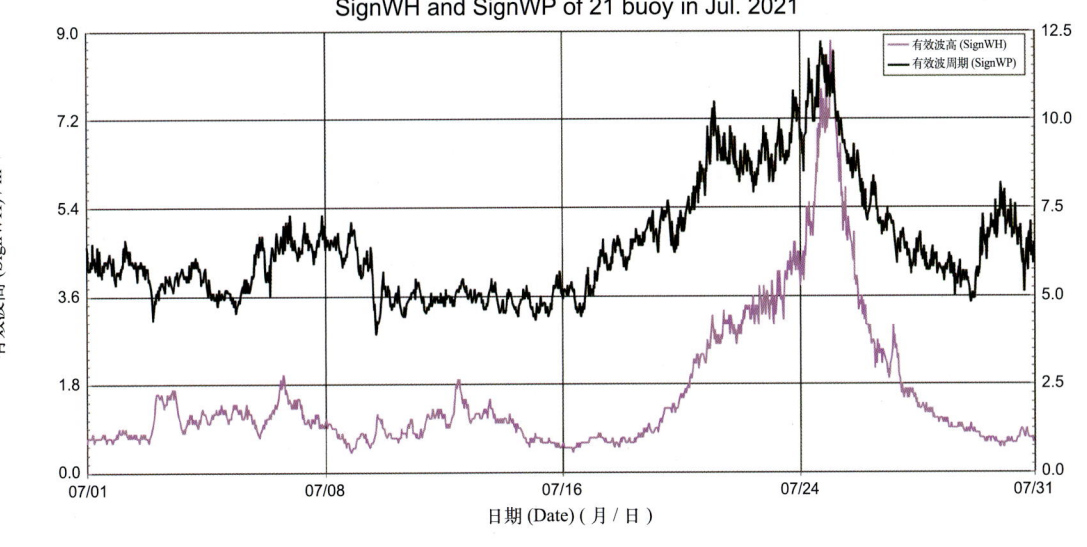

21号浮标2021年08月有效波高、有效波周期观测数据曲线
SignWH and SignWP of 21 buoy in Aug. 2021

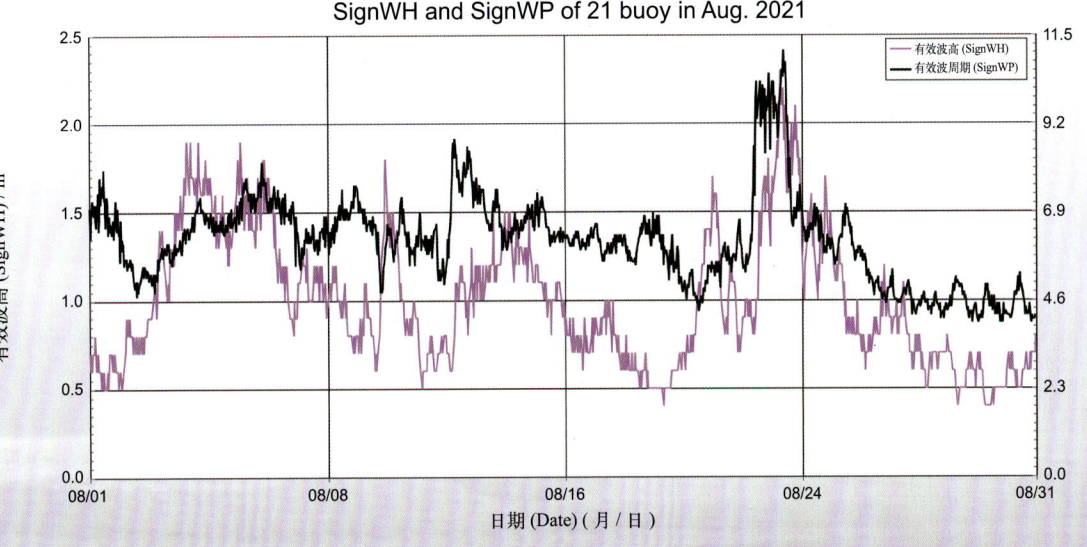

21号浮标2021年09月有效波高、有效波周期观测数据曲线
SignWH and SignWP of 21 buoy in Sep. 2021

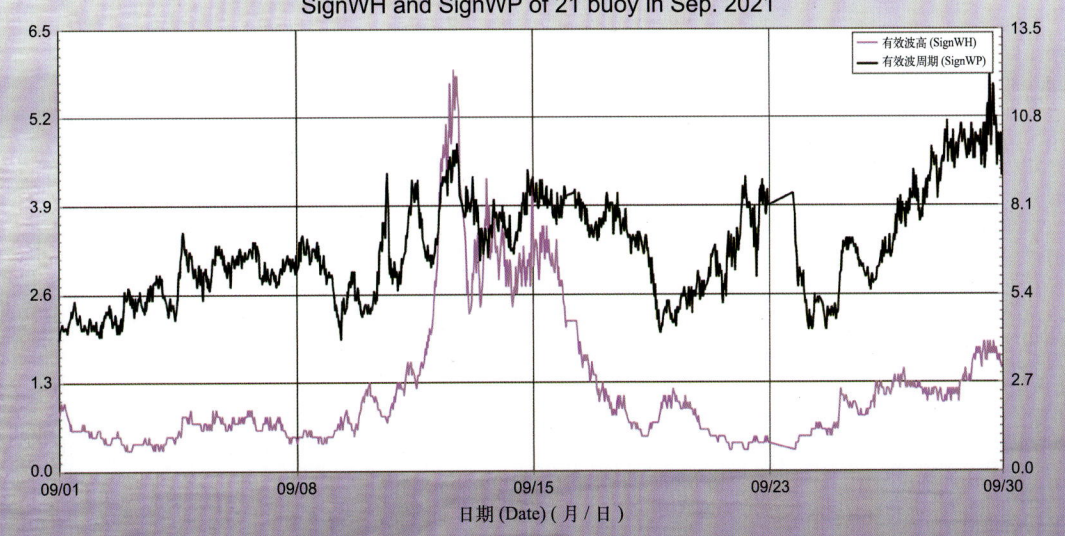

21号浮标2021年10月有效波高、有效波周期观测数据曲线
SignWH and SignWP of 21 buoy in Oct. 2021

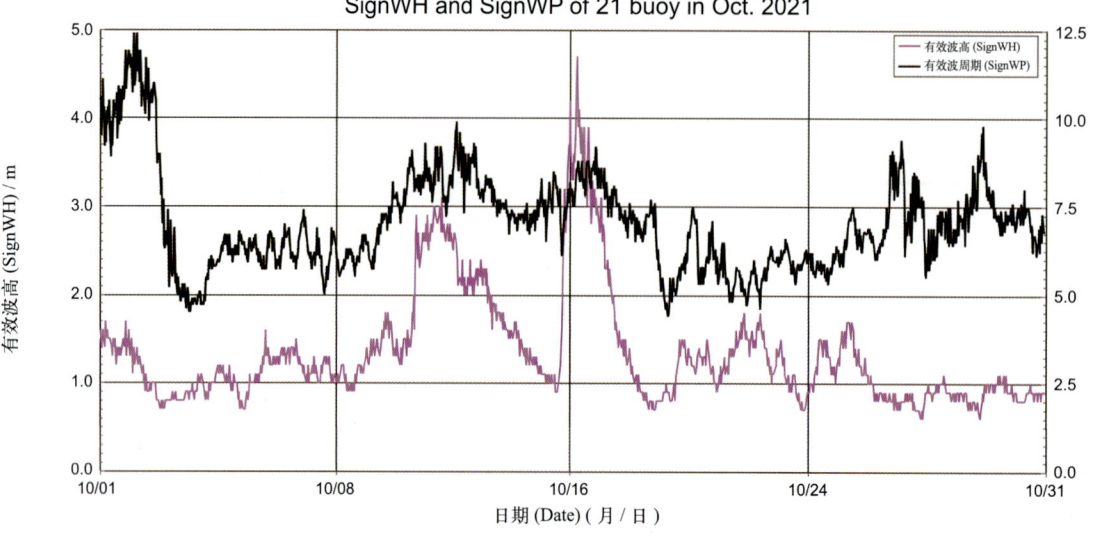

21号浮标2021年11月有效波高、有效波周期观测数据曲线
SignWH and SignWP of 21 buoy in Nov. 2021

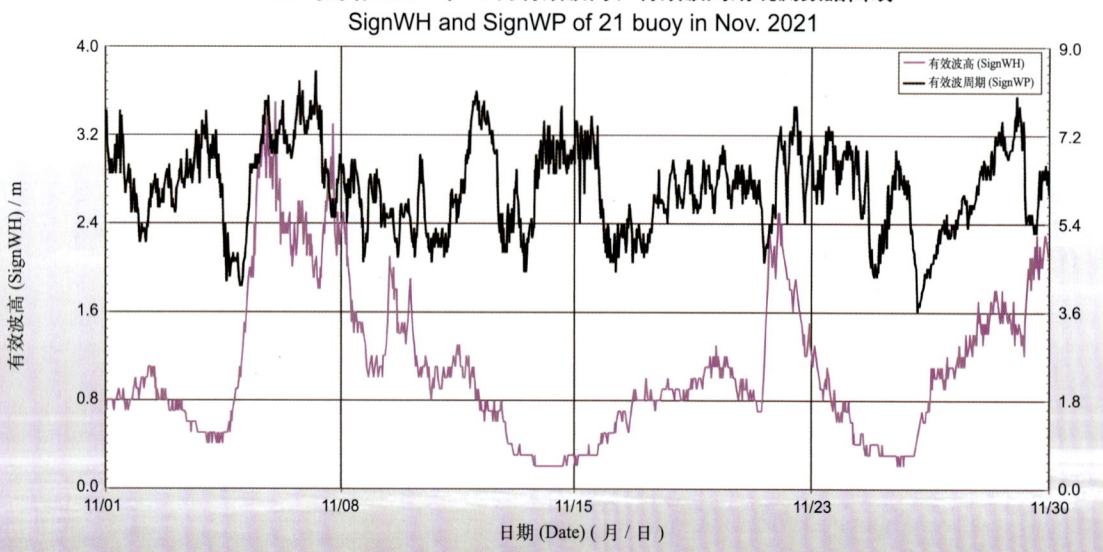

21号浮标2021年12月有效波高、有效波周期观测数据曲线
SignWH and SignWP of 21 buoy in Dec. 2021

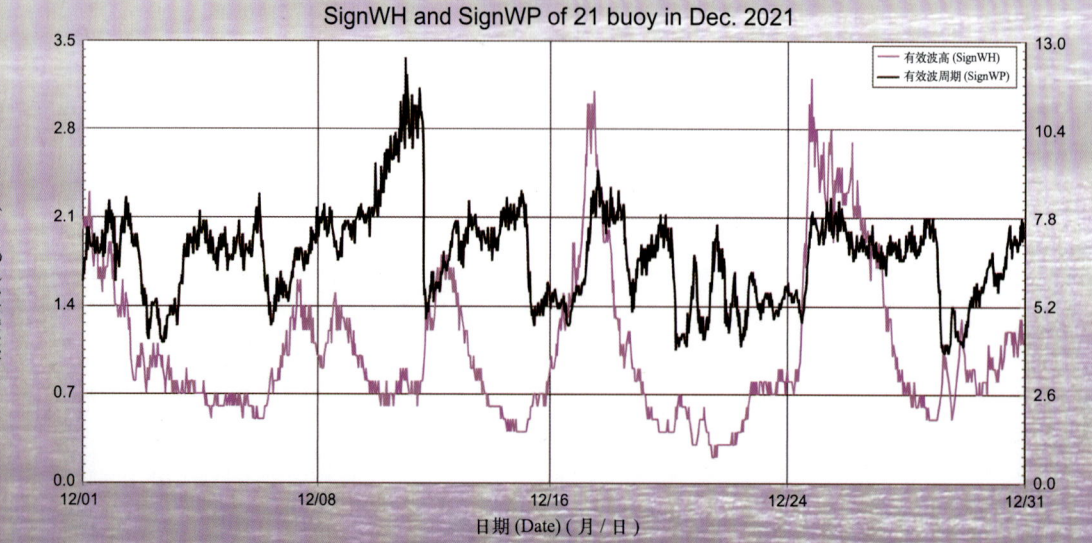

2021年度22号浮标观测数据概述及曲线
（有效波高和有效波周期）

2021年，22号浮标共获取347天的有效波高和有效波周期长序列观测数据。获取数据的主要区间共两个时间段，具体为1月14日02:00至5月21日01:40和5月25日08:10至12月31日23:50。通过对获取数据质量控制和分析，22号浮标观测海域2021年度有效波高、有效波周期数据和季节数据特征如下。

年度有效波高平均值为1.29 m，年度有效波周期平均值为6.80 s；测得的年度最大有效波高为9.2 m（7月25日），对应的有效波周期为11.6 s；测得的年度最长有效波周期为14.4 s（4月19日）。以2月为冬季代表月，观测海域冬季的平均有效波高是1.55 m，平均有效波周期是7.06 s；以5月为春季代表月，观测海域春季的平均有效波高是0.86 m，平均有效波周期是5.98 s；以8月为夏季代表月，观测海域夏季的平均有效波高是1.18 m，平均有效波周期是6.29 s；以11月为秋季代表月，观测海域秋季的平均有效波高是1.20 m，平均有效波周期是6.36 s。

2021年，22号浮标观测海域有效波高、有效波周期的月平均值、最大值和最小值数据参见表25。

2021年，22号浮标获取到的有效波高≥4 m的灾害性海浪过程共有6次，记录到1次寒潮过程和4次台风过程的有效波高、有效波周期变化。寒潮的具体过程中，12月24—26日，获取到的最大有效波高为4.3 m（12月29日23:30），对应的有效波周期为7.5 s。第一次台风过程，7月24—26日，受第6号台风"烟花"的影响，22号浮标获取到的最大有效波高为9.2 m（7月25日06:30），对应的有效波周期为11.6 s。第二次台风过程，8月6—9日，受第9号台风"卢碧"的影响，22号浮标获取到的最大有效波高为1.8 m（8月10日14:30），对应的有效波周期为5.9 s。第三次台风过程，8月22—25日，受第12号台风"奥麦斯"的影响，22号浮标获取到的最大有效波高为2.8 m（8月23日11:00），对应的有效波周期为9.8 s。第四次台风过程，9月12—14日，受第14号台风"灿都"的影响，22号浮标获取到的最大有效波高为6.7 m（9月13日12:30），对应的有效波周期为9.6 s。

表25　22号浮标各月份有效波高、有效波周期观测数据

月份	有效波高 / m			有效波周期 / s			备注
	平均	最大	最小	平均	最大	最小	
1	1.37	3.1	0.2	6.83	9.2	4.2	缺测13天数据
2	1.55	4.2	0.4	7.06	10.5	4.0	记录1次有效波高≥4 m过程
3	1.22	3.3	0.4	6.57	10.5	4.3	
4	1.36	3.0	0.5	7.81	14.4	4.5	
5	0.86	2.2	0.3	5.98	8.3	4.3	缺测3天数据
6	0.88	2.8	0.4	6.41	8.8	4.6	
7	1.65	9.2	0.5	6.48	12.0	4.2	缺测1天数据，记录1次台风，记录1次有效波高≥4 m过程
8	1.18	2.8	0.4	6.29	11.1	4.2	记录2次台风
9	1.40	6.7	0.4	6.95	11.3	4.4	记录1次台风，记录2次有效波高≥4 m过程
10	1.54	5.4	0.6	7.16	11.7	4.4	记录1次有效波高≥4 m过程
11	1.20	3.8	0.2	6.36	8.3	3.9	缺测1天数据
12	1.29	4.3	0.3	6.80	11.8	3.8	记录1次寒潮，记录1次有效波高≥4 m过程

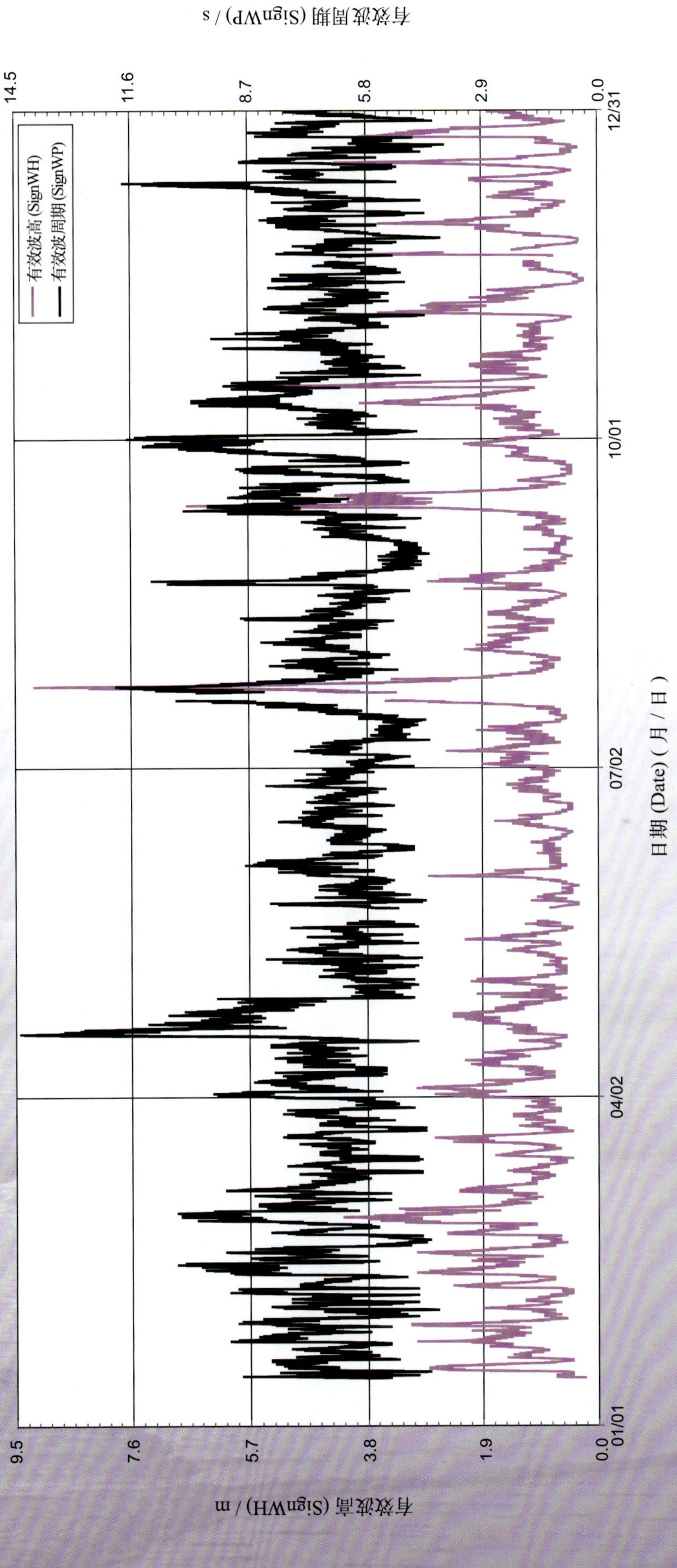

水文观测·有效波高、有效波周期

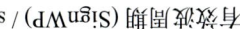

22号浮标 2021 年有效波高、有效波周期观测数据曲线
SignWH and SignWP of 22 buoy in 2021

159

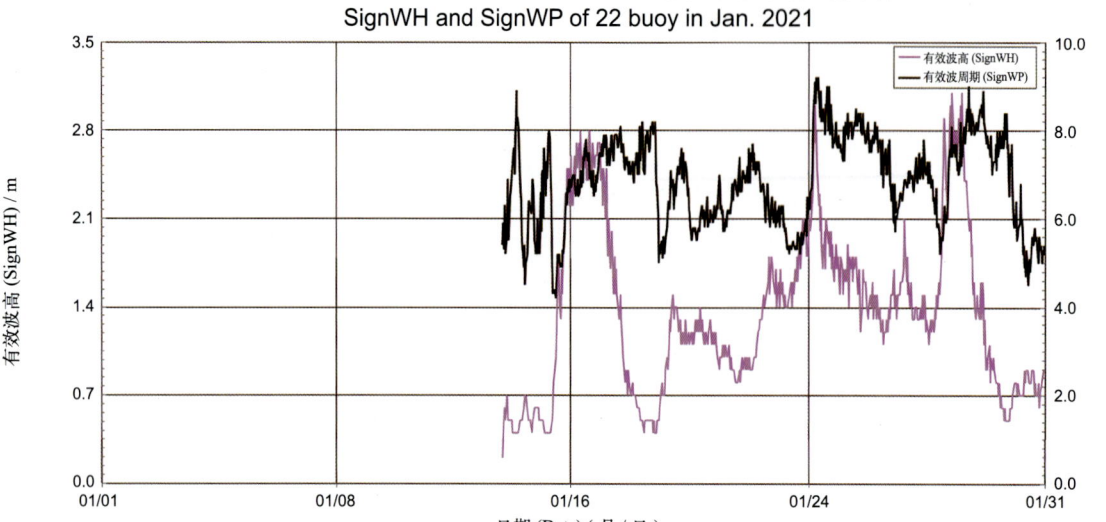

22 号浮标 2021 年 01 月有效波高、有效波周期观测数据曲线
SignWH and SignWP of 22 buoy in Jan. 2021

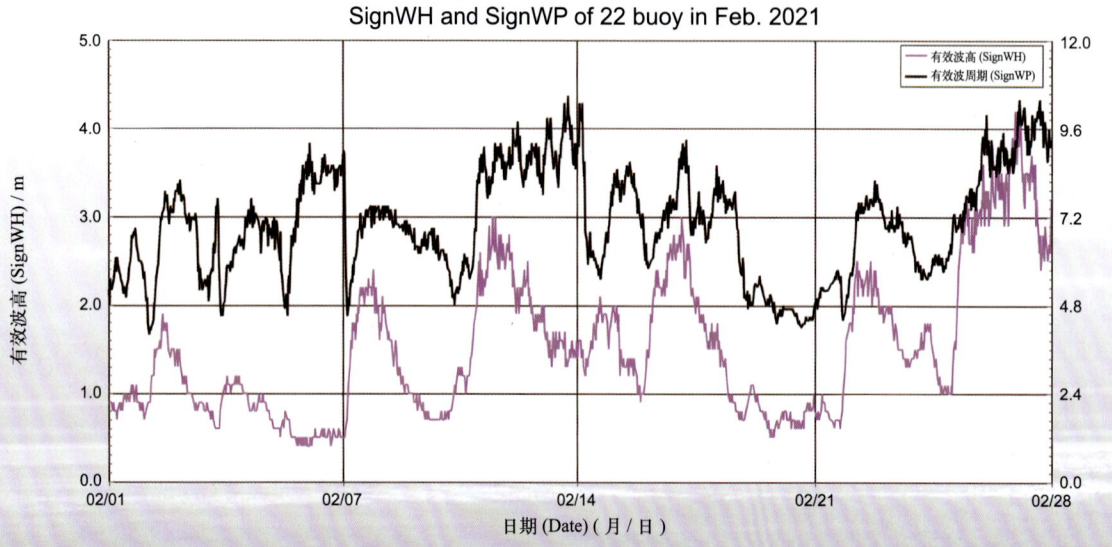

22 号浮标 2021 年 02 月有效波高、有效波周期观测数据曲线
SignWH and SignWP of 22 buoy in Feb. 2021

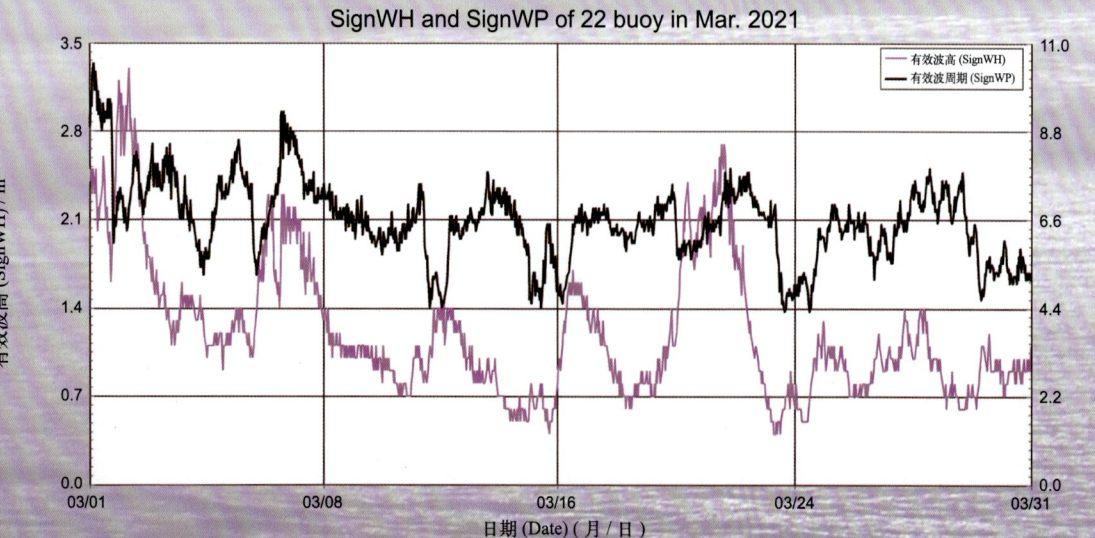

22 号浮标 2021 年 03 月有效波高、有效波周期观测数据曲线
SignWH and SignWP of 22 buoy in Mar. 2021

22号浮标2021年04月有效波高、有效波周期观测数据曲线
SignWH and SignWP of 22 buoy in Apr. 2021

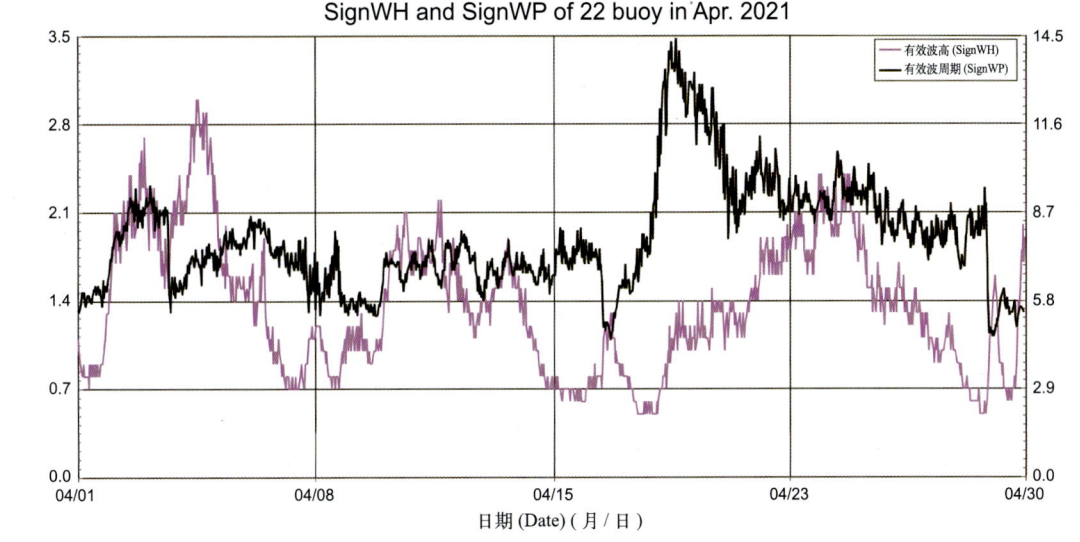

22号浮标2021年05月有效波高、有效波周期观测数据曲线
SignWH and SignWP of 22 buoy in May 2021

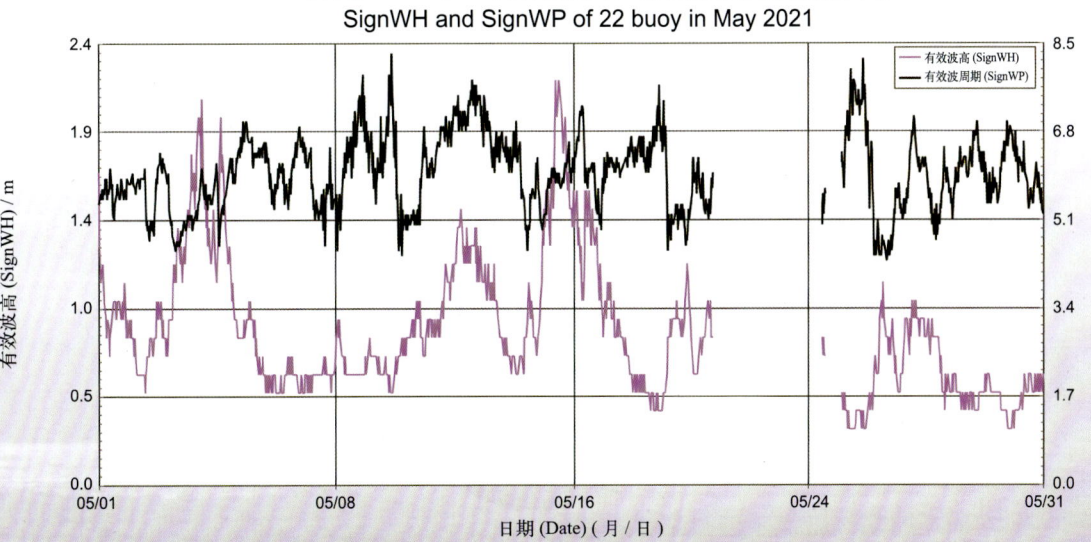

22号浮标2021年06月有效波高、有效波周期观测数据曲线
SignWH and SignWP of 22 buoy in Jun. 2021

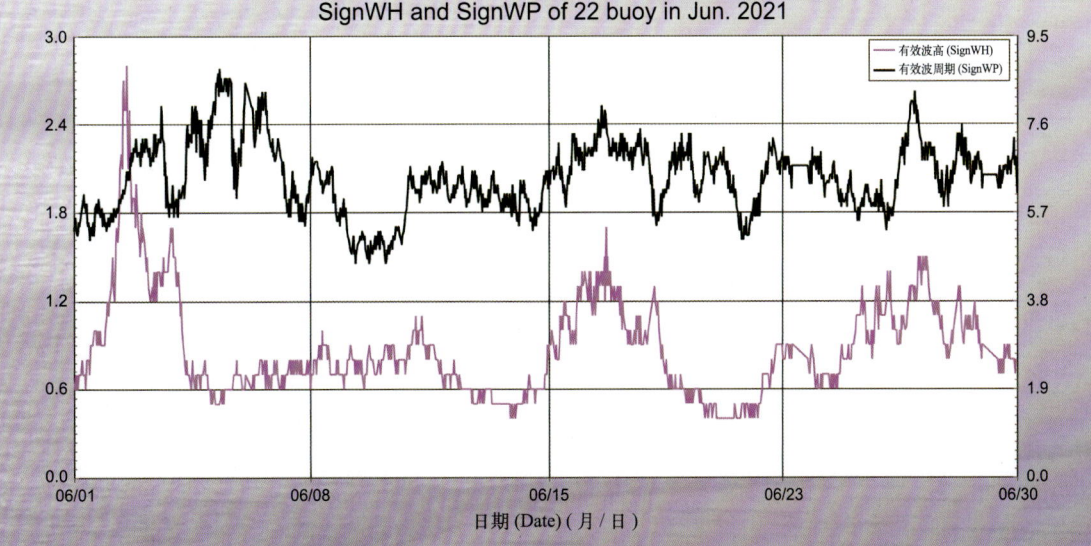

22号浮标2021年07月有效波高、有效波周期观测数据曲线
SignWH and SignWP of 22 buoy in Jul. 2021

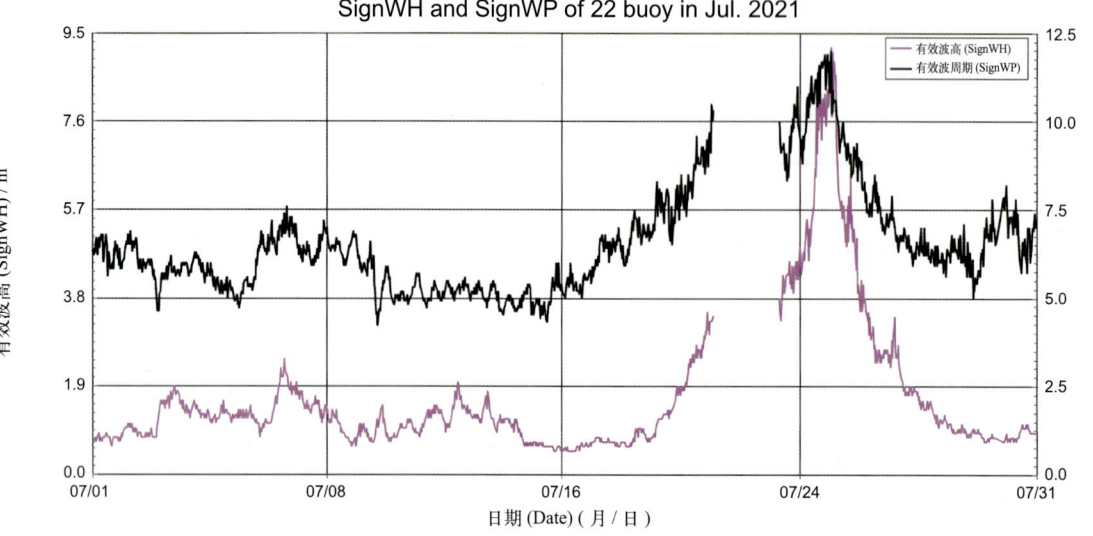

22号浮标2021年08月有效波高、有效波周期观测数据曲线
SignWH and SignWP of 22 buoy in Aug. 2021

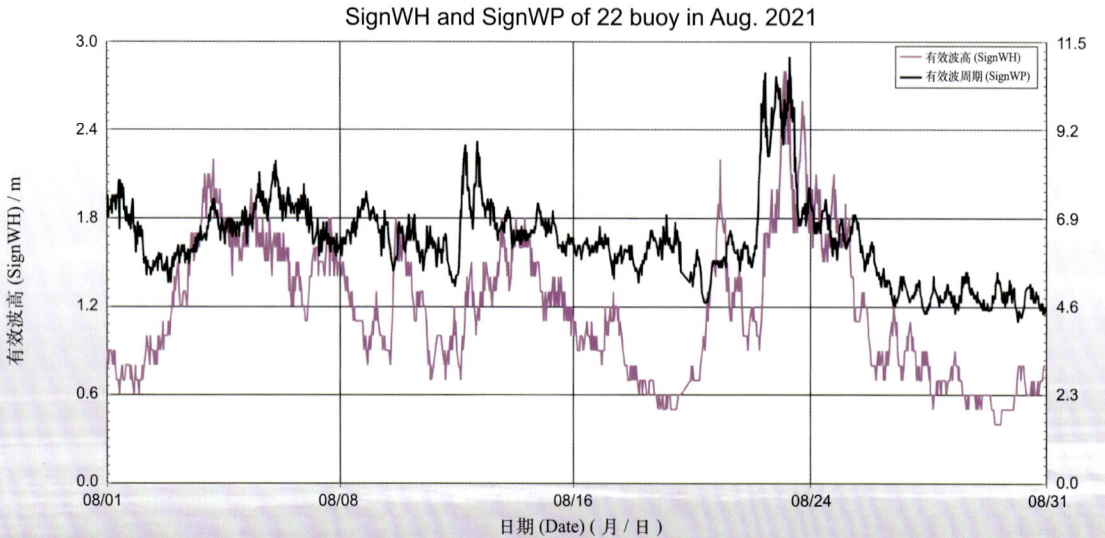

22号浮标2021年09月有效波高、有效波周期观测数据曲线
SignWH and SignWP of 22 buoy in Sep. 2021

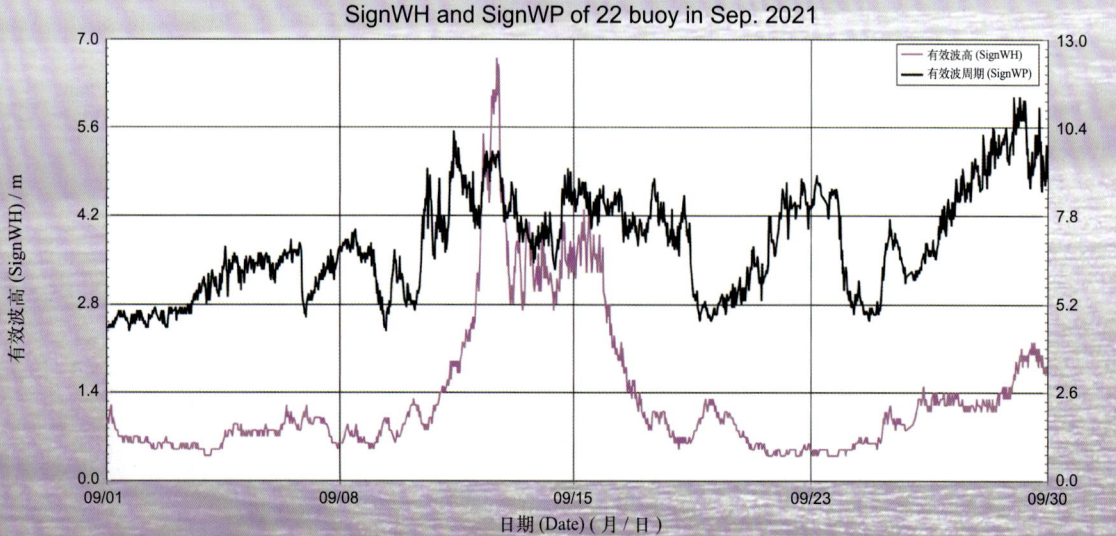

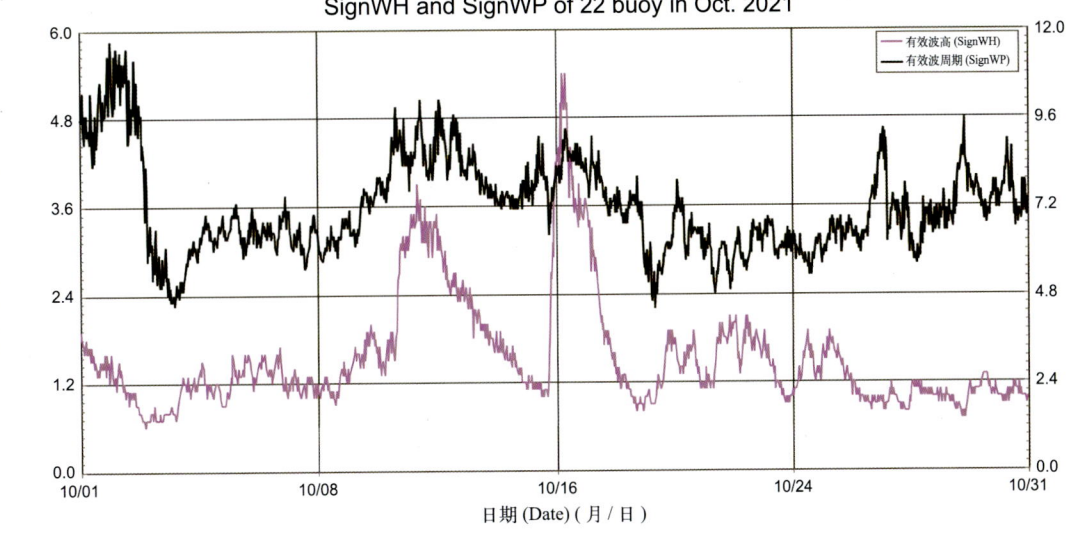

22号浮标2021年10月有效波高、有效波周期观测数据曲线
SignWH and SignWP of 22 buoy in Oct. 2021

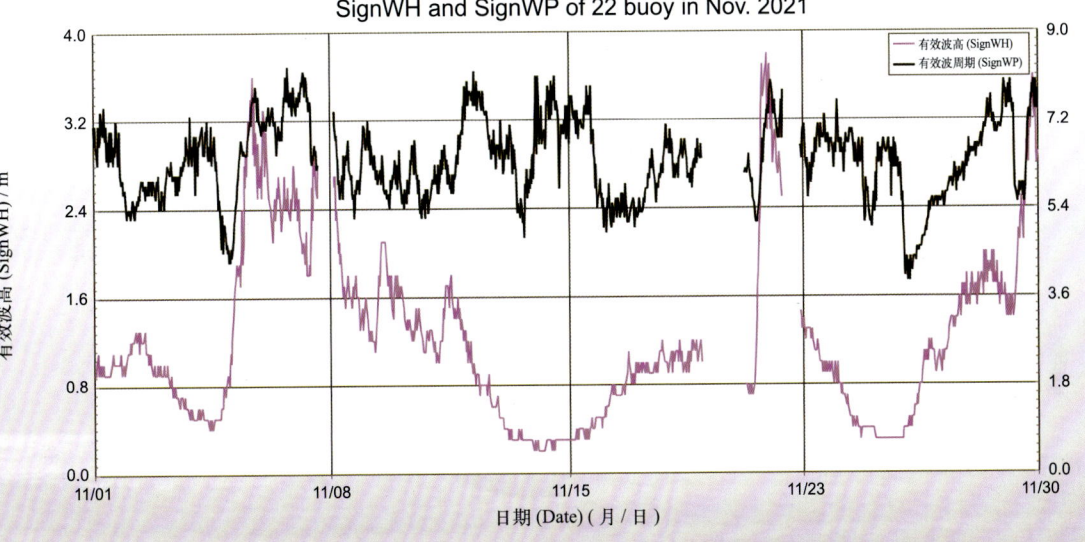

22号浮标2021年11月有效波高、有效波周期观测数据曲线
SignWH and SignWP of 22 buoy in Nov. 2021

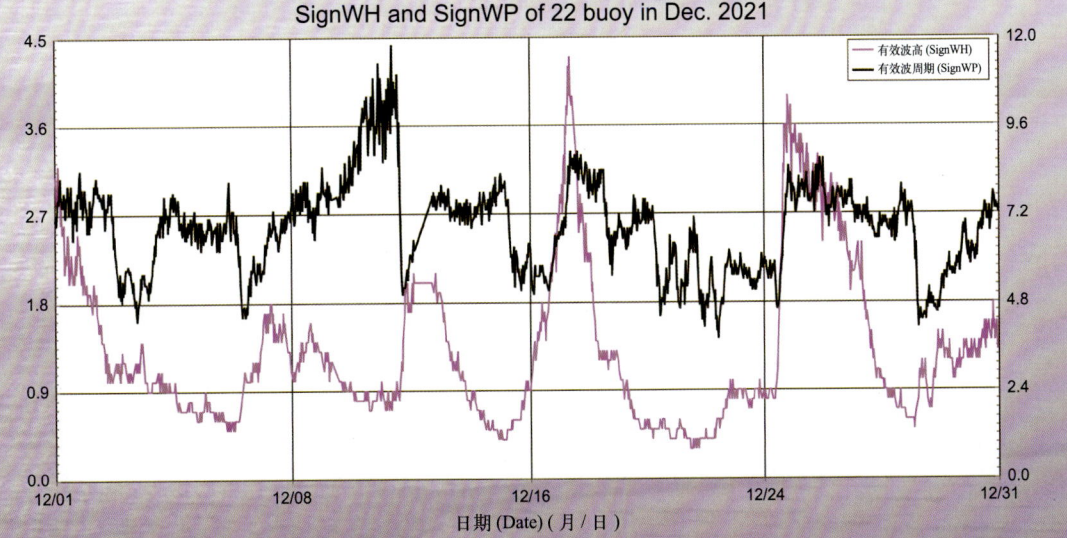

22号浮标2021年12月有效波高、有效波周期观测数据曲线
SignWH and SignWP of 22 buoy in Dec. 2021

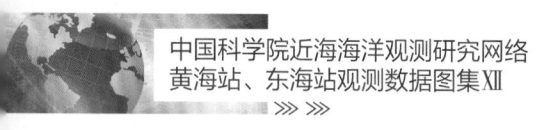

2021年度23号浮标观测数据概述及曲线
（有效波高和有效波周期）

2021年，23号浮标共获取250天的有效波高和有效波周期长序列观测数据。获取数据的主要区间为4月26日10:30至12月31日23:50。通过对获取数据质量控制和分析，23号浮标观测海域2021年度有效波高、有效波周期数据和季节数据特征如下。

年度有效波高平均值为0.49 m，年度有效波周期平均值为3.96 s；测得的年度最大有效波高为3.7 m（9月20日），对应的有效波周期分别为7.2 s；测得的年度最长有效波周期为8.7 s（8月8日）。以5月为春季代表月，观测海域春季的平均有效波高是0.51 m，平均有效波周期是3.76 s；以8月为夏季代表月，观测海域夏季的平均有效波高是0.37 m，平均有效波周期是3.80 s；以11月为秋季代表月，观测海域秋季的平均有效波高是0.45 m，平均有效波周期是3.91 s。

2021年，23号浮标观测海域有效波高、有效波周期的月平均值、最大值和最小值数据参见表26。

2021年，23号浮标获取到的有效波高≥2 m的海浪过程共有9次，记录到1次寒潮过程和1次台风过程的有效波高、有效波周期变化。寒潮的具体过程中，11月5—8日，获取到的最大有效波高为3.0 m（11月7日04:50），对应的有效波周期为7.1 s。台风的具体过程中，7月28—31日，受第6号台风"烟花"的影响，23号浮标获取到的最大有效波高为2.1 m（7月30日03:00），对应的有效波周期为5.1 s。

表26　23号浮标各月份有效波高、有效波周期观测数据

月份	有效波高/m			有效波周期/s			备注
	平均	最大	最小	平均	最大	最小	
1	—	—	—	—	—	—	缺测数据
2	—	—	—	—	—	—	缺测数据
3	—	—	—	—	—	—	缺测数据
4	—	—	—	—	—	—	缺测数据
5	0.51	1.7	0.1	3.76	5.3	2.7	
6	0.47	2.0	0.1	3.83	5.7	2.8	记录1次有效波高≥2 m过程
7	0.52	2.4	0.1	3.87	6.8	2.8	记录1次台风，记录2次有效波高≥2 m过程
8	0.37	1.1	0.1	3.80	8.7	2.5	
9	0.58	3.7	0.1	4.42	7.9	2.6	记录1次有效波高≥2 m过程
10	0.50	2.2	0.1	4.17	6.9	2.6	记录3次有效波高≥2 m过程
11	0.45	3.0	0.1	3.91	7.2	2.6	记录1次寒潮，记录1次有效波高≥2 m过程
12	0.55	2.4	0.1	4.04	6.8	2.7	记录1次有效波高≥2 m过程

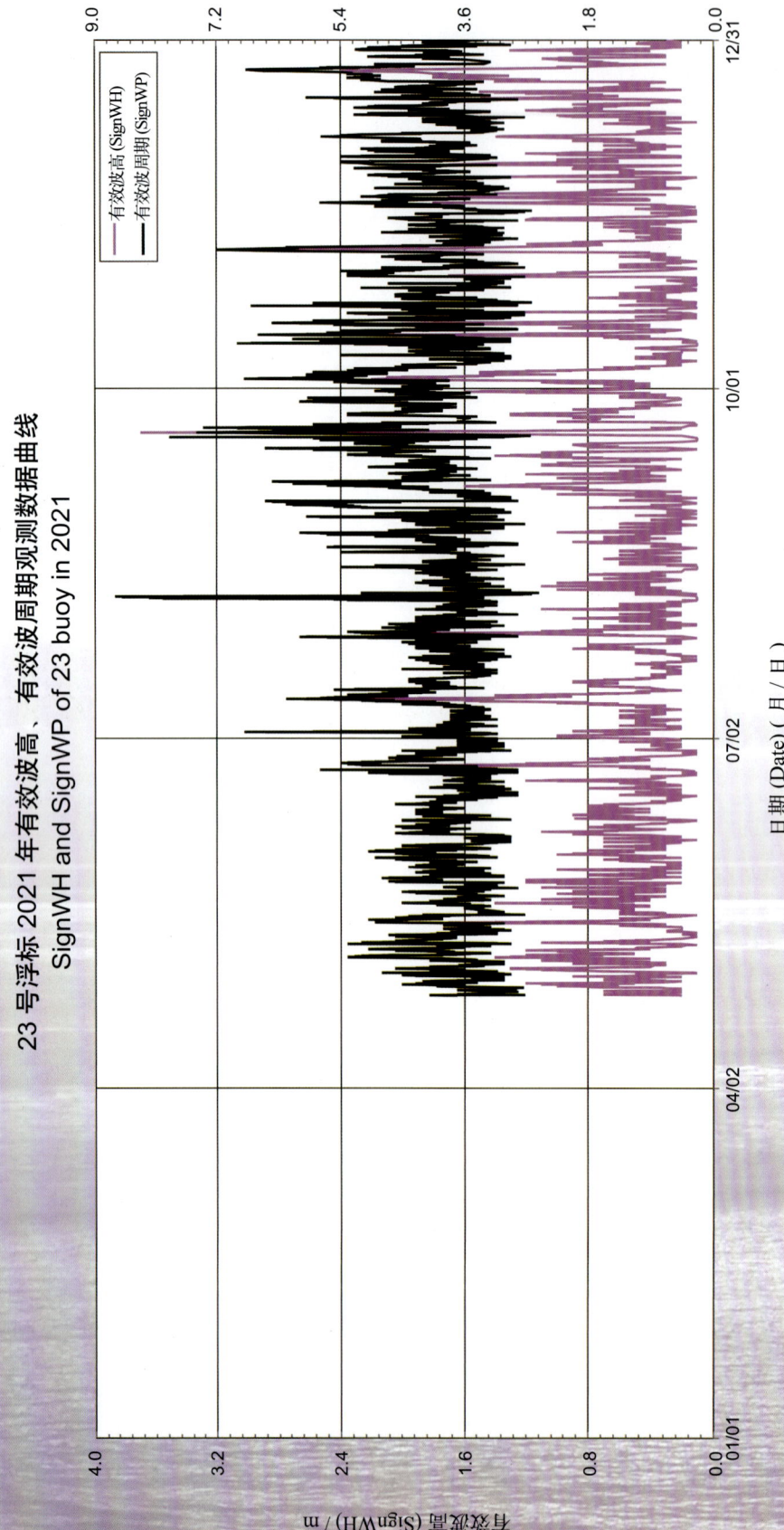

23号浮标2021年有效波高、有效波周期观测数据曲线
SignWH and SignWP of 23 buoy in 2021

23号浮标2021年05月有效波高、有效波周期观测数据曲线
SignWH and SignWP of 23 buoy in May 2021

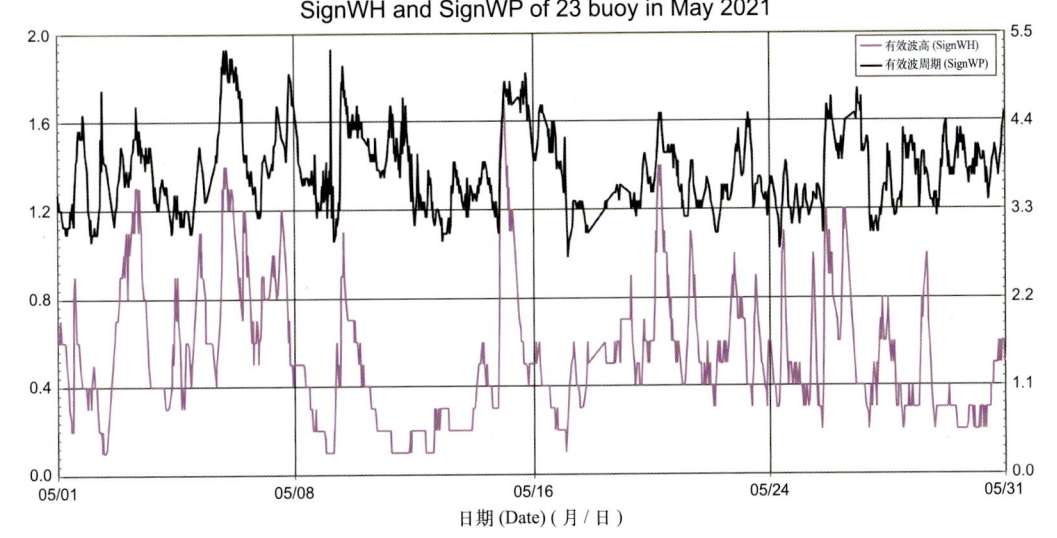

23号浮标2021年06月有效波高、有效波周期观测数据曲线
SignWH and SignWP of 23 buoy in Jun. 2021

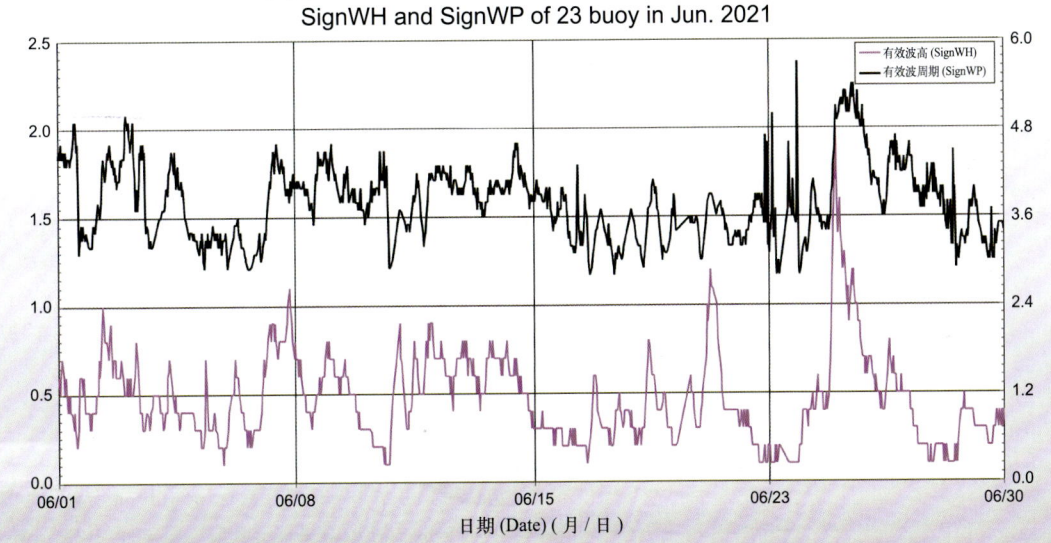

23号浮标2021年07月有效波高、有效波周期观测数据曲线
SignWH and SignWP of 23 buoy in Jul. 2021

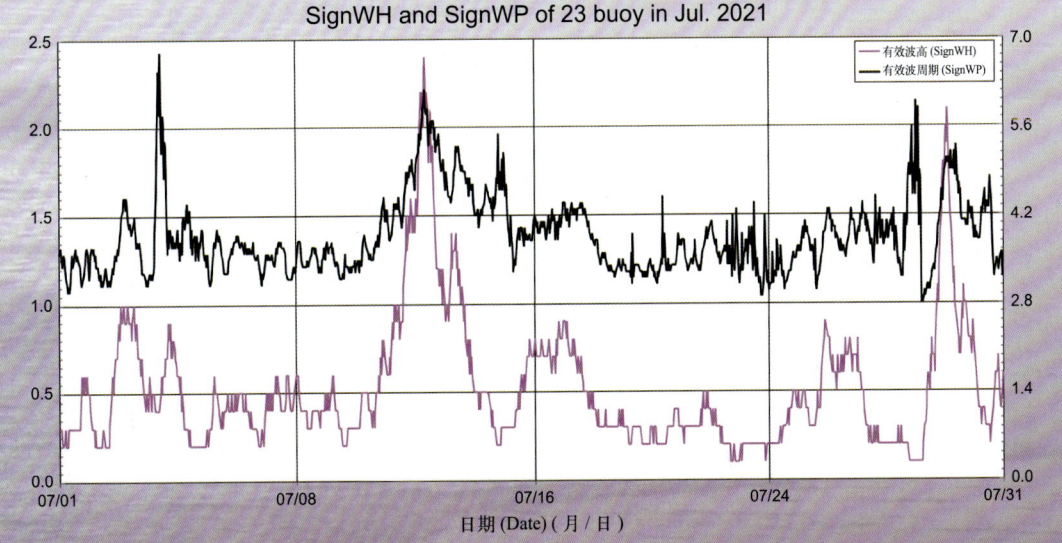

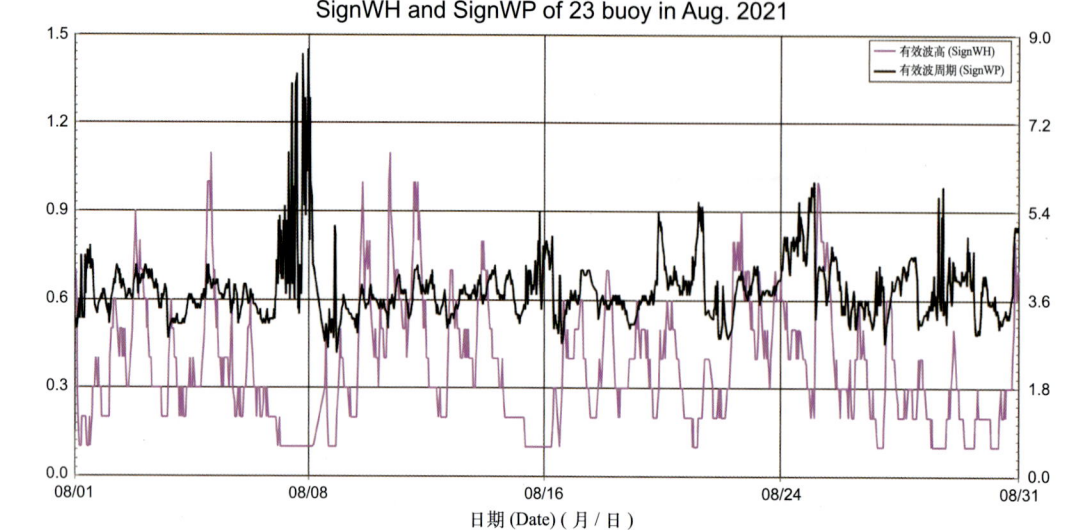

23号浮标2021年08月有效波高、有效波周期观测数据曲线
SignWH and SignWP of 23 buoy in Aug. 2021

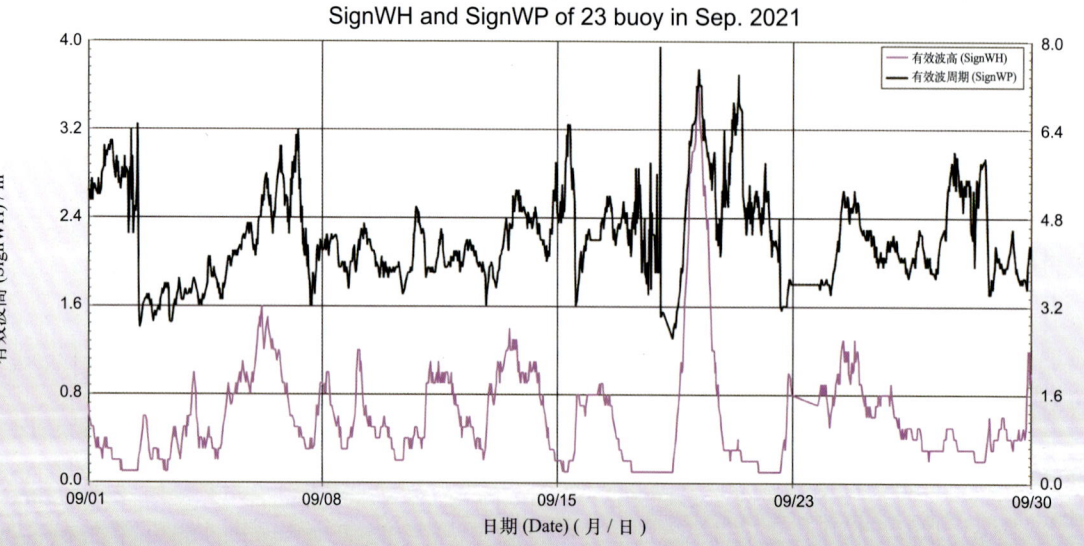

23号浮标2021年09月有效波高、有效波周期观测数据曲线
SignWH and SignWP of 23 buoy in Sep. 2021

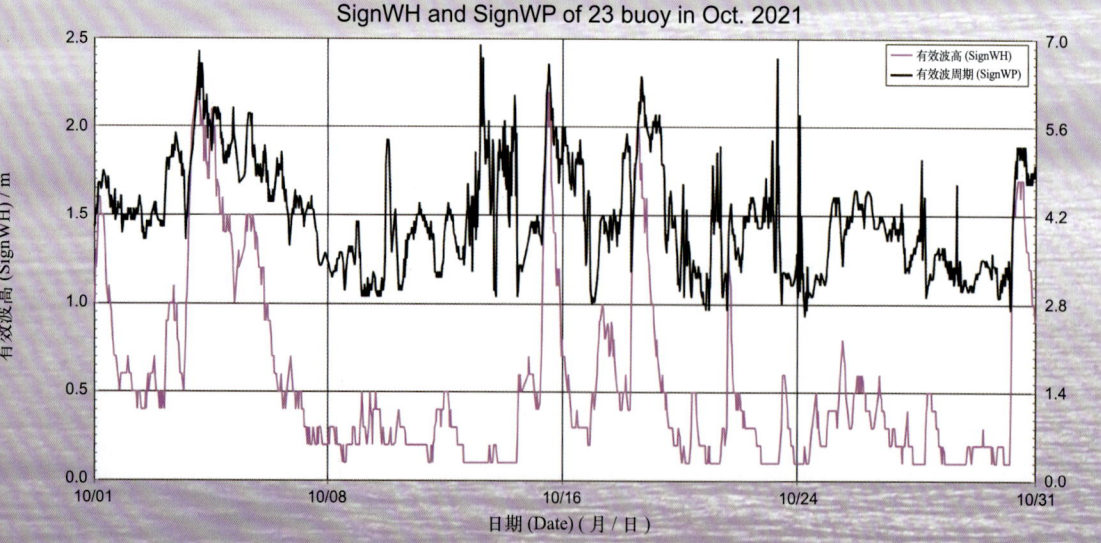

23号浮标2021年10月有效波高、有效波周期观测数据曲线
SignWH and SignWP of 23 buoy in Oct. 2021

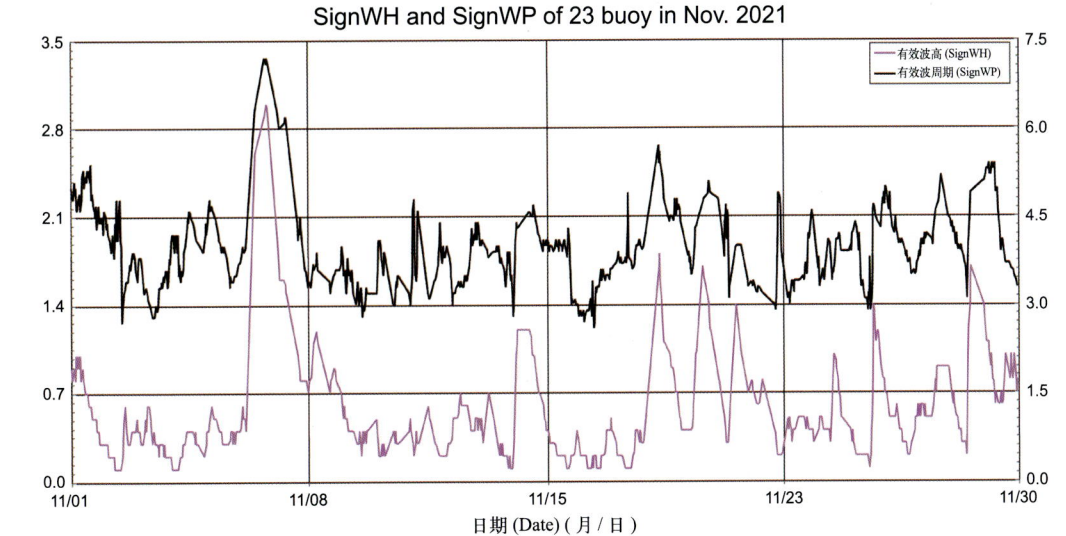

23号浮标2021年11月有效波高、有效波周期观测数据曲线
SignWH and SignWP of 23 buoy in Nov. 2021

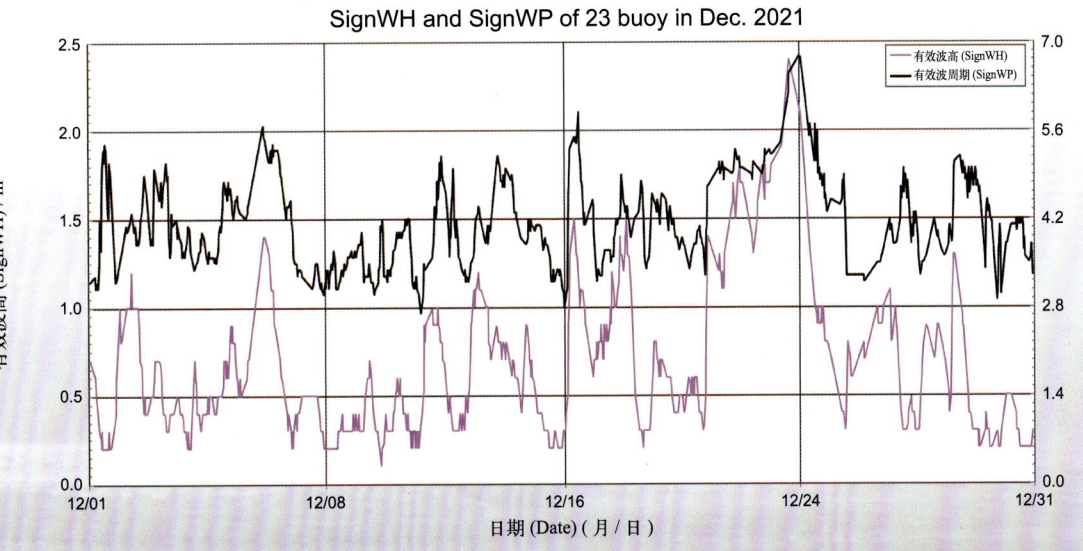

23号浮标2021年12月有效波高、有效波周期观测数据曲线
SignWH and SignWP of 23 buoy in Dec. 2021